工程管理年刊 2020—2021
（总第 10～11 卷）

中国建筑学会工程管理研究分会
《工程管理年刊》编委会
编

中国建筑工业出版社

图书在版编目（CIP）数据

工程管理年刊. 2020—2021 ：总第 10—11 卷 / 中国建筑学会工程管理研究分会，《工程管理年刊》编委会编. —北京 ：中国建筑工业出版社，2021.9

ISBN 978-7-112-26570-1

Ⅰ. ①工… Ⅱ. ①中… ②工… Ⅲ. ①建筑工程—工程管理—中国—2020—2021—年刊 Ⅳ. ①TU71-54

中国版本图书馆 CIP 数据核字(2021)第 188834 号

责任编辑：赵晓菲　朱晓瑜

责任校对：芦欣甜

为适应我国信息化建设，扩大本刊及作者知识信息交流渠道，本刊已被《中国学术期刊网络出版总库》及 CNKI 系列数据库收录。如作者不同意文章被收录，请在来稿时向本刊声明，本刊将做适当处理。

工程管理年刊 2020—2021(总第 10～11 卷)

中国建筑学会工程管理研究分会
《工程管理年刊》编委会　编

*

中国建筑工业出版社出版、发行（北京海淀三里河路 9 号）

各地新华书店、建筑书店经销

北京红光制版公司制版

北京建筑工业印刷厂印刷

*

开本：880 毫米×1230 毫米　1/16　印张：15¾　字数：385 千字

2021 年 10 月第一版　2021 年 10 月第一次印刷

定价：**45.00** 元

ISBN 978-7-112-26570-1

(38076)

《工程管理年刊》编委会

前 言

随着我国经济的快速发展，传统建造模式已难以满足规模化、个性化和高质量的生产需求。数字建造作为建筑产业转型升级的核心引擎，对建筑业产业链价值提升意义重大。通过“数字建造”的科技手段，构建并升级全过程、全要素和全参与方的数字虚体，对接物理实体，可以有效推动建筑产品升级并引领产业变革与创新发展。工程管理研究分会秉持建筑业持续健康发展理念，跟踪建筑业改革与实践前沿问题，将“数字建造与产业变革”确定为今年《工程管理年刊》的主题，立足数字建造下全产业链的前瞻性、复杂性和动态性，邀请相关专家学者就前沿动态、行业发展、海外巡览、典型案例和教学研究等进行综合分析与探讨，探索建筑业实现数字建造转型升级的思路、任务和前景。

重大工程具有规模大、投资大、技术复杂、影响广泛等特点，其数字化和产业化难度较大，是一个典型的复杂巨系统。其复杂性体现在系统关联性强、技术难度大、不确定因素多等多个方面，给工程决策和项目管理带来了巨大的挑战。重大工程项目复杂性的研究由来已久，国内外学者对于复杂性的定义和工程系统复杂性的内涵界定存在着较大的争议。南昌大学建筑工程学院罗岚等人基于文献综述对重大工程复杂性的研究前沿进行可视化分析，表明重大工程复杂性已经引起各学者的广泛关注，但目前大部分的研究方向仍然侧重于重大工程的内部复杂性，对重大工程的外部复杂性研究仍有所欠缺。通过梳理重大工程复杂性的合作网络，结合知识聚类，预测未来研究侧重点由之前的重大工程复杂性的内生性特征向外生性特征进行转变；东南大学土木工程学院张锡成等人通过梳理我国工程咨询海外发展现状，并在综合考虑国内外形势和我国国情的基础上，提出“一基六柱”国际化策略；北京市建筑设计研究院有限公司郑琪通过对传统建设管理模式下建设单位面临的困境以及 EPC 模式可能遭遇的管理“陷阱”进行分析，强调设计咨询企业要紧紧抓住全过程、全要素、高质量三个本质要求开展全过程工程咨询的实践探索，提出五条线索管控思想和针对建筑关键系统集成管控的方法，同时展望全过程工程咨询赋能设计提升和推动行业向智能建造转型的前景；绍兴文理学院卢锡雷等人认为 EPC 总承包领域研的研究热点集中在风险管理、设计管理、过程管理、新型模式、发展环境五个方面，组织转型、干系人管理主题的研究将会加入未来研究趋势，并且分析了房屋建筑专业与石油、化工等专业不同转型现状的内在原因，并根据 EPC 总承包领域的现状和趋势提出了四点建议。

建筑数字化和产业化的发展阶段从追求速度转变为追求智能，从宏观管控转向个性化监测，从传统建筑业升级为新产业，从国内市场走向国际市场。利用新技术对传统建筑进行赋能增效，从而形成了更具有经济优势的以数字化、网络化、智能化为一体的新建筑形式。通过大数据、区块链、BIM 等为代表的创新技术和相关软件、平台，对建筑过程元素进行控制，优化建筑全过程所涉要素资源，并对建筑业价值链的广度和深度进行扩展。华中科技大学陈珂等人及绍兴文理学院卢锡雷等人分别基于 DEMATEL-ISM 混合建模方法和 ISM-AHP 融合法分析了影响国产 BIM 建模软件发展因素的层级与作用路径及障碍因素的分类模型，并分别给出了解决思路；中国矿业大学力学与土木工程学院周建亮等人基于行为分析研究、行为模型研究以及行为仿真研究三种方法对个人、环境和管理三方面的不安全行为的影响因素进行讨论，并提出了一种基于卷积神经网络的场景安全智能识别方法，可以更高效精细地识别施工现场场景安全问题；合肥工业大学李佳希等人利用区块链的去中心化分布式存储结构，构建一个基于区块链技术的装配式建筑质量追溯体系框架，该框架结合数字签名、拜占庭容错、时间戳等区块链技术可实现施工现场质量追溯；南京林业大学土木工程学院周君璐等人认为公众开放和公众参与是解决中国在环境治理中出现的邻避问题的一大关键；扬州大学张兵等人利用 DEA-Tobit 二阶模型对建筑业细分领域多家上市企业的数据进行测度和分析，研究发现规模效率偏低是导致建筑业整体创新效率低下的主要原因，并基于实证分析结果提出相关对策建议；浙江财经大学黄莉等人根据主成分分析方法制约因素分析结果，从企业、政府与行业层面提出监理企业全过程工程咨询业务转型的对策建议。

随着经济全球化的发展，我国建筑业逐渐走出大门。作为新型数字产业，建筑能耗过大这一问题越来越制约着我国建筑业产品发展升级，有必要采用信息化技术和智能化手段，最大程度上降低建筑产业的能量消耗和碳排放。瑞典皇家理工学院苏畅等人基于地理信息系统，对人口密集的斯德哥尔摩市区域的清洁非化石燃料热源的地理位置和技术潜力进行了规划，并提供了集成的开放数据集。通过使用该高分辨率地图，区域供热设施可以根据本地可用热源提供前瞻性的容量规划。供热和制冷能源，或者热能，是脱碳议程的重点，该文章重点介绍了提高能源效率、应用可替代化石燃料供热和制冷的技术，以及在热能储存和运输方面减少碳排放的创新途径。

随着数字建造产业化的序幕拉开，国内外涌现出大量将数字化技术融入于建筑业的产品，这些产品利用 BIM、物联网等新兴技术探索智能化工具建设，注重以人为本的建筑过程，同时在防疫、低碳等新要求下不断创新生产模式。中铁建电气化局集团第三工程有限公司张望等人介绍了一种铁路信号工程数据定测及检测装置来提高整体的测量精度、提升作业效率，保证施工安全和施工质量；中国矿业大学刘佩等人利用 BIM 衍生式设计方法，对于特定的防疫需求进行座位布局优化设计；深圳市建筑工务署徐兆颖等人总结分析了大规模动物实验室的垂直交通、平面布局、工艺流线、屏障环境、负压感染实验室、先进工艺设备等设计方案，提出了动物实验室“集中清洗，分层灭菌”的设计理念与思路；中南建筑设计院股份有限公司章明等人针对雷神山医院工程面临的项目信息不精确、优化设计困难和参建方信息交流需求大等挑战，提出了基于POP技术的BIM建模方法，用流程和组织模型来补充产品模型，以支持设计和建造；浙江江南工程管理股份有限公司李明等人以深圳某儿童医院为例分析了基于BIM模型的机电安装工程深化设计出图的优势及存在的问题，结合存在的问题及现有的规范政策，提出了BIM技术咨询前期策划中有关通过BIM出图流程的策划方案；苏州科技大学徐浩然等人基于文献综述成果，采用问卷调查法和访谈法，探索建筑从业人员的工作压力源和工作压力水平在项目全过程中的变化规律；湖南大学喻可心等人认为在全面高质量发展的背景下，探究小区居民幸福感指数与住房质量影响因素的相关性十分重要。

随着信息技术的快速发展，工程管理的教学模式也在不断创新。重庆大学张晓等人在建立健全绿色低碳循环发展经济体系背景下，基于Ladybug工具集、Autodesk Flow Design等建筑性能模拟技术的建筑设计方法，提供以优化建筑性能为导向的建筑设计方法和思路。该研究表明，在可视化气象数据以及遮阳、采光、通风等性能模拟结果的支撑下，建筑师能够以此为基础制定适宜的主动式、被动式建筑节能设计策略，设计合理的建筑布局，判断构件遮阳效果，评估方案采光性能，改善建筑通风效果，优化设计；湖南大学向沅等人结合全面质量管理方法构建模型，完善新工科教育管理链条，尝试为“十四五”期间工科教育提出发展路径。实践表明，全面质量管理有助于深化产教融合，开辟新工科教学新的思路。

在数字建造已成为建筑产业转型升级的核心引擎这一背景下，建筑业的劳动密集型施工生产模式已悄然发生改变，行业发展面临着前所未有的机遇和挑战。以上研究为推动数字建造与建筑产业变革提供了一定的理论依据和实践基础，期望能更好地促进我国持续往数字化、信息化、智能化建设强国转变。

目　录

Contents

前沿动态

行业发展

海外巡览

典型案例

教学研究

专业书架

前沿动态

Frontier & Trend

重大工程复杂性研究热点与前沿的可视化分析

罗　岚　周　德　吴小平　王慧隆

（南昌大学建筑工程学院，南昌　330031）

【摘　要】通过计量软件 Citespace，对 Web of Science 数据库中检索的 213 篇有关重大工程项目复杂性研究领域的文献进行可视化分析，从研究热点、合作者网络以及知识基础和研究前沿 3 个角度绘制了重大工程项目复杂性研究的知识图谱。研究表明，有关重大工程复杂性的文献总体呈上升趋势，目前该领域大部分学者主要研究方向是重大工程项目的内在复杂性，如技术复杂性、组织复杂性等。通过文献共被引分析，表明未来重大工程复杂性的研究热点将由其内在复杂性向外在复杂性转变，并且对重大工程复杂性的外生性特征的关注度将持续上升。

【关键词】重大工程复杂性；Citespace；知识图谱；研究前沿

Visualization Analysis of Hotspots and Frontiers of Complexity of Megaprojects

Luo Lan　Zhou De　Wu Xiaoping　Wang Huilong

(School of Civil Engineering and Architecture, Nanchang University, Nanchang　330031)

【Abstract】Through the software Citespace, 213 documents related to megaprojects in Web of Science databases are visualized, and the complexity of major engineering projects is drawn from the three perspectives of research hotspots, cooperation networks, and knowledge base and research. The study shows that the literature of major engineering complexity is generally upward. At present, most of the scholars in this field are the main research direction of major engineering projects, such as technical complexity, organizational complexity. Through the literature co-introduction, it is shown that the research hotspot in the field of major engineering complexity will be transformed into the intrinsic complexity of its intrinsic complexity, and the focus on the external biological characteristics of major engineering complexity will continue to rise.

【Keywords】 Complexity of Megaprojects; Citespace; Knowledge Map; Research Frontier

1 引言

重大工程具有规模大、投资大、技术复杂、影响广泛等特点，是一个典型的复杂巨系统。其复杂性体现在系统关联性强、技术难度大、不确定因素多等多个方面，给工程决策和项目管理带来了巨大的挑战。重大工程项目复杂性的研究由来已久，国内外学者对于复杂性的定义和工程系统复杂性的内涵界定存在着较大的争议[1]。从不同的学科领域和不同的认识角度出发，对重大工程复杂性都有着不同的见解。通过识别重大工程复杂性研究的合作网络和知识聚类，探究重大工程复杂性研究的前沿热点及未来趋势，构建重大工程复杂性的理论库，有利于加强重大工程复杂性理论基础建设和完善相关研究体系，有利于相关学者剖析重大工程复杂性的研究现状及开拓新的研究领域。而 Citespace 是德雷塞尔大学信息科学与技术学院陈超美博士所自主研发的一款科学计量分析软件，以其突出的文献分析功能，在世界范围内受到很多学者的青睐。因此，本文从文献梳理的角度出发，采用 Citespace 系统分析 Web of Science 数据库中有关重大工程复杂性的文献，探索重大工程复杂性的研究演化历程，深刻剖析重大工程复杂性的内涵，厘清重大工程复杂性的研究脉络，为重大工程复杂性的进一步研究提供参考和借鉴。

2 数据来源与研究分析

2.1 数据来源

Web of Science 是全球最大、覆盖学科最多的综合性学术信息资源库，收录了自然科学、工程技术、生物医学等各个研究领域最具影响力的多种核心学术期刊，其中包括项目管理领域多个权威期刊，该数据库能依靠 Citespace 进行完整地题录分析（包括标题、关键词、参考文献等）。准确的数据收集是保证知识图谱分析科学有效的基本前提，因此本文以 Web of Science 数据库作为数据来源，以此来保证数据的可靠性和有效性。检索策略为：以核心合集引文索引为数据来源，检索式为“Ts = ‘Megaprojects Project management’ or ‘Complexity of major engineering projects’”，年份为 2001～2020 年，语种为英语，文献类型为 Article，检索共得到 213 篇有效文献作为重大工程复杂性研究热点与前沿可视化分析的数据基础。

2.2 研究方法

在有关重大工程复杂性的传统文献分析法中，研究学者主要通过不断寻找与主题相关文献来建立对该主题领域的系统抽象认识，通过不断分析、归纳和推演，以此来探寻该领域的发展趋势与研究前沿。由此可见，运用传统分析方法很难从整体上对某一研究领域文献进行准确梳理与判断，其分析得出的有关重大工程复杂性的研究热点也很片面[2]。而本文通过运用 Citespace 可视化软件对具有代表性的有关重大工程复杂性的文献进行可视化分析，得到的结果将更为全面且客观。通过关键词聚类、关键词词频统计与中心度分析反映研究热点，其中：①中心度分析揭示某个关键词与中心关键词之间的相关程度；②形成关键词聚类来揭示出关键词之间的亲疏关系。运用文献共被引聚类、研究作者聚类分析关键文献，其中文献共被引聚类、研究作者聚类可以反映重大工程复杂性领域研究的主要内容及其相互关系，运用知识图谱来分析重大工程复杂性在不同时期的研究热点以及未来研究的发展趋势。

3 研究文献态势分析

通过对213篇重大工程复杂性相关文献进行统计分析，筛选出的有效文献的发表时间以及数量分布如图1所示。从图1中可以看出，在20年的时间跨度中，有关重大工程复杂性研究领域的发文量由2000年的1篇增长到2020年的47篇，其中从2000～2010年，很少有相关文章发表，关于重大工程复杂性的研究基本处于空白阶段；从2011～2016年，这一新兴研究领域开始受到学术界关注，关于重大工程复杂性的研究成果开始不断涌现，文章发表数量逐步递增。自2016年开始，文献数量增长迅速，说明有关重大工程复杂性的研究进入了快速发展阶段。

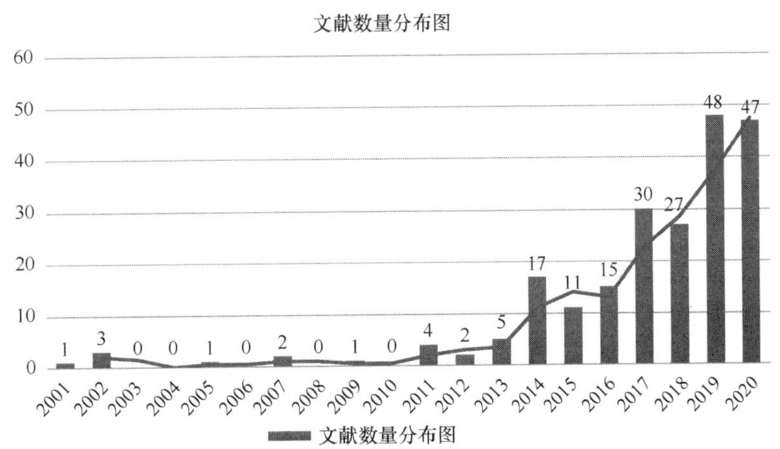

图1 2001～2020年重大工程复杂性研究文献数量分布图

研究领域的另一个关键因素是研究者及其合作关系。通过分析研究者的研究方向和他们之间的合作程度，能有效地梳理相关领域的发展途径和探索学术研究的凝聚效应。具体操作如下：节点类型选择作者，其余参数不变，得出重大工程复杂性研究的作者合作网络图谱如图2所示，该图谱可以呈现发文量最多的作者及其合作关系。图谱中节点表示作者，节点的大小与作者的发文量呈正相关，节点间的连线表示作者间的合作关系，节点间的连线粗细表示作者间的交流程度。

从图2中可以看出，重大工程复杂性的研究出现了较大的作者共现图谱，在合作网络图谱中，包括235个作者和197条连线。该数据表明：目前有较多的学者在从事重大工程复杂性的研究，并且以团队合作为主。其中，Giorgio Locatelli、Naomi Brookes、Bo Xia等人发文量最多。除此之外，许多研究小组和单个作者都在重大工程复杂性领域中有所研究突破，分散在各处。通过对重大工程复杂性作者合作网络图谱的进一步研究分析，表明每一个团队中都有一位带头人，带领着各自的团队对重大工程复杂性不断地进行着深入研究，其中部分团队在该领域取得了实质性的重大突破，并形成了诸多研究成果，本文选取两个最典型的研究团队进行详细分析。

第一个团队是以Giorgio Locatelli为核心的研究团队，在重大工程复杂性领域主要研究重大工程的交付、成本等热点问题，提出重大工程项目易出现交付延期、成本超出预算、提供的效益低于预期等问题，并分析了产生这些问题的原因，如内在的复杂性、有偏见的预测、有意识的错误信息和糟糕的利益相关者管理[5]。对于项目相关利益者来说，有三个主要的关键因素：①机会主义行为；②缺乏技术和技能；③沟通协调能力差。而系统工程（SE）是重大工程项目的有效技术和管理方法，SE 可以使项目经理更好地管理重大工程项目的利益相关者，优化项目计划和平衡利益相关者之间的关系。第二个团队是以 Naomi Brookes 为核心的研究团队，在重大工程复杂性领域主要研究重大工程的组织问题。通过阐明与交付项目和生命周期相关的不同时间，建立项目的利益相关方组织[11]。并将长期基础设施重大工程项目视为一种临时组织来进行管理，从时间内涵上来研究重大工程项目的组织复杂性。

综上所述，重大工程复杂性深层次研究已初具规模，发展良好。发文较多的研究者之间联系紧密，形成了各自的聚类群体，表明零散的学者应多与其他学者进行合作、交流，已形成聚类规模的学者之间应进一步加强合作，精益求精，共同致力于重大工程复杂性的深度剖析及长远发展。

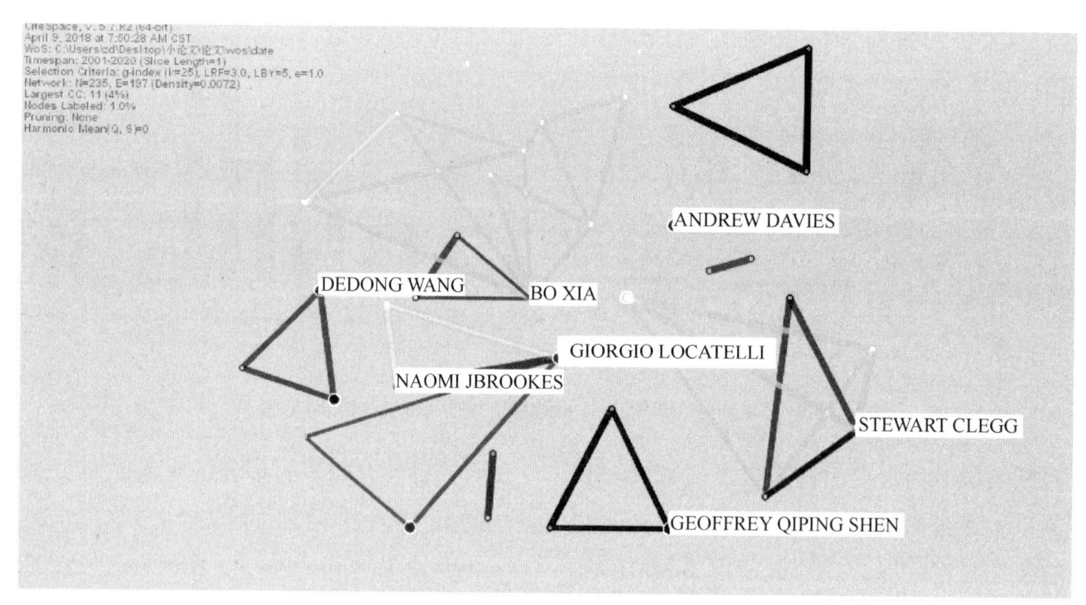

图 2　重大工程复杂性作者合作网络图谱

4　研究热点及其演化

关键词是作者对其文章主要内容的高度凝练与概括，利用 Citespace 进行关键词共现分析，能够直观、清晰地表现重大工程复杂性的研究热点与发展脉络。具体操作如下：节点类型选择关键词，TOPN 选择 30，其他参数选择默认值。运行 Citespace 可得到重大工程复杂性关键词聚类网络图谱、重点工程复杂性关键词时区图，以及重大工程复杂性聚类网络关键词频率降序表，得到关键节点数为 320，连线 1326 条。高频次的关键词可以代表重大工程复杂性领域的研究热点，而关键词节点的中介中心性可以衡量该节点的重要性结果。得到的重大工程复杂性关键词网络图谱如图 3 所示。

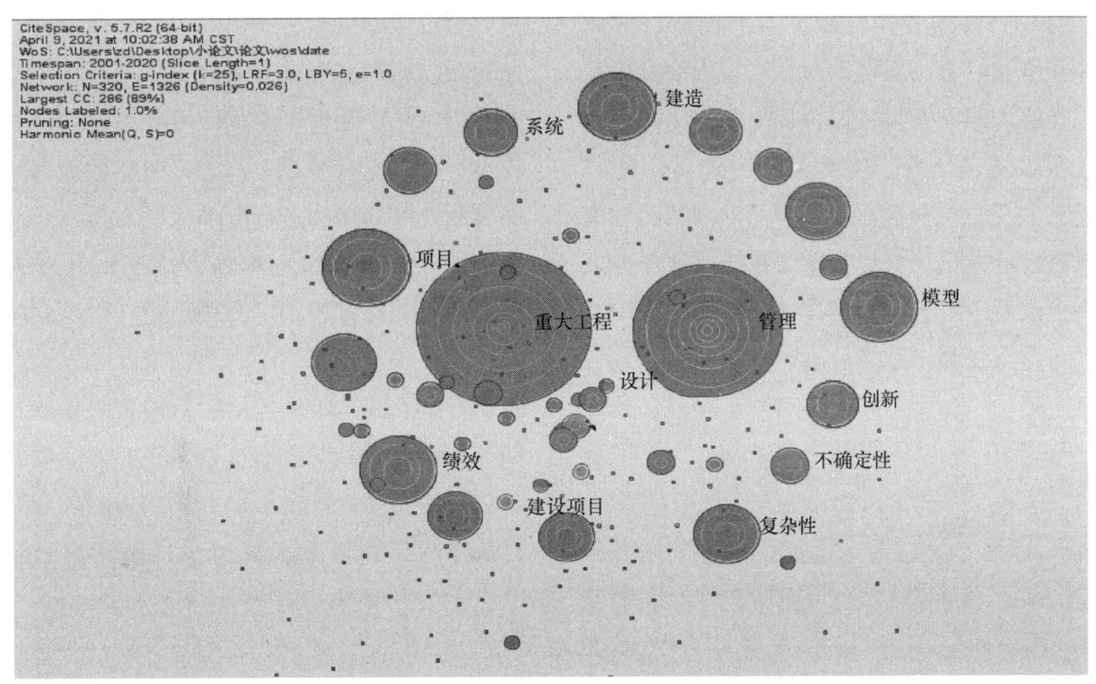

图 3　重大工程复杂性关键词共现网络图谱

由图 3 可知，在 Citespace 关键词共线图谱中，节点大小与词频率呈正相关。由分析结果中可知，重大工程出现频次最高，为 104 次；其次是管理，频次为 82 次；剩余关键词频次从高到低依次为项目、项目管理、模型、绩效、建造、政府、复杂性、建设项目、创新、网络、系统、利益相关者、风险、基础设施、不确定性、影响、设计、组织间关系、外部环境等。根据关键词频次统计结果，结合文献对图谱进行解读，通过归纳总结，可知目前重大工程复杂性内涵的研究热点主要体现在四个方面，如表 1 所示。

重大工程复杂性研究热点表　　表 1

编号	研究热点	相关标签
1	组织复杂性	管理、项目管理、系统、组织间关系
2	技术复杂性	建造、设计、基础设施、创新、模型
3	环境复杂性	利益相关者、外部环境、风险
4	社会复杂性	绩效、影响、不确定性、政府

(1) 组织复杂性是驱动重大工程复杂性的重要维度，包括参与组织数量及组织结构层级数，组织间关系复杂度、密切程度及动态性，组织间差异，组织间的合作意识等。重大工程通常由具有不同复杂性特征的子工程组成，对不同类型的子工程需要选择构建不同的组织模式，采取与组织模式相匹配的组织策略。

(2) 技术复杂性是项目复杂性的核心部分，包括技术多样性、新技术、新工艺等。其施工技术难度高、知识密度高等特性给重大工程的推进带来了较大的复杂性挑战，重大工程特殊的规模和要求等导致其需要引进新技术，而新技术的引用增加了重大工程的风险。

(3) 环境复杂性是项目运行环境的复杂性，包括气候环境多样、条件恶劣、水文地质条件复杂、施工环境不确定性、经济环境复杂等。目前的复杂性主要是针对技术与组织的复杂性进行研究，对于外部环境的复杂性研究知之甚微，而重大工程面临的外部环境往往更加恶劣，建造过程会受到环境的限制，有学者提出，应对重大工程的外生特征进行研究，减小外部环境对重大工程建设的影响。

（4）社会复杂性是指重大工程项目对政治、经济、社会的影响。而重大工程的社会复杂性主要源于不同利益群体及其社会期望冲突。与组织、任务、技术、环境等复杂性相比，重大工程的利益冲突和如何处理利益冲突是复杂性问题的核心，特别是在涉及体制冲突的决策过程中，公众和其他社会群体的期望和态度对重大工程产生了巨大影响。

5 研究趋势

5.1 知识基础

Citespace 最常用的功能是文献共被引分析，通过文献共被引图谱可以帮助研究者了解研究领域相关主题的演变历程，挖掘相似文献的共同主题。为研究重大工程复杂性的发展演变过程，软件参数设置如下：节点类型选择被引文献，其余参数选择默认值。运行软件及调整图谱，得到重大工程复杂性文献共被引图谱，结果如图 4 所示。图中，每一个节点代表一篇文章，节点越大，表示该文献的被引次数越高，节点间的连线表示文献的共引现象，连线的粗细与文献的共引次数呈正相关。被引频次较高的文献通常是某领域影响力较强和具有代表性的文献。

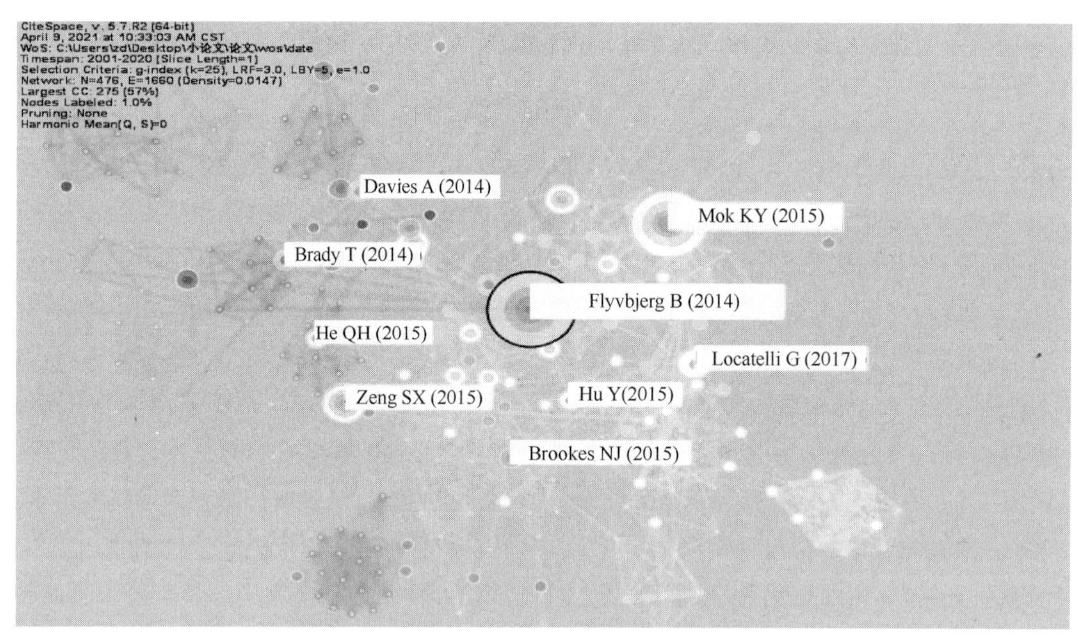

图 4　重大工程复杂性文献共被引图谱

从图 4 可知，图谱只显示了文章的发表年份和作者的姓名，却没有显示共被引文献的全称，根据后台相关信息可以检索获得完整的被引文献。运行后台得到相关高被引频次的文献，是与重大工程复杂性有关的经典文章，展示了重大工程复杂性研究的基础，这些文章在一定程度上构成了重大工程复杂性研究的知识基础。图中的最大节点是 Flyvbjerg 等在 2014 年发表的 1 篇文献，共被引频次高达 59 次；其中，频次大于等于 12 的共有 8 篇。通过整理得出被引次数最多的 8 篇文献，其相关信息如表 2 所示。

重大工程复杂性共被引分析高被引文献表（前8）　　表2

编号	被引频次	中心性	年份	作者	论文标题
1	59	0.17	2014	Flyvbjerg B	What You Should Know About Megaprojects and Why: an Overview
2	28	0.05	2015	Mok KY	Stakeholder Management Studies in Mega Construction Projects: a Review and Future Directions
3	16	0.08	2017	Locatelli G	Corruption in Public Projects and Megaprojects: There is an Elephant in the Room!
4	16	0.09	2015	Zeng SX	Social Responsibility of Major Infrastructure Projects in China
5	14	0.09	2014	Brady T	Managing Structural and Dynamic Complexity: a Tale of Two Projects
6	14	0.04	2015	Brookes NJ	Power Plants as Megaprojects: Using Empirics to Shape Policy, Planning, and Construction Management
7	13	0.02	2015	Hu Y	From Construction Megaproject Management to Complex Project Management: Bibliographic Analysis
8	12	0.03	2014	Davies A	Project Complexity and Systems Integration: Constructing the London 2012 Olympics and Paralympics Games

由表2可知，这8篇文献的研究主题主要聚集在3个部分。第1个部分的主题为关于重大工程的定义及复杂性相关理论基础，基础文献包括第1、7项，并且这两篇文献分别是在2014年和2015年发表的。其中文献1将重大工程定义为一类投资规模大、复杂性高，对政治、经济、社会、科技发展、环境保护、公众健康与国家安全具有重要影响的大型公共项目[3]，主要从组织、交付、利益相关者和团队等维度来阐述重大工程项目的内涵；文献7提出重大项目的管理是发达国家和发展中国家共同面临的全球性挑战，需要将复杂性理论、制度理论等新理论应用到重大工程管理中去[9]。第2个部分的主题为重大工程的社会复杂性及项目治理，基础文献包括2、3、4，其中3发表年份为2017年，文献2、4发表年份为2015年。文献2提出，通过使用社交网络方法，可以清楚地识别利益相关者和相关问题的相互关系，从而促进评估利益相关者的影响，并改进重大工程的项目决策[4]；文献3提出，建筑行业的道德行为是由私人组织和专业机构的领导部门以及公共部门采购机构的道德指导方针和政策来促进的，应该采用制度理论，引入“腐败项目背景”的思想，指出制度观的研究需要、从社会和制度层面重新思考腐败对重大工程的影响[5]；文献4通过构建三维框架来进行重大工程项目的社会责任绩效评估，以促进或管制各种利益相关方，使社会责任的政策得以在重大工程项目中落实[6]。第3个部分的主题为重大工程的组织和技术复杂性，基础文献包括5、6、8，其中文献5、8发表于2014年，文献6发表于2015年。文献5提出重大

工程项目是一项复杂系统集成活动，如何在项目中成功地管理结构复杂性和动态复杂性尤为重要[7]；文献 6 通过构建 PPM 特征和绩效之间的关系，表明模块化技术、项目治理和外部涉众参与对重大工程项目完成的重要性[8]；文献 8 指出动态响应不可预见的和不断变化的条件，包括可用于处理不确定性或变化的预算和应急事件，系统集成是重大工程项目成功交付的主要挑战之一[10]。

5.2 研究前沿

重大工程不是一般工程的简单放大或集合，而且在期望水平、利益相关者参与、交付时间、项目影响等方面，重大工程与一般工程有明显不同。尤其我国的重大工程除了技术组织环境的复杂性外，还具有制度复杂、体制多样、文化差异显著等特殊的情境特征。为了研究重大工程复杂性的前沿知识，本文进行了重大工程复杂性文献共被引时间图谱梳理图。被引文献能够反映知识基础，施引文献反映研究前沿，从施引文献的关键词中可知重大工程复杂性领域的研究前沿热点。重大工程复杂性的文献共被引网络被划分为 13 个聚类，其中有效最大的三个聚类如表 3 所示。

重大工程复杂性文献共被引图谱五大聚类表　　表 3

聚类编号	数量	平均轮廓值	年份	相关标签
0	55	0.867	2015	大型基础设施，治理结构，超级项目治理，制度因素，项目价值，关系管理，影响策略，风险评估，激励与监督，项目生命周期
1	51	0.863	2015	复杂网络理论，主动风险管理，项目利益，系统集成，外部环境，贝叶斯信念网络，机构的复杂性，组织间关系，超级项目治理，治理机制
2	39	0.847	2016	关系行为，协作工作，结构方程模型，战略管理，政府治理，非正式关系
3	31	0.924	2012	案例研究，适应性方案管理，项目成功，计划行为理论，组织平台，利益相关者合作，技术创新
4	27	0.941	2013	施工管理，界面管理，决策，预算，交易成本

通过共被引文献聚类分析，可知组织复杂性、任务复杂性、技术复杂性仍然是重大工程复杂性领域研究者最感兴趣的研究方向，如技术创新、组织平台、系统集成、机构的复杂性、成本、预算等名词出现在多个聚类中。除此之外，与重大工程项目的环境复杂性、制度复杂性和社会复杂性有关的名词也在聚类中频繁出现，如复杂网络理论、外部环境、关系管理、利益相关者合作、政府治理等名词，也是多次出现在聚类中。

结合共被引文献聚类结果可以分析出重大工程复杂性的研究趋势主要体现在两个方面：一是技术复杂性、任务复杂性、技术复杂性所构成的重大工程项目的内部复杂性，三个内部复杂性维度交叉耦合、联系紧密，其中技术复杂性是最为主要的内部复杂性，技术的提高直接影响重大工程项目的工期和成本，当前重大工程复杂性的研究主要集中在内部复杂性，如风险管理、施工管理、界面管理等。二是社会复杂性、制度复杂性、环境复杂性组成的重大工程项目外部复杂性，其中重大工程的社会复杂性主要源于不同利益群体的利益冲突，已经逐渐成为影响重大工程项目成功的关键因素，环境的不确定性会直接影响重大工程任务的复杂性，而制度的复杂性会影响组织结构、组织关系等组织复杂性。内部复杂性和外部复杂性之间有着紧密的联系，因此不仅要关注重大工程复杂性的内生性特征研究，也要对其外生性特征进行分析，并且对两种特征的内在联系进行深入分析。

6 结语

本文基于文献综述对重大工程复杂性的研究前沿进行可视化分析，研究结果表明重大工程复杂性已经引起各学者的广泛关注，并且相关文献数量也呈明显上升趋势。但目前大部分的研究方向仍然是侧重于重大工程的内部复杂性，如组织复杂性、技术复杂性等，对重大工程的外部复杂性研究仍有所欠缺。通过梳理重大工程复杂性的合作网络和知识聚类，预测未来该领域的研究热点为重大工程的外部复杂性，如环境复杂性、制度复杂性、社会复杂性等，研究侧重点由之前的重大工程复杂性的内生性特征向外生性特征进行转变。

参考文献

[1] 罗岚，陈博能．项目治理研究热点与前沿的可视化分析[J]. 南昌大学学报(工科版)，2019，41(4)：365-370，408.

[2] 梁茹，盛昭瀚．基于综合集成的重大工程复杂问题决策模式[J]. 中国软科学，2015(11)：123-135.

[3] Giorgio Locatelli，Giacomo Mariani. Corruption in Public Projects and Megaprojects：There is an Elephant in the Room! [J]. International Journal of Project Management，2016，9(1)：1-17.

[4] Naomi Brookes. Project Complexity and Systems Integration：Constructing the London 2012 Olympics and Paralympics Games [J]. Construction Project Management，2013(29)：1019-1020.

[5] Bent Flyvbjerg. What You Should Know About Megaprojects and Why：An Overview[J]. Project Management Journal，2014，45(2)：6-19.

[6] Yi HU，Albert P. C. Chan. From Construction Megaproject Management to Complex Project Management：A Bibliographic Analysis [J]. Journal of Management in Engineering，2013(13)：1-9

[7] Ka Yan Mok，Geoffrey Qiping Shen. Stakeholder Management Studies in Mega Construction Projects：A Review and Future Directions [J]. International Journal of Project Management，2014，8(7)：1-12.

[8] Sai Xing Zeng. Social Responsibility of Major Infrastructure Projects in China [J]. International Journal of Project Management，2014，7(7)：1-12.

[9] Tim Brady. Managing Structural and Dynamic Complexity：A Tale of Two Projects [J]. Project Management Journal，2014，45(4)：21-38.

[10] Naomi J. Brookes，Giorgio Locatelli. Power Plants as Megaprojects：Using Empirics to Shape Policy，Planning，and Construction Management [J]. Utilities Policy，2015(36)：57-66.

[11] Andrew Davies，Ian Mackenzie. Project Complexity and Systems Integration：Constructing the London 2012 Olympics and Paralympics Games [J]. International Journal of Project Management，2014(32)：773-790.

中国工程咨询国际化发展策略研究

张锡成　邓小鹏

（东南大学土木工程学院，南京　210096）

【摘　要】 当前我国工程咨询“走出去”步履缓慢，严重制约了我国向国际工程高端市场转型。开展中国工程咨询国际化的策略研究，对于支撑我国建造强国战略实施具有重要战略意义。本文系统梳理了我国工程咨询海外发展现状，发现在企业数量、业务规模和发展均衡等多维度均落后于欧美国家，并在法律法规、政策支持、企业实力、人才培养等多方面存在问题。在综合考虑国内外形势和我国国情的基础上，提出“一基六柱”国际化策略。

【关键词】 建造强国；工程咨询；国际化；策略

Internationalization of China's Engineering Consultation Industry

Xicheng Zhang　Xiaopeng Deng

(School of Civil Engineering, Southeast University, Nanjing 210096)

【Abstract】 At present, the internationalization of China's engineering consultation is slow, which seriously restricts the transformation of China to the high-end market of international engineering. The strategy study of engineering consultation internationalization is of great strategic significance to support the implementation of strategy of construction power. This paper systematically summarizes the overseas development status of China's engineering consultation, the results show that China's engineering consultation lags behind European and American countries in terms of the number of enterprises, business scale and balanced development. At the same time, there are problems in laws and regulations, policy support, enterprise strength, talent training and other aspects. Based on the comprehensive consideration of the domestic and foreign situation and China's national conditions, this paper puts forward strategic countermeasures of "one foundation and six pillar".

【Keywords】 Construction Power; Engineering Consultation; Internationalization; Strategy

1 前言

工程咨询被认为是我国建筑业“走出去”产业升级的方向，也是打开国际工程高端市场的重要突破口[1]。但在中国工程承包和中国工程咨询设计“走出去”的互动关系上，据不完全统计，咨询设计的营业额长期保持在工程承包营业额的1%左右[2]，说明中国建造的国际化并没有取得实质性的突破，还停留在产业链下游劳动密集型的施工承包阶段。

近年来承包商具备综合服务的能力越来越受到国际工程发包方的青睐，咨询企业开始赋予越来越重要的作用和地位。虽然中国建筑业国际化多年，但主要是施工承包企业“走出去”，国内从事工程咨询的大院大所仍在“走出去”的路上。目前国际工程的高端市场仍被欧美企业占据，中国向国际工程产业链中上游拓展稍显乏力。因此，无论从国际工程发包商的需求还是自身转型升级的需要，都迫切要求我国工程咨询进行国际化发展。

乌兰木伦[3]指出工程咨询设计是工程项目的先导和灵魂，点明了工程咨询在国际工程承包中的地位。沈爱华[4]、陈文晖[5]等学者从企业层面探讨了中国工程咨询的国际化之路。目前相关研究无论在数量还是质量上都略显不足，大多停留在工程咨询国际化的价值意义和对企业的研究层面，难以指导中国工程咨询行业的发展。因此，本文从国家、行业和企业三个层面开展研究，旨在为政府、行业协会和企业推进工程咨询国际化发展提供科学的建议。

2 我国工程咨询海外发展现状

根据2004～2019年ENR前200/225强企业数据[6]，纵向上看，中国咨询设计企业市场份额稳步增长，在2019年居于第五位，市场份额突破5%。从入围ENR前200/225强数量上看，中国咨询设计企业在2019年入围企业数量达到24家（图1）。

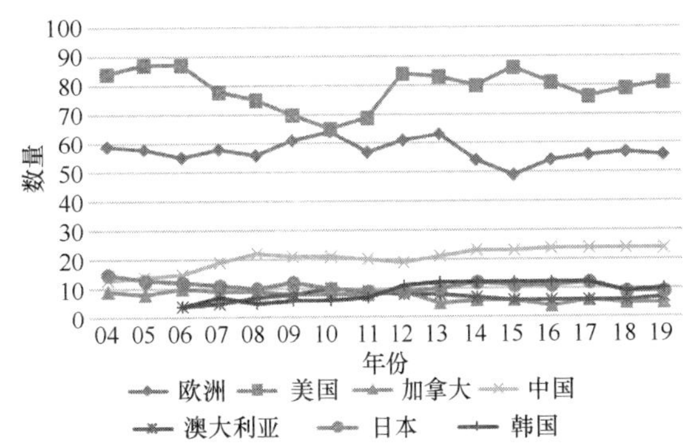

图1 历年ENR前225强企业数量

（数据来源：ENR报告）

横向上看，根据地区划分，2019年中国咨询设计企业的市场主要集中在亚洲和非洲，在欧美市场表现不佳。根据行业划分，2019年进入ENR前225强的中国咨询设计企业的业务主要集中在电力（70.53%）、交通运输（15.39%）等传统优势行业（图2）。

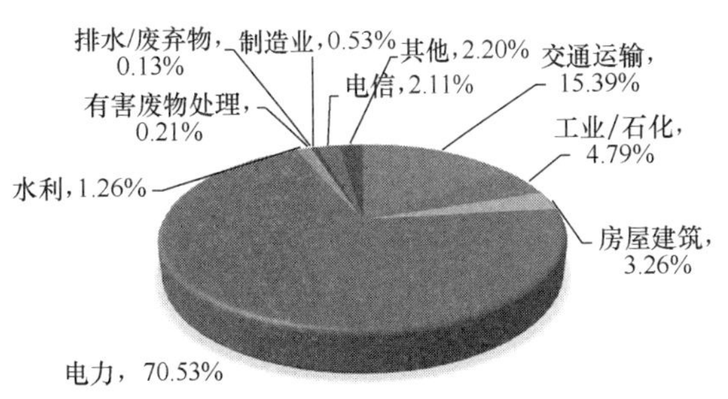

图2 2019年ENR前225强中国企业业务分布

（数据来源：ENR报告）

在国际工程市场我国咨询业和承包业发展不均衡，在2019年咨询企业营业收入与承包商营业收入比例未超过4%，相比美国比例超过60%（图3），说明我国咨询业实现国际化还任重而道远。同时我国缺乏大型实力雄厚的

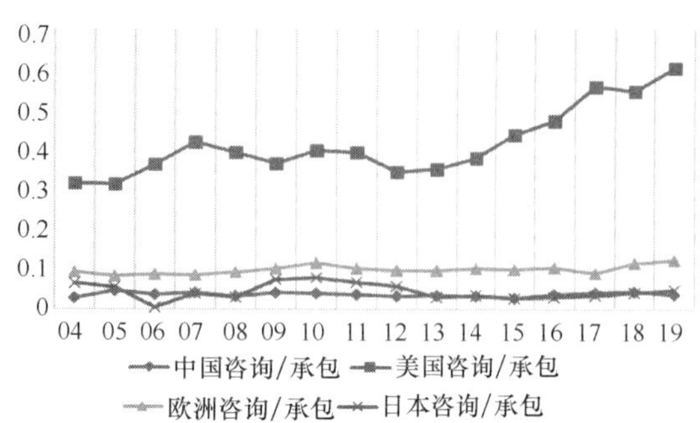

图 3 2004～2019 年主要国家或地区咨询商与承包商营业收入比例

（数据来源：ENR 报告）

龙头型国际工程咨询企业，以 2019 年为例，前 20 强只有 1 家是中国企业，且未进入前 10 强。

3 中外工程咨询发展差距

3.1 中外工程咨询企业发展差距

以工程咨询处于领导地位的欧美国家为研究对象，从国际化程度视角分析中外工程咨询企业发展差距。基于现有评价体系[7,8]，考虑提升国际化程度的内生动力性因素，从国际业务规模、国际业务战略度和国际业务均衡度三个维度选取八个定量指标，分析中国与欧美工程咨询企业存在的差距，具体指标如表 1 所示。

工程咨询评价指标体系 表 1

维度	编号	指标	单位
国际业务规模	A1	进入 ENR225 强本国咨询企业数	家
	A2	进入 ENR225 强本国咨询企业海外营业额	亿美元
国际业务战略度	B1	进入 ENR225 强本国咨询企业占全球进入 ENR225 强企业总数比例	%
	B2	进入 ENR225 强本国咨询企业占全球进入 ENR225 强企业海外营业总额比例	%
	B3	进入 ENR20 强本国咨询企业数占比	%
国际业务均衡度	C1	进入 ENR225/250 强本国咨询与承包企业数比例	%
	C2	进入 ENR225/250 强本国咨询与承包海外营业额比例	%
	C3	进入 ENR225 强本国咨询企业平均规模	亿美元/家

以 2019 年数据为例，整体来看中国工程咨询企业在三个维度八个指标上全面落后于欧美企业。在国际业务规模维度，欧美企业入围 ENR 前 225 强数量均突破 50 家，相比之下中国入围工程咨询企业数量不足美国企业数量三分之一，海外营业额更不及欧洲企业六分之一。在国际业务战略维度，欧美企业累计市场份额达到国际咨询市场 60%，但中国企业的占比均低于 15%，提升空间巨大。在国际业务均衡维度，欧美工程咨询企业数量均高于承包商数量，相比之下中国工程咨询企业只有承包商数量的 32%，说明在国际工程市场欧美主要处于产业链中上游，而中国主要处于中下游，在高端咨询市场中国尚未取得实质性进展，同时中国工程咨询企业整体规模较小。指标数据归一化处理后结果如图 4 所示。

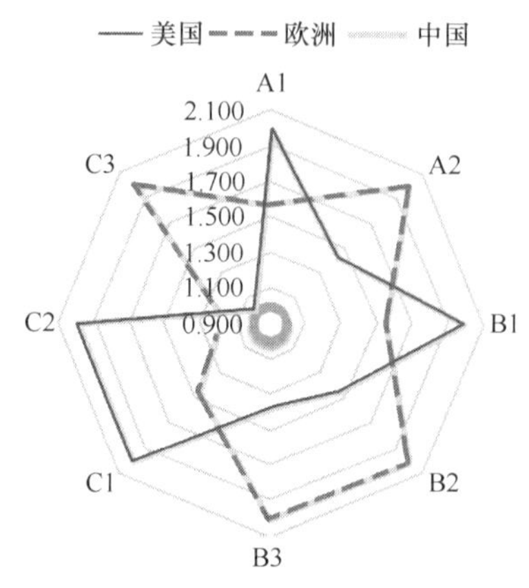

图 4 中美欧工程咨询评价指标结果

（数据来源：ENR 报告）

3.2 政府与行业协会支持力度差距

国外大型工程咨询企业国际化过程，不仅离不开自身实力的不断增强，也与政府和行业协会发挥的作用密切相关。正确认识政府和行业协会在企业国际化过程中的地位和作用，对于促进我国工程咨询国际化，具有重要意义。

通过比较美国、英国、日本和中国政府的支持措施，以及英国工程咨询协会（ACE）、英国土木工程师学会（ICE）、美国工程公司协会（ACEC）和中国国际工程咨询协会（CAIEC）的支持措施，发现我国在财政税收优惠、商业情报支持、企业交流学习等方面存在不足。具体结果如表2所示。

政府与行业协会支持工程咨询国际化措施　　表2

	措施	国家				行业协会			
		美国	欧洲	日本	中国	ACE	ICE	ACEC	CAIEC
国家层面	提供财政补贴或税收优惠	●	●	●					
	建立商业信息情报支持网络		●	●					
	出口信用保险	●	●	●	●				
行业协会层面	构建企业间交流平台					●	●	●	
	企业培训与人才培养					●	●	●	●
	拟定合同条件和标准合同格式						●		
	行业形象提升与宣传推广					●	●	●	●
	企业国际业务指导与支持					●	●	●	●

4 我国工程咨询国际化存在的问题

4.1 行业法律法规有待完善，海外市场恶性竞争问题突出

现有法律法规不完善，尚未形成完整体系，市场准入、监管和退出机制不健全，市场发展具有明显的行业性和区域性，市场机制难以充分发挥其作用，难以形成大型综合型企业。同时海外市场中国企业恶性竞争问题突出，出于文化、语言、技术等方面制约，导致中国咨询企业扎堆亚非等中高风险市场，相互压价，不仅使企业利益受损，也损害了中国企业品牌形象和国家整体利益，不利于企业间的战略合作与资源共享。

4.2 企业发展的外部政策环境不完善，国际化发展动力不足

发达国家政府在工程咨询企业的国际化中给予巨大的政策扶持，包括税收、保险、财政和信贷等，反观我国政府在政策扶持上则略显欠缺，鼓励我国工程咨询企业国际化的相应配套政策制度不完善、力度不足，无法及时满足企业的国际化需求。同时长期以来我国采用的是投资管理体制[9]，这导致国内对工程咨询的概念在认识和理解上都存在较大的局限性。此外，由于市场的区域垄断和保护现象，以及国内巨大的市场需求和海外激烈的恶性竞争，使得企业的国际化动力严重不足，削弱了我国工程咨询企业的国际竞争力。

4.3 企业综合实力不强、业务单一，承包带动咨询“走出去”

现阶段，中国工程咨询服务范围和工作内容较窄，没有形成提供全过程技术性、管理性的咨询服务体系，投融资、设计、管理等一体化的综合服务能力较弱[10]。从产业结构和企业规模上看，缺乏综合实力强的集团企业和

“高、专、新、特”的专业公司，企业大的不强，小的不专。从业务能力上看，国际同行具备全面、全过程的工程管理和控制能力，而我国无论在方法、手段、自有专利、专有技术、信息化水平，还是企业的管理理念方面都存在较大差距。从融资能力上看，我国工程咨询企业与国际同行相比融资能力低下，融资成本高昂，融资渠道单一。从信息获取能力上看，目前我国大部分工程咨询企业无力在境外设立机构搜集第一手资料。同时，“走出去”更多的是央企和国企，民企普遍抗风险能力弱、融资成本高、人才储备不足。此外，我国呈现出承包商带动咨询企业“走出去”的现象，与发达国家发展路径相反。即发达国家采用产业链“从上往下”的国际化路径，而我国是产业链“从下往上”的发展路径，通过劳务分包向工程承包转变，再进一步向工程咨询转变，实现中国建造国际化，其难度系数大大增加。

4.4 创新能力薄弱，缺乏高层次复合型人才

国内工程咨询企业大多欠缺创新能力，缺乏创新精神和创新动力，未建立起自己的专利优势和技术壁垒。同时，缺少熟练掌握经济、法律、商务、管理和技术的复合型人才，难以提供项目规划、可行性研究、设计、采购、监理等全过程服务[11]。此外国内工程咨询公司未建立完善的人员聘用、考核激励、后勤保障制度和培养成长体制，使得现有从业人员远达不到国际工程咨询业发展的需要，留不住优秀员工长期在海外从事国际业务，也无法吸引优秀人才从事国际工程咨询行业。

5 中国工程咨询国际化策略研究

政府、行业协会和企业是中国工程咨询国际化进程中不可或缺的三个主体，明晰彼此间关系，充分发挥三者的协同作用，才能有效推进我国工程咨询的全球化发展。基于发达国家经验和我国国情，本研究提出“一基六柱”国际化策略，见图 5。

图 5 “一基六柱”国际化策略

5.1 注重顶层设计，完善法律法规体系建设

顶层设计和完善的法律法规体系是中国工程咨询国际化的根基，也是其他策略得以实现的基础。我国应该注重制定较为详尽的国际化目标和战略，按计划稳步推进工程咨询国际化发展。从顶层设计完善服务工程咨询走出去的支撑体系，推动中国资质与资格管理体系国际化。同时，完善法律法规体系建设，规范国内市场和海外市场企业行为，防止企业间恶性竞争，健全市场准入、监管和退出机制，保障企业在海外并购、海外投资、保险、海关等方面的权益。

5.2 完善产业政策支持

首先，改革金融政策，丰富完善我国融资信贷政策和金融服务产品，建立符合国际工程项目需求的多层次全方位融资体系。继续加大政策性融资支持力度，引导企业建立自身融资渠道，切实有效地降低企业融资成本。其次，改革外汇管理制度，制定适合工程咨询企业“走出去”的外汇管理措施。此外实行激励的

财政税收政策，对开展国际工程咨询的企业给予财政上的支持，给予阶段性的补贴和奖励。同时，对“走出去”的工程咨询企业给予税收减免优惠。

5.3 加强多层次人才队伍建设，注重技术创新和交流合作

以多种方式吸引国际工程咨询高层次人才，健全人才薪酬、激励和选拔培养制度。加强工程咨询相关学科专业体系和人才培养体系建设，培养一批领军人才和青年拔尖人才。重视技术创新，大力开展国际技术交流，通过多种方式快速提升我国工程咨询技术水平和创新能力，形成核心竞争力和技术壁垒。同时，注重互联网、物联网、5G、人工智能等新兴技术对工程咨询带来的可能性和变革性，主动探索高新技术与工程咨询的结合点，抢占技术高地，实现弯道超车。

5.4 搭建工程信息网络平台，设立海外专项基金

利用政府驻外机构和行业协会，加强与当地外交系统、商会合作，大力建设工程信息情报网络，为企业提供各国家的工程项目、法律法规、业务指南、风险预警等信息支持。设立海外工程基金，对工程咨询企业提供必要损失补贴，帮助企业垫付一定比例的投标费用，补助海外相关人员，对企业技术开发提供经费形式支持。

5.5 组建战略联盟，鼓励“造船出海”

鼓励我国工程咨询企业之间建立联盟，化整为零，充分发挥各自优势，形成综合型、全能型集体，打造全过程咨询能力。其次推进与我国国际工程承包商组成战略联盟。相比于工程咨询，承包商国际工程经验丰富，国际知名度较高，承包商与工程咨询企业合作能够弥补双方在人才、技术等方面的不足。因此，咨询企业之间、承包商与咨询企业之间组成战略联盟，国企、央企与民企联合，打造航母战斗群联合出海，将实现多赢局面，推动我国对外工程承包的转型升级。

5.6 加快企业兼并重组，大力支持海外并购

鼓励广大中小型工程咨询企业开展联合经营与收购，柔化政策吸引民营资本进入大型设计院所。鼓励工程咨询上下游企业间并购重组，优势互补，培育整合成覆盖咨询全过程的全产业链龙头企业、骨干企业和企业集团，形成综合实力强的集团企业和“高、专、新、特”的专业公司“二分天下”格局。大力支持本国企业开展海外投资并购活动，吸收国外企业先进理念和先进技术，提升企业竞争力，实现多元化经营和拓展国际市场，推动属地化运营。

5.7 推进人民币国际结算业务，加快中国标准“走出去”

汇率风险是影响企业开展国际业务的一项重要因素，如果缺乏良好的汇率风险控制能力极易造成本应盈利的项目亏损。因此，推进人民币国际结算业务，可有效消除汇率风险带来的不确定性影响，增强中国工程咨询企业“走出去”的信心和动力。同时加快推进中国标准“走出去”，构建中国标准“走出去”奖励机制和支持体系。从国家层面加大中国标准的正面宣传和推介，利用“一带一路”倡议和对外援助项目等落地中国标准成功案例。最后与金融机构开展合作，带资出海，针对投资项目开展中国标准实践，使企业在国内积累的丰富经验得以在国际市场转化成竞争力，增强中国工程咨询的软实力。

6 结语

加强推进工程咨询国际化发展的策略研究，事关我国走向国际工程高端市场和实现高质量发展，是有序、有效和有力推进中国建造国际化的战略支撑，是中国建造 2035 国际化发展战略的重要组成部分。当前我国建筑业“走出去”正处于转型升级的攻坚期，必须清醒认识到我国工程咨询无论在人才培养、技术创新还是企业质量上都与发达国家相比存在一定差距。因此，采取“一基六柱”国际化策略，增强行业和企业竞争力，完善相应配套政策造船出海，显得尤为迫切和重要。短期来看新冠疫情和贸易战对国际工程产生一定影响，而互联网、人工智能等新兴技术正加速对建筑业的渗透和变革。如何在百年未有之大变局中把握机遇主动求变，对于实现中国工程咨询国际化和建造强国目标具有重大意义。

参考文献

[1] 刁春和．努力推动我国对外承包工程行业繁荣发展[J]. 中国勘察设计，2012(6)：20-21.

[2] 马宁生. 工程咨询“走出去”的理论与实践[J]. 国际经济合作，2007(10)：4-7.

[3] 乌兰木伦. 中国工程咨询设计业国际化经营再思考[J]. 国际经济合作，2013(6)：4-6.

[4] 沈爱华. 国际工程咨询企业国际化研究——过程与模式[J]. 商场现代化，2007(6)：1-2.

[5] 陈文晖. 工程咨询业务全球化战略研究——基于 SWOT 的分析[J]. 价格理论与实践，2018(11)：147-150.

[6] 呼慧敏，张锡成，邓小鹏. 2020 年度 ENR 国际设计商 225 强解析[J]. 工程质量，2020，38(9)：1-6+12.

[7] 崔影慧，魏娟. 中国企业国际化程度评价指标体系的构建[J]. 统计与决策，2007(11)：70-71.

[8] 李剑玲，吴国蔚，马立红. 我国企业国际化程度评价方法研究[J]. 经济论坛，2004(24)：44.

[9] 武建平. 工程总承包模式下全过程工程咨询业高质量服务要点分析[J]. 建筑经济，2020，41(S2)：28-32.

[10] 丁士昭. 用国际化视野推进全过程工程咨询[J]. 中国勘察设计，2019(5)：32-37.

[11] 沈皆希，郑爱翔. 多视角下的中国工程咨询企业国际化对策研究[J]. 湖北农业科学，2017，56(19)：3796-3800.

设计咨询企业开展全过程工程咨询的实践与探索

郑 琪

（北京市建筑设计研究院有限公司，北京 100045）

【摘 要】 通过对全过程工程咨询政策背景和开展情况及国内工程建设管理模式历史变迁的梳理，本文分析了传统建设管理模式下建设单位面临的困境以及 EPC 模式可能遭遇的管理“陷阱”，强调设计咨询企业要紧紧抓住全过程、全要素、高质量三个本质要求开展全过程工程咨询的实践探索，提出五条线索管控思想和针对建筑关键系统集成管控的方法，同时展望全过程工程咨询赋能设计提升和推动行业向智能建造转型的前景。

【关键词】 全过程工程咨询；全过程；全要素；高质量发展；智能建造；咨询服务；数字化

The Practice and Exploration of Whole Process Engineering Consulting for Design Consulting Companies

Qi Zheng

(Beijing Institute of Architectural Design, Beijing 100045)

【Abstract】 Through the analysis of the policy background and development of the whole process engineering consulting, and the historical changes in the domestic management mode of development and construction, this paper analyzes the difficulties faced by investor under the traditional development management model and the management “traps” that the EPC model may encounter, and emphasizes design consulting companies need to follow the three essential requirements of the whole process, all elements, and high quality in the practical exploration of the whole process engineering consulting, proposes five-thread control management theory and methods for integrated management by key building systems, and looks forward to the prospect of the whole process engineering consulting empowering design upgrading and promoting the industry transformation of the industry to intelligent construction.

【Keywords】 Whole Process Engineering Consulting; Whole Process; All Elements; High Quality Development; Intelligent Construction; Consultation Service; Digitization

1 引言

2017 年《国务院办公厅关于促进建筑业持续健康发展的意见》首次提出全过程工程咨询概念，迅速引起行业热议和思考，四年来，全国各地开展了有益的探索和实践。如今中国开启全面建设社会主义现代化国家新征程，全社会对高质量发展有了深刻认识，新时代背景下，工程建设高质量发展的重任也历史性地落在所有行业企业和从业人员肩上。我公司作为新中国第一家民用建筑设计院，也是全国首批 40 家全过程工程咨询试点企业之一，近几年一直积极探讨全过程工程咨询理论，并投身相关工程实践，是故结合设计企业开展全过程工程咨询谈谈我们的思考。

2 政策背景和全过程工程咨询开展情况

2017 年 2 月《国务院办公厅关于促进建筑业持续健康发展的意见》首次提出培育全过程工程咨询，紧接着同年 5 月《住房城乡建设部关于开展全过程工程咨询试点工作的通知》选取 8 省市 40 家企业开展相关试点工作，之后 2019 年 3 月国家发展改革委、住房和城乡建设部《关于推进全过程工程咨询服务发展的指导意见》出台，提出在房屋建筑和市政基础设施领域推进全过程工程咨询服务发展，提升固定资产投资决策科学化水平，进一步完善工程建设组织模式，推动高质量发展。时至今日，加上首批试点的 8 省市，全国已经有 24 个省市明确出台相关政策对全过程工程咨询予以推广。

业界对全过程工程咨询模式的思考和探索仍方兴未艾，更多地区、行业企业则由地方政策出台，尝试在具体工程建设中进行了日益广泛的全过程工程咨询模式的工程实践。2017 年有浙江、四川、广东、福建、江苏、湖南等省份率先出台本地的全过程工程咨询实施意见；2018 年和 2019 年两年内又有广西、宁夏、河南、内蒙古、安徽、陕西、山东、海南、山西、重庆等省市跟进出台本地实施意见和（或）相关配套政策、措施；自 2020 年至今，则有天津、贵州、甘肃、黑龙江、吉林、江西等地陆续推出具体实施意见或服务导则。通观上述地方政策或实施意见，几乎全部提到以政府投资项目或国有资金投资项目采用全过程工程咨询模式作为引领示范，也多数倡导运用 BIM 技术开展全过程工程咨询应用。对于业内关注的全过程工程咨询服务费用计取，都把各专项咨询费用叠加并加上统筹管理费作为基本取费方式。同时，对于统筹管理费计取标准，部分省市则进一步明确，或按照工程监理费标准计取（吉林），或参考《基本建设项目建设成本管理规定》（财建〔2016〕504 号）的控制费率计取。

全过程工程咨询试点政策甫一推出，便受到业内广泛关注。2017 年 10 月召开的党的十九大，明确了我国发展新的历史方位，进入新时代，推动我国社会、经济高质量发展已形成全社会的共识。全球制造业开启工业 4.0 时代，国内制造业也开始《中国制造 2025》行动计划，反观工程建设行业的发展，改革开放40余年来，中国工程建设已经取得举世瞩目的成就，在世界更享有“基建狂魔”“中国速度”的美誉，但与制造业的集成设计、精益制造、智能管理比较起来，仍然相形见绌，还有很大的差距需要追赶。中国由工程建造大国向工程建造强国迈进的过程中，全过程工程咨询将发挥日益重要的作用。

3 国内工程建设管理模式的变迁

回顾我国工程建设管理模式发展的历程，大致经历了以下几个阶段。从1953年至1965年，主要学习实行苏联模式，建设单位自行负责工程建设的全部管理工作，设计、施工、材料供应任务分别由各自的政府主管部门下达，并负责协调和解决建设过程中的各种问题。从1965年至20世纪80年代初，主要采用建设指挥部方式，建设指挥部负责建设期间的设计、采购、施工的管理，项目建成后移交给生产管理机构负责运营。从20世纪80年代初至90年代末，是招标投标制、建设监理制和项目法人制逐步建立、推行的时期。从20世纪90年代末至今，可以看作是上述三项制度日益推广、成熟并不断完善，同时借鉴引进国外经验，多种建设管理模式并存、发展的阶段。各个时期不同的建设管理模式，是适应当时生产发展水平的结果，也是我国由计划经济体制向社会主义市场经济体制转变的客观要求。每一时期的建设管理模式，对当时国家工程建设事业都发挥了积极的作用，也都做出了重要的历史功绩。

改革开放40多年来，伴随我国投资体制的改革，工程建设领域也发生了深刻的变革。现阶段，我国建设领域在招标投标制、建设监理制和项目法人制的大框架下，工程建设采用DBB模式（Design-Bid-Build）仍占大多数。在现实发展中却形成了工程咨询分头负责、分段管理的现象。以政府投资的工程建设项目为例，传统建设程序一般包括前期立项阶段、设计阶段、招标投标阶段、施工阶段和竣工运维阶段。建设单位往往需要分别委托前期咨询单位完成可研立项，委托设计单位完成方案、初设和施工图设计，委托招标代理单位完成施工招标，委托监理单位对工程施工进行监督管理，委托造价咨询单位进行成本管控等。这里便已经涉及五方工程咨询单位，姑不论建设单位是否具备足够的技术力量对多家工程咨询单位进行有效的管理，只就协调、沟通多方的日常管理来看，工作量也是非常可观的。更关键的是，由于分头负责、分段管理，产生信息传递不畅、管理无法闭环、责任不能到位等问题，导致效率低下、推诿扯皮现象，最终往往导致项目进度滞后、质量缺陷、投资失控等诸多弊病。而且这已经成为普遍现象，成为建设单位躲不过去的顽瘴痼疾。

为了破解上述难题，推动工程建设高质量发展，除了推行全过程工程咨询以外，相关主管部门也大力提倡EPC模式，尤其是政府投资项目，更作为推进EPC的重点。以美国为例，其工程项目建设模式主要可以分为DBB、DB（Design-Build）、CM（Construction Management）三种模式。在非住宅市场中，三种模式在1990年的比例为72∶15∶13，在2000年为54∶35∶10，2015年则为40∶50∶10。看得出来，DB建设模式在美国建设市场呈现快速发展趋势。DB模式一定程度上类似国内提倡的EPC模式，这一点，对我国建设模式的发展可资借鉴。

EPC本质上可以看作是对工程建设风险进行分配的一种合同形式，本着“把风险分配给最擅长管控该类风险的一方”，EPC合同把施工风险更多分配给施工企业是一种合理的安排。按照市场经济等价交换的原则，施工企业承担更大的风险，自然要求得到对等的回报。因此，同等条件下，EPC 模式下的工程价格一般要高于 DBB 模式下的工程价格。同理，当工程本身的复杂程度导致风险增高，或者由于设计图纸不完善导致诸如工程不确定性风险增加等等，都会引起施工企业报价提高。当此类风险提高到一定程度，伴随工程报价也相应提高到一定程度，则采取 EPC 方式就丧失了合理性和经济性。这也是目前推行 EPC 比较常遇到的一类问题。以政府投资项目来看，房屋建筑方面，往往是医疗、教育、文化、体育等公益性建筑，而这类建筑项目，基本都是建筑功能复杂、技术难度较高、体量规模较大的一类项目。此类项目采用 EPC 模式，如果前期决策阶段功能需求、建设标准、技术路线、投资估算等研究不透彻、不准确，加之设计阶段方案比较、功能选型、设计优化、材料部品选择等不完善、不深入——事实上，上述这些问题，往往就是传统工程咨询模式下的通病——势必会大大增加工程实施阶段的风险，结果要么导致工程概算或招标投标阶段工程报价大幅上扬，要么人为压低概算或中标价格，但最终仍会在施工过程中爆发矛盾，导致工程建设重新跌入质量降低、成本失控、进度延后等管理陷阱。

要想避免政府投资项目采用 EPC 模式可能遇到的上述问题，一条稳妥有效的途径就是同步采用全过程工程咨询，通过将投资决策综合性咨询以及建设阶段全过程咨询委托给一家全过程工程咨询单位，发挥全过程工程咨询模式全方位、全过程的一体化综合咨询优势，着力围绕设计开展工作，聚焦完善可研设计方案和提高工程初步设计完成度，设计过程中通过限额设计手段动态管理，实现工程设计成果在技术经济方面的高度协同，达到对建筑产品相对精确的定义，从而为 EPC 招标以及后续工程建设创造稳定的条件。

4 全过程工程咨询的实践探索

随着经济社会的发展与工程建设技术的进步，工程建设的规模越来越大，技术难度和要求越来越高，在传统割裂的咨询服务方式下势必会面临服务内容交叉、责任划分不清、风险相互交织的现象，对工程建设主体责任的落实极为不利。开展综合性、跨阶段、一体化的全过程工程咨询服务，服务内容将得到有效整合，咨询服务的责权利明晰化，提供传统模式不能实现的专业化、差异化咨询服务，成为全产业链的协调者、统筹者、管控者，促使全过程工程咨询服务方全面落实工程建设主体责任，有效提升责任意识和服务意识，确保工程建设的工期、质量和投资效益，促进建筑业高质量发展。通过调研、对标国际先进咨询模式、理论研究、项目试点、应用推广等办法，北京市建筑设计研究院（简称“北京建院”）提出全过程、全要素、高质量的全过程工程咨询服务模式。

项目决策阶段和设计阶段开展工程咨询投入的成本是最少的阶段，但却是对总成本和整体品质影响最大的阶段，设计咨询企业开展全过程工程咨询在这两个阶段具有突出的技术优势，从这两个阶段入手，也就抓住了问题的主要矛盾，从而可以更好地贯彻全过程、全要素的管控理念，实现工程高质量建设目标。

4.1 从决策到运维——控制全过程

从整个建设过程而言，传统的管理方式将其划分为决策阶段、设计阶段和施工阶段。其中决策阶段确定了设计标准和投资，设计阶段和施工阶段之间的信息传递依靠图纸来完成。当前随着建筑规模的扩大，建筑复杂程度的增加，建设标准的提高，节能环保的要求，以及更加强调以人为本，提高舒适度的要求，原有的三个阶段需要发展，同时各个阶段的衔接更加重要，单纯的二维图纸已经难以满足要求。在借鉴世界各国管理经验的基础上，结合中国发展的实际需求，将全过程工程咨询工作划分为五个阶段，即决策阶段、设计阶段、施工准备阶段、施工阶段和运维阶段，这便形成了“全过程”的服务特点。

其中运维阶段在传统的建设模式下往往容易忽视其重要性，但建筑在建造过程中的投入相对于其整个生命周期的投入而言，大约只相当于十分之一。这意味着，从建筑物落成开始，其运行维护管理投入的成本是巨大的。这会给建筑未来的管理者带来巨大的压力，同时也面临一种风险。如果建筑未来的管理者难以承担这种运行维护管理投入的压力，建筑在其生命周期内就可能难以得到有效的使用和维护，这将导致建筑的使用功能和使用效果大打折扣，建筑难以实现在其设计建造之初预定的目标。

值得欣慰的是，当前已经出现了积极的变化。很多工程，特别是对于功能复杂、体量庞大的公共建筑，投资者从一开始就关注后期运维的投入和管理细节。策划团队和设计团队，也在项目策划和方案设计阶段开始关注设计对后期运维的要求和影响。特别是对于节能环保方面的要求。很多工程项目从项目策划阶段就确定了绿色建筑目标和健康建筑目标，细化设计运维的各项指标要求。这种新的变化无疑会对建筑的未来起到积极的带动作用。

运行维护管理已经成为全过程工程咨询工作的一个组成部分，运行维护管理的需求对于项目控制和项目管理更加强调系统性。因为这已经不再是针对建筑当中某一部分或某个部件的工作，而是要把建筑当作诸多系统组成的一部机器，来调试和实现管理的目标。因此，管理工作更加强调系统性，系统地管理最终实现建筑的集成，为有效运行维护管理创造条件。

4.2 五条线索——全要素管控

在全过程工程咨询工作的五个阶段当中，如何从众多的工作中找出共性的东西，抓住根本的联系是实现整合的关键。参考国内外的资料，结合工程实践，归纳出五条控制线索。按照五条线索梳理管控要点，就有了“全要素”的咨询特色。其中包括传统的管理方式中的质量进度控制线索、投资造价控制线索、合同保险控制线索，也包括根据我国固定资产投资项目建设水平现状和关注重点提出的产能物流控制线索和项目控制管理线索。

由于建设过程始终是一个社会化的活动，基本上没有多次重复生产，在一次生产过程中需要调用大量资源，生产时间相对较长，影响范围比较大。因此，生产组织和产能供应成为从始至终影响建设过程的一个重要因素。产能物流控制线索也成为一条重要控制线索。

在五条线索之中，排在首位的是项目控制管理线索，牵动两个主要方面的工作。一是过程控制。在正常的管理过程中强调节点控制，规避出现过去工程管理中出现的只走流程不做决策，反复研究原地打转的情况。二是风险控制。通过对决策、设计、施工准备和施工等各阶段的分析，汇总各条线索可能发生的问题，同时通过对于质量进度、投资造价、合同保险和产能物流四条线索工作过程的控制，做到关注要素之间的相互影响和前后阶段的相互影响，预判风险，解决问题，并向客户告知风险的存在和相应的解决建议。

4.3 系统集成——高质量发展

建筑工程项目的成败在于有效的管控，为了更细化管控建筑从设计到运维的品质，将建筑产品剖分为若干系统，改变了过去建筑由部件组成的思路。通过每个系统的控制要点达到在各个建造阶段，系统技术标准的一致性和系统数据模型完整协调。

关键系统根据其内在逻辑关系分为七类。第一类是建筑空间系统，其为建筑一切系统的基础，全部系统均围绕建筑空间系统展开。第二类系统是对第一类系统的技术丰富，通过专业技术完善丰富建筑空间系统，这类系统包含结构系统、防水系统、保温系统、通风系统、空调及供热系统、给水系统、排水系统、供配电系统、幕墙系统和非承重墙系统。第三类系统是对于第一、第二类系统的检验，同时明确了人的活动路线，其中包括垂直交通系统、水平交通系统。第四类是装饰内容，涉及表面和内在的一致，其中包括吊顶系统、墙面地面系统、门窗系统、照明采光系统、标识系统、陈设系统、种植系统。第五类是专项系统，是对建筑空间和机电的集成，从而实现专项的建筑功能，其中包括消防系统、智能化系统、机电控制系统、市政系统。第六类是特殊工艺系统，涵盖工艺系统、人防系统、无障碍系统。第七类是运维场景控制系统，其为面对用户使用的系统，是对前述系统产生的数据进行分析和控制。

从设计到建造，再到运维，通过对上述 28 个关键系统详细管控，为全过程工程咨询工作标准和管理方法提供抓手，最终为工程建设活动提供高质量智力技术服务，全面管控工程投资、提升投资效益、工程建设质量和运营效率，提升建筑设计供给体系质量和建筑设计品质。

5 向智能建造转型

5.1 全过程工程咨询赋能设计提升

任何建设项目都是从策划、立项、勘察、设计、施工到运营的全生命周期的行为活动，而全过程工程咨询则是建设项目本身的内在需求，它满足了各个阶段各个参与方实现同一建设目标的要求。而传统的设计企业只参与了设计阶段，片面且主导性差。相反，全过程工程咨询则利用设计企业的先天技术优势，用专业、数据等管理方式，减少传统割裂的、碎片的组织模式造成的资源和时间的内耗，赋能设计并实现建设项目全生命周期的增值。

1）建筑行业的优化与升级

改革开放以来，我国的许多城市发展进程都有过井喷式的发展历史，但随着人口红利的逐渐消失，建筑行业也从粗放式的生产方式慢慢向精细化、集成化的生产方式进行转变。2017 年国家首次在政策性文件上公开推动全过程工程咨询服务，到明确“中国建造 2035”的发展方向和目标，都体现了建筑行业优化升级的方向。而全过程工程咨询管理的服务范畴涵盖了建设项目的全生命周期，同时服务内容的跨度涵盖了从项目立项到项目运营的各领域各专业。通过从时间和空间等多维度的管控模式，提高组织效率，实现建筑行业的绿色、可持续发展是建筑行业发展优化升级的必然。

2）设计业务的补充与延展

设计企业随着数字科技时代的变革和建筑行业脚步逐步放缓的市场形势，正在接受着新的机遇与挑战。这对处于建筑产业体系前端的设计企业提出了质量、效率和服务上的更高要求。若想在行业竞争中继续发展与壮大，除了提升自身的设计水平和专业能力，其服务范围和深度的延展也是设计企业转型的关键要素；

全过程工程咨询将是其很好的补充与延展，因为设计企业更容易实现各专业系统的全面管控，也能将设计主导的最大价值快速落地。

3）未来建筑的趋势与发展

未来建筑将会是数字科技得以实现的最好土壤，随着我国科技的巨大变革，供给侧结构性的进一步深化，建筑行业必然会先经历数字化，然后向智能化迈进，这将是一项涉及全产业链多个维度的颠覆性变革，而技术科技的变革应有与之并驾齐驱的组织模式相匹配和相互促进。建筑行业的数字化是保证全过程工程咨询管理模式得以推行的技术保障，而全过程工程咨询管理的组织模式又补充了建筑行业向智能化迈进的不完善，二者协同发展，共建行业新生态。

5.2 向智能建造转型

1）数字科技是推动传统建筑行业向智能建造转型的重要条件

现今的“数字模型”技术应用已不再是未来，而是进行时。然而，在设计、建造和运维等各阶段的搭建逻辑各有侧重，且均存在由结果导向产生的局限性。例如：设计阶段重点关注的是协同设计，利用数字技术将多专业设计成果集成到一个环境中，利用模型整合提高设计的效率与质量。施工准备阶段则关心碰撞检测，通过使用例如 Navisworks 等工具能实现碰撞检测功能，有效控制变更，降低建造成本、提高建造效率。施工阶段一般更关注建造逻辑和施工次序，利用数字化模型分析重难点的建造手段与措施。运维阶段通过数据与信息的收集和处理，降低建筑能耗、提高运维效率。值得反思的是，上述工程中常见的数字模型技术应用仅停留在 3D 层面，距离智能建造的愿景仍有很大的差距。

在 3D 数字模型的基础上，增加“时间轴”维度形成 4D 进度规划。数字模型中添加时间属性便可形成智能化的进度管控机制。同时，同步合约与招采管控措施和产能与物流信息，提高供应链合作方的整合。将工程量与成本信息整合其中，便形成了 5D 数字模型。成本信息的建立应基于实际工程数据的资料库，随着资料库信息的逐步完善，工程中可以实现智能化的工程量和成本编制，在项目的设计阶段便能对标项目预期核查工期与成本，过程中也可以实现动态化的管控。

2）数字科技是实现全过程工程咨询管控的重要技术手段，也是实现全过程工程咨询价值的重要载体

全过程工程咨询在智能建造中的使命便是，通过搭建数字化管理平台实现投资方、设计方、施工方等多团队的全面参与、全阶段的正向数字化管控实施。利用数字化技术进行项目管理可以清晰地明确技术路线，可视化梳理管控流程，动态评估项目投资变化与效益，并对既有的管控方法进行实践探索和迭代。实现精准式、节约式地建造。

3）当建筑行业生产方式实现智能建造转型时，反过来也会极大拉动对全过程工程咨询倡导的精细化、集约化、集成式管理的需求

数字科技必然会改变建筑行业的生产方式，原来粗放式的管理方式也将随之淘汰，转型升级成灵活的精益化管理模式，这从战略角度极大地拉动了全过程咨询管理向精细化、集约化、集成化的目标发展，给最终通过全过程咨询的管理模式与科技的融合为建筑行业高质量发展、数字化转型升级打下良好的基础，促进推动智能化建造历史进程。

参考文献

[1] 杨志明. 国外全过程工程咨询服务模式研究[J]. 建设管理，2018(7)：9-11，27.

[2] 皮德江. 践行新发展理念探索智能建造与建筑工业化协同发展实施路径[J]. 中国建设信息化，2021(4)：17-22.

[3] 冯建明，王建. 以设计主导的全过程工程咨询探讨[J]. 建筑经济，2021(1)：23-27.

[4] 尤志嘉，郑莲琼，冯凌俊. 智能建造系统基础理论与体系结构[J]. 土木工程与管理学报，2021(4)：105-111.

[5] 李春云. 数字建造时代正在到来！——专访中国工程院院士、华中科技大学校长丁烈云[J]. 住宅与房地产，2018(10)：8-11.

[6] 英国特许建造学会. 业主开发与建设项目管理使用指南(原著第五版)[M]. 上海：同济大学出版社，2021：124-129.

我国 EPC 总承包领域研究综述

卢锡雷　楼　攀　牛凯丽　陈志超

（绍兴文理学院土木工程学院，绍兴　312000）

【摘　要】 首先，采用文献计量法、内容分析法，以知网 2010～2020 年有关 EPC 总承包领域在核心及以上期刊发表的文献为研究对象，分析表明：领域研究者主要来自企业、高等院校、研究所或设计院；研究热点为风险管理、设计管理、过程管理、新型模式、发展环境五个方面，组织转型、干系人管理主题的研究将会加入未来研究趋势。其次，针对目前设计院转型的行业热点，分析房屋建筑专业与石油、化工等专业不同转型现状的内在原因。最后，根据 EPC 总承包领域的现状和趋势提出了四点建议。

【关键词】 EPC 总承包；工程总承包；文献分析；研究趋势

Literature Review of the Research on Engineering Procurement Construction in China

Xilei Lu　Pan Lou　Kaili Niu　Zhichao Chen

(Shaoxing University, Civil Engineering Cdlege, Shaoxing　312000)

【Abstract】 First of all, using the bibliometrics method and the Content analysis, taking the literature published in the core and above journals in the field of Engineering Procurement Construction from 2010 to 2020 by CNKI as the research object, the analysis shows that researchers in the field mainly come from enterprises, universities, research institutes or design institutes, and the research focuses are risk management, design management, process management, new model and development environment, the research on organizational transformation and stakeholder management will be added to the future research trend. Secondly, in view of the current Design Institute of the industry focus of transformation, analysis of housing construction and oil, chemical and other professional transformation of the internal reasons. Finally, four suggestions are put forward according to the current situation and trend of Engineering Procurement Construction field.

【Keywords】 Engineering Procurement Construction; Engineering General Contracting; Literature Analysis; Research Trends

1 引言

1984 年 9 月，自国务院颁文《关于改革建筑业和基本建设管理体制若干问题的暂行规定》起算，发展工程总承包模式已有近 40 年历史。EPC（Engineering Procurement Construction）即设计-采购-施工总承包，是业主将工程的设计、采购、施工全部委托给一家工程总承包商，总承包商对工程的安全、质量、进度和造价全面负责的一种建设模式，是我国为促进设计采购施工深度融合，推动建筑业绿色健康发展的重要手段。以"工程总承包""项目总承包""EPC""设计采购施工""DB""设计建造"为主题进行检索，剔除无关领域文献，中国知网中公开发表的工程总承包期刊文献研究最早可追溯到 1985 年，对其全部检索结果进行可视化分析，发现 1985～2009 期间，"EPC" 主题相关研究占 35% 以上，2010～2020 期间超过 75%，成为这一领域的主体部分。另外，我国学者马亮等[1]对 2008～2018 年有关工程总承包研究的 410 篇核心及以上期刊文献进行综述性分析发现，工程总承包研究主要集中在 EPC 模式。

EPC 总承包在理念内涵、发展环境、组织管理、项目管理等方面都进行了深入研究。张水波等[2]采用问卷调查法分别对 DBB 模式和 EPC 模式下的管理人员进行调研，数据处理发现 EPC 模式下项目经理的胜任特征均高于 DBB 模式。宿辉等[3]对《房屋建筑和市政基础设施项目工程总承包管理办法》（后文简称 "12 号文"）进行解读，将工程总承包定位在 EPC 与 DB 两种模式，并从应用范围、采购和风险分担三方面指出与现行法律体系的冲突，提出相应建议。王欣[4]对设计院转型 EPC 总承包可行性进行论证，进而对业务、组织转型路径进行规划，对项目管理模式选择及资源配置范式分析提出建议。Zhao Zhongze 等[5]分析了设计企业主导的 EPC 输变电项目进度的影响因素，构建了风险故障树，并基于集对分析原理建立了进度风险评估模型。赵政等[6]基于模糊解释结构模型（Fuzzy Interpretative Structural Modeling，Fuzzy-ISM）构建了 EPC 项目风险网络模型，并引入三角模糊数，克服了传统 ISM 模型元素难计算的缺陷。李芹芹等[7]结合工程实例，对设计院牵头的 EPC 项目的设计管理工作进行了深入研究和探讨。王志强等[8]为解决联合体收益分配问题，提出 "基于贡献，侧重风险" 原则，分析联合体成员的风险影响因素，将风险因子引入 Shapley 值法，运用云重心法确定风险因子数值及修正系数，构建基于云重心法修正 Shapley 值的收益分配模型，弥补了 Shapley 值法的自身缺陷，使分配方案更加公平合理。张宏等[9]基于委托代理理论，构建了设计、采购、施工三阶段融合的绩效激励机制，弥补了传统各阶段独立研究的缺陷。

EPC 总承包作为我国建筑业发展演进的重要建设模式，尚缺乏系统性的归纳研究。鉴于此，本研究基于该领域前人研究对其进行文献综述，以期为我国 EPC 总承包领域研究提供参考，助力 EPC 总承包实践的推行。

2 数据来源与研究方法

本研究针对我国 EPC 总承包领域，以中国知网数据库发表的期刊论文作为研究样本开展工作，同时为保证文献质量，将来源类别限定为核心及以上。

结合 EPC 总承包内涵、业内表达习惯以及专家意见，最终确定关键词为“EPC”“设计采购施工”“工程总承包”“项目总承包”，检索条件分别为篇名和关键词，时间范围为 2010～2020 年。删除重复文献、与主题相关度不大的文献以及临床研究、技术开发等不相关领域文献，最终保留 457 篇核心及以上期刊文献（检索截止时间：2021 年 2 月 23 日）。

本研究基于文献计量法与内容分析法。在知网中勾选相关文献，以自定义的形式将“SrcDatabase-来源库”“Title-题名”“Author-作者”“Organ-单位”“Source-文献来源”“Keyword-关键词”“Fund-基金”“Year-年”导出为 xls，核心及以上期刊文献编号为 1-457，进行文献数量分析、文献来源分析、研究者分析、课题项目分析以及研究热点分析。

3 研究情况分析

3.1 文献数量分析

2010～2020 年 EPC 总承包相关文献数量分布（图 1），EPC 总承包领域文献数量具有波动性，但整体呈上升趋势。马亮等[10]将我国工程总承包政策发展阶段划分为引进学习期（1984～2001 年）、试点推广期（2002～2008 年）、规制调整期（2009～2013 年）、提质增效期（2014～2017 年），我国 EPC 总承包领域文献数量数据特征与之吻合。

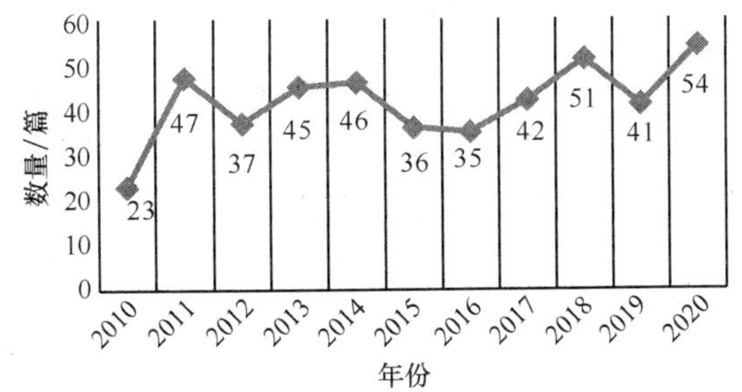

图 1　2010～2020 年相关文献数量分布

3.2 文献来源分析

本研究所选的 457 篇期刊分布于 87 本期刊，文献数量排名前 15 的期刊（表 1），《建筑经济》期刊收录的相关领域文献量最多，远高于其他期刊，其次为《国际经济合作》。

EPC 总承包相关文献数量 TOP15 排名　表 1

排名	期刊名称	数量	占比
1	建筑经济	79	17.29%
2	国际经济合作	35	7.66%
3	人民长江	24	5.25%
4	煤炭工程	20	4.38%
5	施工技术	17	3.72%
6	水力发电	15	3.28%
7	财会月刊	15	3.28%
8	油气田地面工程	12	2.63%
9	财务与会计	10	2.19%
10	土木工程与管理学报	9	1.97%
11	水运工程	9	1.97%
12	水利水电技术	9	1.97%
13	水电能源科学	9	1.97%
14	科技管理研究	8	1.75%
15	企业管理	7	1.53%

3.3 研究者分析

457 篇文献涉及 845 位研究者、407 个单位，主要分布在企业、高等院校、研究所或设计院。以第一作者为分析对象：3 篇文献未注明所属单位；企业 252 篇，位居第一，占比 55.14%；高等院校文献量为 137，以 29.98% 的份额排名第二；研究所或设计院 56 篇，占 12.25%，位列第三；其他来自政府、重点实验室等共 9 篇，占比 1.97%。可见 EPC 总承包研究者多源于企业界，说明该领域的现实需求较高（图 2）。

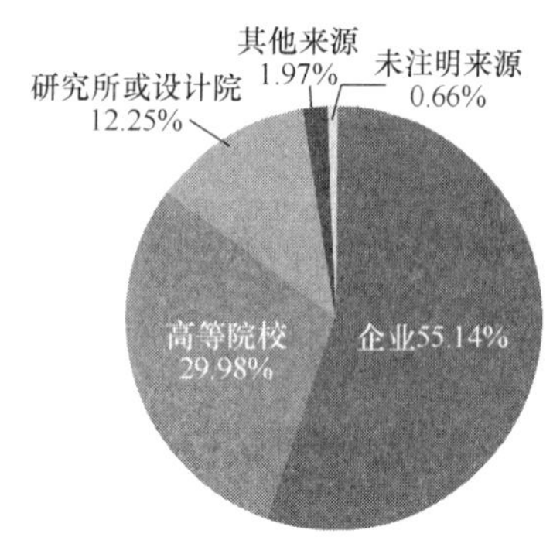

图 2　作者来源分布

发文数量一定程度上反映了研究者在某一领域的活跃程度与建树。不考虑作者排名，对 845 位作者的发文数量进行统计（表 2），按照发文数量进行排名，其中来自清华大学的唐文哲发表文章数量最多，共计 12 篇；其次是沈文欣、陶自成、张浩，均为 6 篇；郭琦、何彦舫、张清振发文 5 篇；陈志鼎、丁继勇、徐建军、严玲、张水波五位研究者发文四篇，都为 EPC 总承包领域活跃的研究者。此外，唐文哲、沈文欣、张清振均属清华大学。

发文数量 TOP12 研究者排名　　表 2

排名	作者	来源	发文量
1	唐文哲	清华大学水利水电工程系	12
2	沈文欣	清华大学水利水电工程系	6
3	陶自成	中国长江三峡集团公司	6
4	张浩	中国石油工程建设公司伊朗分公司	6
5	郭琦	三峡大学水利与环境学院	5
6	何彦舫	国核电力规划设计研究院	5
7	张清振	清华大学水利水电工程系	5
8	陈志鼎	三峡大学水利与环境学院	4
9	丁继勇	河海大学商学院	4
10	徐建军	中国电建集团华东勘测设计研究院有限公司	4
11	严玲	天津理工大学管理学院	4
12	张水波	天津大学	4

3.4 课题项目分析

以最终统计的 457 篇期刊文献为研究对象，其中 105 篇文献具有课题支撑，占总量的 22.98%。课题数量整体呈递增趋势（图 3）。其中，国家级课题共 56 篇，占总课题数 53.33%，省市级课题次之，占比 36.19%。由此可见，国家、省市对 EPC 总承包密切关注与支持，这也与我国持续、密集的工程总承包政策发文呼应。企业级课题 6 篇，略多于校级课题，共占总课题数仅 9.43%，有待跟上国家、省市层面的脚步。

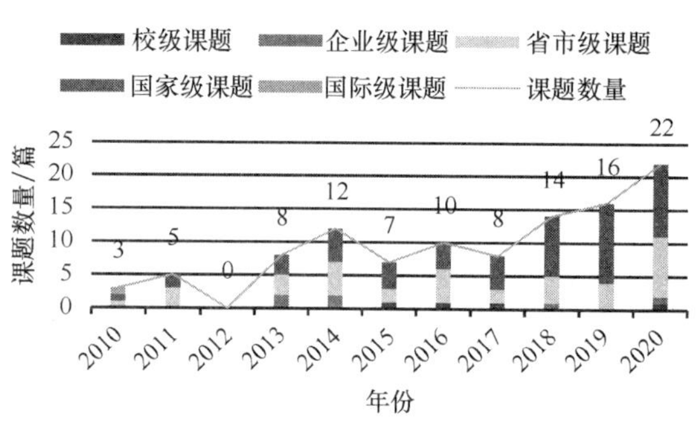

图 3　课题级别分布

3.5 研究主题分析

被引量一定程度上体现了成果的认可度和影响力，也能从侧面突显出研究领域的偏向。统计了 457 篇期刊文献中被引量排名前 10 的文章，“风险”一词在题目中共出现 5 次（表 3）。结合 EPC 总承包内涵：总承包商对工程的安全、质量、进度、造价等全面负责，业主主要是通过 EPC 合同对 EPC 总承包商进行监管，对工程实施过程参与程度低，控制力度较低，将项目建设风险最大化转移给总承包商，故而风险管理一直是研究热点之一。

期刊文献被引量 TOP10　　表 3

排名	题目	被引
1	国际 EPC 工程物资采购风险分析及应对[11]	74
2	国际工程总承包项目失败成因及启示——以波兰 A2 高速公路项目为例[12]	71

续表

排名	题目	被引
3	面向总承包商的水电 EPC 项目成本风险分析[13]	69
4	基于供应链管理的 EPC 项目物资采购模式[14]	56
5	我国建筑企业海外 EPC 项目风险管理——以中铁沙特麦加轻轨项目为例[15]	55
6	EPC 总承包模式设计管理研究[16]	53
7	EPC 总承包模式与传统模式比较分析——基于交易成本理论[17]	50
8	国际 EPC 项目风险因素研究——以刚果（布）国家一号公路为例[18]	44
9	基于本体的 EPC 总承包项目风险控制研究[19]	44
10	EPC 总承包模式下的石油化工项目管理及其优化[20]	43

进一步通过文献题目分析、关键词提取、文献浏览，对文献研究内容进行分类，得到 30 个研究主题，归纳为基础研究、组织管理、项目运行管理三个维度，对各文献进行主题归类（表 4）。

研究主题归纳表　　　　表 4

研究维度	研究主题	文献数量	百分比
基础研究	理念内涵	12	2.63%
	发展环境	23	5.03%
组织管理	组织结构	11	2.41%
	组织转型	23	5.03%
	干系人管理	19	4.16%
	新型模式	30	6.56%
项目运行管理	HSE 管理	4	0.88%
	安全管理	4	0.88%
	变更索赔管理	8	1.75%
	财务管理	9	1.97%
	采购管理	13	2.84%
	成本管理	18	3.94%
	风险管理	70	15.31%
	供应链管理	5	1.09%
	沟通管理	5	1.09%

续表

研究维度	研究主题	文献数量	百分比
项目运行管理	合同管理	21	4.60%
	绩效管理	10	2.19%
	进度管理	8	1.75%
	决策管理	13	2.84%
	流程管理	2	0.44%
	设计管理	40	8.75%
	审计管理	5	1.09%
	税务管理	14	3.06%
	招标投标与报价管理	17	3.72%
	知识管理	5	1.09%
	质量管理	9	1.97%
	资料管理	9	1.97%
	资源管理	4	0.88%
	信息管理	8	1.75%
	过程管理	38	8.32%

分析结果表明：从研究维度出发，项目运行管理维度研究数量最多，排第一，组织管理维度其次；从研究主题来看，风险管理主题相关文献最多，占总文献的 15.31%；设计管理主题第二，占比 8.75%，设计是 EPC 总承包项目核心，设计管理必然引起不少研究者关注；第三是过程管理主题，主要源于对实践案例的复盘，这也与研究者多来自实务界有关。

对文献数量排名前 10 的研究主题进行趋势分析，风险管理、设计管理、过程管理、新型模式、发展环境主题一直处于较高水平，是该领域研究热点；其次，组织转型、干系人管理主题研究整体呈攀升趋势，主要体现在设计院转型 EPC 总承包、联合体管理、分包管理等研究方向，紧扣 12 号文精神，是新的研究趋势；此外，合同管理、成本管理、招标投标与报价管理也是关注度较高的主题（图 4）。

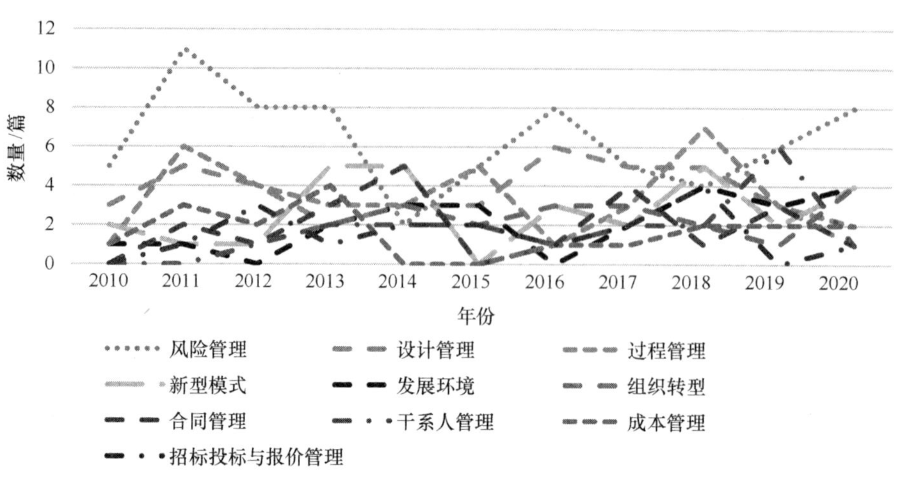

图 4　文献数量 TOP10 研究主题趋势图

4　关于设计院转型 EPC 总承包

目前，探索设计院转型 EPC 的热潮正在进行，政策最早可追溯到 1982 年 6 月，原化工部印发的《关于改革现行基本建设管理体制，试行以设计为主体的工程总承包制的意见》，1984 年 9 月、10 月，原化工部第四设计院、第八设计院先后开始试运行，研究领域中对设计院的转型研究多不以专业区分，尚处于探索阶段。

分析中国勘察设计协会发布的关于勘察设计企业工程总承包营业额 2020 年排名中前 10 位企业（表 5），除排名第六位的中钢设备有限公司外，其余前身均为设计院，且集中在化工、石油、电力等工业领域设计院，房屋建筑设计院的转型未见起色。

工程总承包营业额 2020 年排名 TOP10　　表 5

序号	公 司 名 称	营业额/万元
1	中国铁路设计集团有限公司	2378969
2	中国石油工程建设有限公司	1799697
3	中国石化工程建设有限公司	1727604
4	中国中材国际工程股份有限公司	1709277
5	中国电建集团华东勘测设计研究院有限公司	1415400
6	中钢设备有限公司	1283629
7	中石化洛阳工程有限公司	1269362
8	中国建材国际工程集团有限公司	1252006
9	中国核电工程有限公司	1140616
10	中国联合工程有限公司	1082273

从专业特性入手，石油、化工、电力等行业设计院由于行业本身具有的精密性、危险性、系统性和复杂性以及石油化工国有垄断经营的历史背景，导致石油化工行业的设计院在工程整体性、系统性设计以及设施设备整体配套协调上具有充足的经验和历史教训，往往其设计成果不是一个反应釜或空分塔，而是一整套生产工艺厂房，而且各子项工程协调较好。在推行 EPC 后，设计院开展业务压力不是很大，效果较好。房屋建筑由于设计成果往往是一个或多个建筑单体，各单体及各子项间衔接协调难度不高，对设计院综合协调与统筹设计能力要求不高；房屋建筑设计院的历史发展原因以及整体房屋建筑的建设规模，缺少相关专业设计人才与系统统筹人才，导致房屋建筑设计院推行 EPC 后，相关经验逐步摸索和积累，且房屋建筑设计院人员流动性较大，各设计院

人才积累与经验积累较为缓慢，致使房屋建筑设计院推行 EPC 较难。

5 结论与建议

本研究通过文献计量法和内容分析法对我国 EPC 总承包领域研究现状做出综述性研究。对文献数量、文献来源、课题项目、研究者以及研究主题进行分析，表明：2010～2020 年 EPC 总承包领域文献数量呈波动上升趋势，且受政策发文影响，侧面反映建筑业受政策影响大，属于政策导向型产业；457 篇样本文献来自 87 本期刊，其中《建筑经济》收录量最大，涉及 845 位研究者，主力军是企业和高等院校；课题项目主要来自国家级和省市级，占总课题量 89.52%，体现了我国政府对 EPC 总承包领域的极大支持；研究主题较为分散，研究热点为风险管理、设计管理、过程管理、新型模式、发展环境，组织转型以及干系人管理是新的研究趋势。

基于对 EPC 总承包领域的剖析，提出以下建议：

（1）EPC 总承包研究领域主题较为分散，集中在风险管理、设计管理、合同管理等项目管理要素层面，具有一定的孤立性，缺乏 EPC 总承包项目管理框架性、整体性的管理机制的研究。此外，建筑业具有多专业和异质的专业特征，既有研究大多不区分专业，需要加强针对性研究。

（2）建筑业发展受政策影响大，政策的深入解读和正确理解对市场规范有促进作用，相关政策频发的当下需要加强对政策文件解读性质的研究，同时丰富研究领域的多样性。制定和发布政策也需要加强系统性、科学性、实操性。

（3）分析文献课题项目发现企业、高等院校仅占 9.43%，远少于国家级、省市级课题，高校、企业应响应政府号召，加强研究的支持力度。并且应积极推动校企合作、融合，产学研一体化，体现综合优势。

（4）EPC 总承包模式有其适用条件与环境，应当辩证看待，持扬弃态度，发挥优越性，克服不足，更好地为我国基础建设服务。可操作性流程体系构建将是确保 EPC 成功的路径，应加强研究。

参考文献

[1] 马亮，肖忆，陈国栋，等．我国工程总承包领域研究文献综述[J]．土木工程与管理学报，2019，36(1)：83-89.

[2] 张水波，康飞．DBB 与 DB/EPC 工程建设模式下项目经理胜任特征差异性分析[J]．土木工程学报，2014，47(2)：129-135.

[3] 宿辉，田少卫．《工程总承包管理办法》的法律适应性研究[J]．建筑经济，2020，41(8)：69-72.

[4] 王欣．设计院转型发展的方向及路径初探[J]．建筑经济，2019，40(12)：88-92.

[5] Zhao Zhongze，Meng Qichen，Pang Nansheng. Schedule Risk Analysis of EPC Project for Power Transmission and Transformation Project Led by Design Enterprise[J]. Journal of Physics：Conference Series，2020，1646(1).

[6] 赵政，张敏，郑丽娟．基于 ISM 模型的 EPC 项目风险网络分析[J]．会计之友，2019(20)：147-152.

[7] 李芹芹，陈苏，冯明．设计院牵头的 EPC 项目设计管理研究[J]．建筑经济，2020，41(S2)：150-154.

[8] 王志强，张樵民，崔金海．基于修正 Shapley 值的 EPC 联合体收益分配优化分析[J]．人民长江，2019，50(2)：155-160+165.

[9] 张宏，史一可．针对 EPC 项目总承包商的绩效激励机制[J]．系统工程，2020，38(6)：52-60.

[10] 马亮，张敏，乐云，王向洲．我国工程总承包政策综合量化研究*——基于文献计量与内容

分析[J]. 建筑经济，2019，40(4)：103-109.

[11] 苏志娟，杨正，时舰．国际EPC工程物资采购风险分析及应对[J]. 国际经济合作，2010(5)：48-52.

[12] 向鹏成，牛晓晔．国际工程总承包项目失败成因及启示——以波兰A2高速公路项目为例[J]. 国际经济合作，2012(5)：24-29.

[13] 刘东海，宋洪兰．面向总承包商的水电EPC项目成本风险分析[J]. 管理工程学报，2012，26(4)：119-126.

[14] 李路曦，王青娥．基于供应链管理的EPC项目物资采购模式[J]. 科技进步与对策，2012，29(18)：66-68.

[15] 向鹏成，万珍珍．我国建筑企业海外EPC项目风险管理——以中铁沙特麦加轻轨项目为例[J]. 国际经济合作，2011(6)：52-55.

[16] 李颂东．EPC总承包模式设计管理研究[J]. 建筑经济，2012(7)：68-70.

[17] 蔡广毡，徐仲平．EPC总承包模式与传统模式比较分析——基于交易成本理论[J]. 建筑经济，2013(10)：59-61.

[18] 杨帆，朱毅，蒋超，等. 国际EPC项目风险因素研究——以刚果(布)国家一号公路为例[J]. 建筑经济，2013(1)：58-61.

[19] 闫文周，刘振超．基于本体的EPC总承包项目风险控制研究[J]. 施工技术，2016，45(6)：118-121.

[20] 蔡琪锋，李瑾，李永斌．EPC总承包模式下的石油化工项目管理及其优化[J]. 化工矿物与加工，2010，39(11)：35-38.

行业发展

Industry Development

基于 DEMATEL-ISM 的国产 BIM 建模软件发展影响因素研究

陈　珂[1]　马恩成[2]　陈强健[1]　谭　坦[3]

(1. 华中科技大学土木与水利工程学院，武汉　430074；
2. 中国建筑科学研究院有限公司，北京　100013；
3. 伦敦大学学院巴特莱特可持续建筑系，英国)

【摘　要】发展国产 BIM 建模软件对我国建筑业高质量发展具有重要意义。然而，国产 BIM 建模软件的发展面临着众多影响因素。为了明确影响因素间的逻辑联系，本文采用 DEMATEL-ISM 混合建模方法分析了影响因素的层级与作用路径，发现政策支持、产学研用合作等顶层设计和市场需求作为原因集合因素，通过影响人才、资金配置等资源部署，进而影响图形引擎等 BIM 软件核心技术，对国产 BIM 建模软件发展起到根源性影响。最后，本文为我国发展自主可控 BIM 建模软件提出建议。

【关键词】BIM 建模软件；国产软件；影响因素；DEMATEL；ISM

Study on Factors Influencing the Development of Domestic BIM Modeling Software based on DEMATEL-ISM

Ke Chen[1]　Encheng Ma[2]　Qiangjian Chen[1]　Tan Tan[3]

(1. School of Civil and Hydraulic Engineering, Huazhong University of Science and Technology, Wuhan 430074;
2. China Academy of Building Research, Beijing 100013;
3. The Bartlett School of Sustainable Construction, University College London, UK)

【Abstract】The development of domestic BIM modeling software is of great importance to the high-quality development of China's construction industry but has been influenced by many factors. In order to obtain the logical relationships of these factors, this study uses the integrated DEMATEL-ISM method to analyze the hierarchical structure and action path of the influencing factors. This study finds that the policy support and the collaboration among industry and academic sectors have root cause impacts that will affect the resource allocation, and then affect the development of graphics engine and other core technologies. Finally, this study proposes some suggestions for the development of domestic BIM modeling software.

【Keywords】 BIM Modeling Software; Domestic Software; Influencing Factors; DEMATEL; ISM

1 引言

BIM（Building Information Modeling）即建筑信息模型，指在建设工程及设施全生命期内，对其物理和功能特性的数字化表达，并依此设计、施工、运营的过程和结果的总称，对提高生产效率、节约成本和提升质量等方面具有重要作用[1]。BIM 建模软件是 BIM 应用的基础。2020 年，住房和城乡建设部等 9 个部门联合印发了《关于加快新型建筑工业化发展的若干意见》，将“大力推广 BIM 技术、支持 BIM 底层平台软件的研发”作为建筑业转型升级的重点任务之一[2]。

近年来，国产 BIM 建模软件有了长足的进步，取得了一系列研发成果，但仍面临着严重的“缺魂少擎”问题，具体表现在技术基础薄弱，核心技术受制于人，围绕工程产品全生命周期的国产 BIM 建模软件产业链远未形成。同其他核心软件一样，BIM 建模软件的发展绝非一朝一夕，并且受到众多因素的影响。倪光南[3]指出“市场、软件协同、人才和投资”对软件发展有重大影响，江勇[4]强调“政策、资金、产学研用合作及产业联盟”的重要性，Simonian and Korman[5]指出 BIM 软件应重点考虑“工程数据的保密、安全及信息权限”，Gu 和 London[6]认为“与流程的契合程度、标准规范以及数据互通”是 BIM 软件发展的重点，Darja Šmite 等[7]则强调“员工流动性、组织支持、社会资本和产业链合作”对大规模软件开发的必要性。本文作者也分析了影响国产 BIM 建模软件发展的 14 个因素[8]。需要指出，上述影响因素之间绝非独立，而是存在一定的内在联系。但是，现有研究并未系统分析影响因素间的内在关联并建立层次结构，无法为国产 BIM 建模软件发展规划与决策提供清晰、明确的指导。

本文利用 DEMATEL-ISM 混合建模方法定量分析了国产 BIM 建模软件发展的影响因素间的内在联系与层次结构，识别复杂因果关系下的关键因素。研究结果将为建立国产 BIM 建模软件发展路径提供基础数据支持。

2 国产 BIM 建模软件发展影响因素

在文献 8 中，本文作者结合相关学术论文以及行业专家意见，利用问卷调研和主成分分析法（PCA），确定了影响国产 BIM 建模软件发展的 14 个关键因素，如表 1 所示。

国产 BIM 建模软件发展影响因素　　表 1

编码	影响因素	说明
x_1	资金配置	软件研发企业的研发资金、软硬件投入情况
x_2	人才配置	软件研发企业的研发人才层次及其结构
x_3	产学研用合作程度	软件企业、科研机构、用户群体等在人才培养、软件研发等过程中的合作形式和深度

续表

编码	影响因素	说明
x_4	法律规定	软件著作权认证、企业认证、产品认证、市场监管条例等
x_5	标准规范	BIM 软件的应用、研发标准，如建模、数据交换、应用与交付、验收归档等技术规范和适用框架标准
x_6	政策支持	税收、投融资、市场应用、国际合作政策等
x_7	数据库	结构化的 BIM 数据、非结构化的文档数据以及用于表达工程信息创建过程的过程和组织信息
x_8	图形引擎	具备复杂建模、几何运算能力的三维几何内核、渲染引擎、几何约束求解引擎、工程计算框架、数据转换器等
x_9	软件协同	不同软件间协作程度能力，表现在数据交换与集成能力、二次开发与可拓展性等方面
x_{10}	性能优越性	软件创建、兼容大型模型并进行分析的能力
x_{11}	功能丰富性	软件提供针对性功能的种类
x_{12}	同类产品竞争	与国外同类软件的竞争激烈程度，包括同类软件数量、市场占有率
x_{13}	盗版情况	同类盗版软件的种类、数量、受众范围
x_{14}	市场需求	用户对软件功能、性能及售后等方面的需求情况

3 集成 DEMATEL-ISM 混合建模

DEMATEL，即决策试验和评价实验法（Decision Making Trial and Evaluation Laboratory），通过计算每个因素的原因度与中心度，确定因素间的因果关系和每个因素在系统中的地位，能有效进行因素分析与识别[9]。ISM，即解释结构模型（Interpretative Structural Modeling），主要用于分析因素以及因素之间的直接二元关系，并把这种概念模型映射成有向图，以量化的方法将复杂的系统分解为若干子系统要素，最终构成一个多级递阶的结构模型[10]。DEMATEL 和 ISM 广泛应用于变量众多、关系复杂而结构不清晰的系统分析[15]。通过集成 DEMATEL-ISM 混合建模，既可以通过层次化的有向拓扑图表达因素间的复杂影响关系，又能确定层次结构中各因素的重要性程度，识别出关键因素。

本文采用的 DEMATEL-ISM 混合建模步骤如下：

（1）确定影响因素集 $F=\{F_i \mid i=1,2,\cdots,n\}$；

（2）设定不同的标度作为因素间相互影响关系的评定标准，根据专家经验与知识量化因素间的相互关系及影响程度，并建立直接影响矩阵 X：

$$X=\begin{bmatrix} 0 & x_{12} & \cdots & x_{1n} \\ x_{21} & 0 & \cdots & x_{2n} \\ \vdots & \vdots & \cdots & \vdots \\ x_{n1} & x_{n1} & \cdots & 0 \end{bmatrix}$$

其中，$x_{ij}(i=1,2,\cdots,n;j=1,2,\cdots,n)$ 表示因素 x_i 对因素 x_j 的直接影响程度，若 $i=j$，则 $x_{ij}=0$；

（3）标准化直接影响矩阵 X，得到规范化直接影响矩阵 $X'=[x'_{ij}]_{n\times n}=\dfrac{x_{ij}}{\max\limits_{1\leqslant i\leqslant n}\sum\limits_{j=1}^{n}x_{ij}}$；

（4）基于规范化直接影响矩阵 X'，计算得到综合影响矩阵 $T=[t_{ij}]_{n\times n}=X'+X'^2+X'^3+\cdots+X'^n=X'(I-X')^{-1}$，其中 I 为单位矩阵；

（5）由综合影响矩阵 T 得到各因素的影响度 f_i、被影响度 e_i、中心度 z_i、原因度 y_i。其中，$f_i=\sum\limits_{j=1}^{n}t_{ij}(i=1,2,3,\cdots,n)$，$e_i=\sum\limits_{j=1}^{n}t_{ji}(i=1,2,3,\cdots,n)$，$z_i=f_i+e_i(i=1,2,$

$3,\cdots,n)$，$f_i = f_i - e_i(i = 1,2,3,\cdots,n)$；

（6）计算系统整体影响矩阵 $H = [h_{ij}]_{n\times n} = T + I$；

（7）在直接影响矩阵 H 基础上确定可达矩阵 $K = [k_{ij}]_{n\times n}$。可达矩阵基于直接影响矩阵引入阈值 λ 求得，若 $h_{ij} > \lambda$，则 $k_{ij} = 1$，表示因素 x_i 对因素 x_j 存在直接影响；若 $h_{ij} \leqslant \lambda$，则 $k_{ij} = 0$，表示因素 x_i 对因素 x_j 无直接影响；

（8）计算可达矩阵的先行集 $P_i = \{F_j \in F \mid k_{ji} = 1\}$、可达集 $Q_i = \{F_j \in F \mid k_{ij} = 1\}$；

（9）对可达矩阵 K 进行区域分解和级间分解。计算 P_i 和 Q_i 的交集 C_b，若 C_b 满足 $C_b = \{F_i \in F \mid P_i \cap Q_i = Q_i\}$，则先识别出的 F_i 为底层级，以此类推，并在可达矩阵 K 中划去交集 C_b 包含元素对应的行和列；

（10）重复步骤（8）和（9），直至划去可达矩阵 K 中的所有因素；

（11）根据上述内容，按照因素被划去的顺序绘制因素原因—结果图、层级结构模型，并进行分析。

3.1 问卷设计与数据收集

根据国产 BIM 建模软件发展的影响因素集 $F = \{F_i \mid i = 1,2,\cdots,14\}$，设置因素相互影响标度（用数字代表影响程度，其中，0 为无；1 为较弱；2 为一般；3 为较强；4 为强）。问卷设计将 14 个因素设置于对称矩阵行列两端，表左端第一列、上端第一行标出因素内容。受访对象根据自身知识和经验填写相应数字（0 到 4）表示行因素对列因素的影响程度。

由于 DEMATEL 和 ISM 法均是利用专家知识与经验进行数据搜集整理与分析，根据卢晖临[11]、白芸[12]等学者的观点，具有代表性的高质量受访对象对定性研究的重要性超过样本量。因此，本文仅针对在 BIM 软件及相关领域内具备多年研发和实践经验的专家展开调研（表 2）。为了防止受访专家对影响因素涵盖的内容产生理解偏差，本文采用线上访谈的形式开展问卷调研，每次访谈时间约为 40 分钟。最终，问卷数据趋近于收敛，并且没有出现无效问卷。对 9 份问卷数据进行平均处理，得到表 3 所示的直接影响矩阵 X。

受访专家基本信息　　表 2

	单位	BIM 研究/实践经验
专家 1	设计单位	27 年
专家 2	软件研发单位	20 年
专家 3	高等院校	20 年
专家 4	设计单位	15 年
专家 5	设计单位	15 年
专家 6	软件研发单位	14 年
专家 7	设计单位	9 年
专家 8	高等院校	7 年
专家 9	高等院校	7 年

直接影响矩阵 X　　表 3

	x_1	x_2	x_3	x_4	x_5	x_6	x_7	x_8	x_9	x_{10}	x_{11}	x_{12}	x_{13}	x_{14}
x_1	0.00	3.67	2.56	0.33	0.89	1.44	2.56	3.22	2.56	3.11	3.22	2.78	1.33	1.44
x_2	2.11	0.00	2.56	0.67	1.56	1.44	3.11	3.78	3.00	3.56	3.22	2.78	1.44	1.56
x_3	1.89	2.89	0.00	0.89	1.56	2.22	2.44	2.78	2.22	2.89	2.44	2.11	0.67	1.22
x_4	1.89	2.22	1.89	0.00	3.00	2.44	1.22	1.11	1.00	0.89	1.22	2.33	3.56	2.22
x_5	2.00	1.67	1.78	2.22	0.00	2.33	2.78	2.11	3.11	2.33	2.67	2.78	2.22	2.56
x_6	3.56	3.44	3.11	3.00	3.44	0.00	2.44	2.89	2.56	1.78	2.22	2.89	3.00	3.22

续表

	x_1	x_2	x_3	x_4	x_5	x_6	x_7	x_8	x_9	x_{10}	x_{11}	x_{12}	x_{13}	x_{14}
x_7	2.00	2.11	0.89	0.67	1.78	1.67	0.00	2.89	3.00	3.22	2.44	2.44	0.89	1.78
x_8	2.56	2.33	1.78	1.33	1.78	2.00	2.56	0.00	2.78	3.67	3.00	3.00	1.00	2.22
x_9	2.22	1.67	1.11	0.89	1.78	1.11	2.78	2.22	0.00	3.56	3.22	3.00	1.22	2.56
x_{10}	2.11	2.22	1.22	0.89	1.22	1.22	2.56	2.89	3.00	0.00	2.67	2.78	1.00	2.22
x_{11}	1.89	2.11	1.00	0.78	1.22	1.11	2.22	2.22	3.00	2.67	0.00	2.89	1.00	2.56
x_{12}	2.78	2.11	1.56	2.11	2.44	2.22	1.67	2.44	2.78	2.44	2.78	0.00	2.56	2.00
x_{13}	2.22	1.44	1.33	3.33	1.00	2.11	1.11	1.67	1.44	1.33	2.11	3.22	0.00	2.33
x_{14}	3.44	3.44	2.67	2.11	3.22	3.33	3.00	3.44	3.33	3.33	3.44	3.22	3.22	0.00

3.2 DEMATEL 分析

处理直接影响关系矩阵 X，得到 DEMATEL 方法中规范化直接影响矩阵 $X' = [x'_{ij}]_{14\times14}$。根据规范化直接影响矩阵 X'，利用 MATLAB 软件运算公式 $T = X'(I - X')^{-1} = [t_{ij}]_{14\times14}$ 得到综合影响矩阵 T，继而根据步骤（5）计算各影响因素的影响度 f_i、被影响度 e_i、中心度 z_i、原因度 y_i，计算结果见表 4。影响度表示各行因素对其他所有因素的综合影响值，被影响度则表示各列因素受到所有其他因素的综合影响值；中心度表示因素在系统中的位置及其所起作用的大小，原因度则能够将影响因素集 F 划分为原因集合（原因度大于 0）与结果集合（原因度小于 0）。原因集合中因素对其他因素存在较大影响，结果集合因素则易受其他因素影响。因此，产学研用合作程度 x_3、法律规定 x_4、标准规范 x_5、政策支持 x_6、盗版情况 x_{13} 以及市场需求 x_{14} 这六个原因因素属于影响国产 BIM 建模软件的高效力因素，在进行规划决策时应被重点考虑（表 4）。

DEMATEL 分析结果　　表 4

因素	影响度	被影响度	中心度	原因度	因素属性	中心度排序
x_1	2.39	2.54	4.93	−0.15	结果因素	9
x_2	2.51	2.58	5.09	−0.07	结果因素	7
x_3	2.18	1.93	4.11	0.25	原因因素	12
x_4	2.11	1.56	3.67	0.55	原因因素	14
x_5	2.53	2.04	4.57	0.49	原因因素	11
x_6	3.09	2.01	5.10	1.08	原因因素	5
x_7	2.15	2.55	4.70	−0.40	结果因素	10
x_8	2.48	2.81	5.29	−0.33	结果因素	3
x_9	2.27	2.84	5.11	−0.57	结果因素	4
x_{10}	2.17	2.93	5.10	−0.77	结果因素	6
x_{11}	2.07	2.90	4.97	−0.83	结果因素	8
x_{12}	2.47	2.98	5.45	−0.51	结果因素	2
x_{13}	2.07	1.87	3.94	0.20	原因因素	13
x_{14}	3.36	2.31	5.67	1.04	原因因素	1

3.3 ISM 分析

由于综合影响矩阵 T 与可达矩阵 K 中的元素均用于评定因素间是否存在直接影响关系，二者存在着单映射关系，在步骤（6）求得整体影响矩阵 H 基础上，通过引入阈值 λ 将实现综合影响矩阵 T 到可达矩阵 K 的转化[15]。λ 的取值一般由实验者多次取值后根据计算结果的合理性和最优性确定，本文通过引入可达矩阵节点度的概念确定 λ 的取值。各因素的节点度被定义为与该因素节点连接的其他因素的数量，记为 D_i，节点度大小与因素重要性程度保持一致[13]。在可达矩阵 K 中，第 i 个因素所对应行和列的所有数值相加所得值分别记为 h_i、l_i，则该因素的节点度计算公式为 $D_i = h_i + l_i$。

通过多次取值验证，结合 14 个关键因素对国产 BIM 建模软件发展的实际影响情况，分别取 $\lambda = 0.18$、0.19、0.20、0.21 构建可达矩阵，并绘制节点度变化曲线（图 1）。

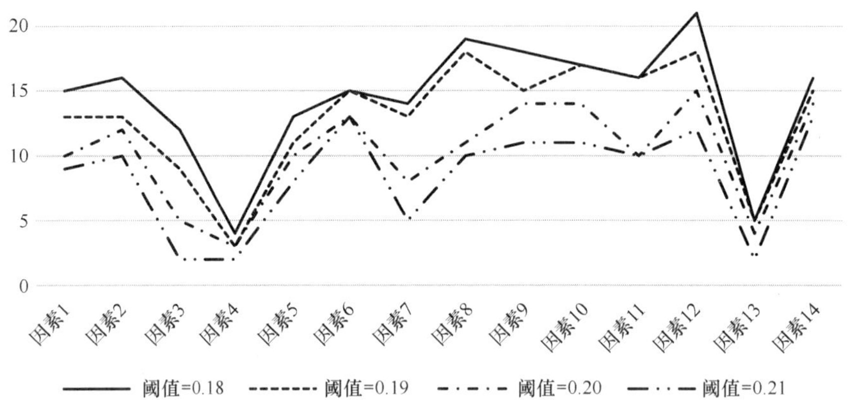

图 1　不同阈值下的节点度变化情况

由图 1 可知，不同阈值取值下各影响因素的节点度差异较大。当 λ 取 0.20 时，对应的节点度大小适中，且节点度较大的影响因素与经 DEMATEL 法分析得出的中心度排名保持了整体的一致性，同类产品竞争 x_5、市场需求 x_7、政策支持 x_3、人才配置 x_9、图形引擎 x_{23} 等因素节点度均较大，也印证了 DEMATEL 分析结果的准确性与合理性。因此，本文选择 0.20 作为 λ 取值，当 $\lambda = 0.20$ 时的可达矩阵 K 如表 5 所示。

λ=0.20 时的可达矩阵 K　　**表 5**

	x_1	x_2	x_3	x_4	x_5	x_6	x_7	x_8	x_9	x_{10}	x_{11}	x_{12}	x_{13}	x_{14}
x_1	1	1	0	0	0	0	0	1	1	1	1	1	0	0
x_2	0	1	0	0	0	0	1	1	1	1	1	1	0	0
x_3	0	1	1	0	1	0	0	0	0	1	0	0	0	0
x_4	0	0	0	1	0	0	0	0	0	0	0	0	1	0
x_5	0	0	0	0	1	0	1	0	1	1	1	1	0	0
x_6	1	1	0	0	1	1	1	1	1	1	1	1	0	1
x_7	0	0	0	0	0	0	1	0	1	1	0	0	0	0
x_8	0	0	0	0	0	0	0	1	1	1	1	1	0	0
x_9	0	0	0	0	0	0	0	0	1	1	1	1	0	0
x_{10}	0	0	0	0	0	0	0	0	1	1	0	1	0	0
x_{11}	0	0	0	0	0	0	0	0	0	0	1	0	0	0
x_{12}	0	0	0	0	0	0	0	1	1	1	1	1	0	0
x_{13}	0	0	0	0	0	0	0	0	0	0	0	1	1	0
x_{14}	1	1	0	0	1	1	1	1	1	1	1	1	1	1

基于可达矩阵 K，根据步骤（8）～（10）进行影响因素的层次化处理，最终得到各层因素集 $C_b(b=1,2,\cdots,6)$。其中，$C_1=\{x_3,x_4,x_6,x_{14}\}$；$C_2=\{x_1,x_5,x_{13}\}$；$C_3=\{x_2\}$；$C_4=\{x_7,x_8,x_{12}\}$；$C_5=\{x_9,x_{10}\}$；$C_6=\{x_{11}\}$。根据层级结果绘制出如图 2 所示的影响因素多级递阶结构模型，该模型反映了国产 BIM 建模软件影响因素的层级结构与作用路径。

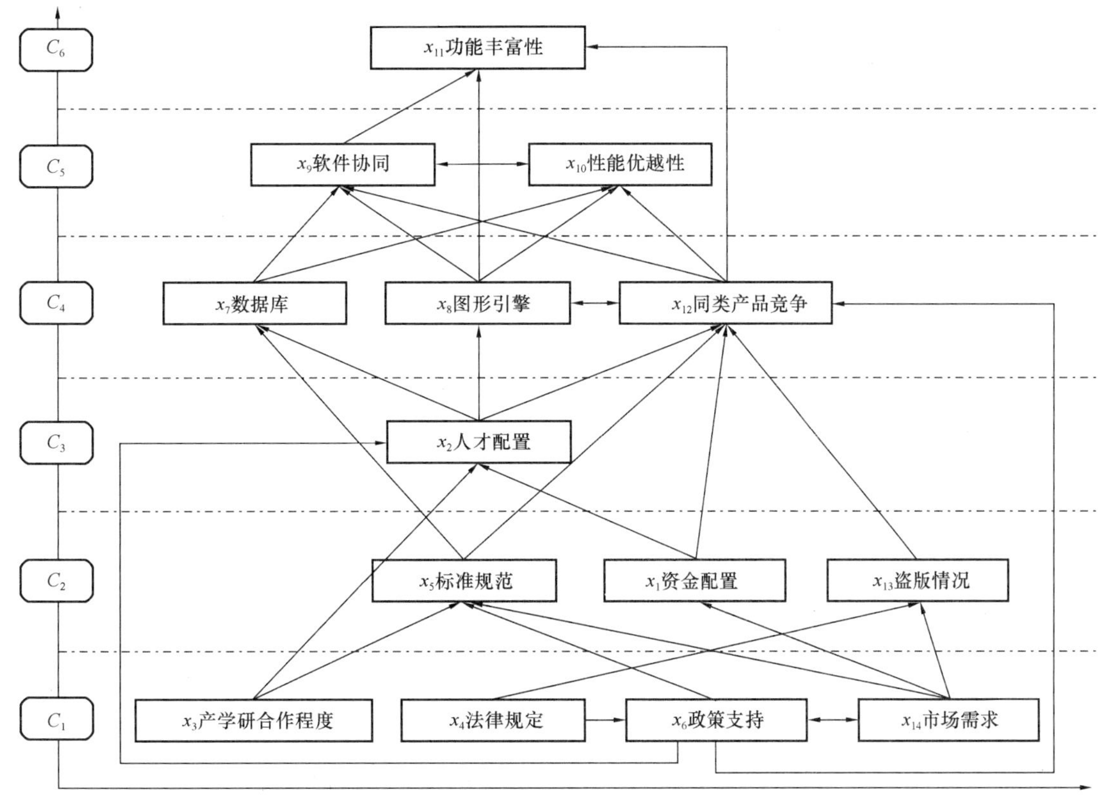

图 2　国产 BIM 建模软件发展影响因素多级递阶结构模型

3.4　混合建模

在 DEMATEL 建模结果中，国产 BIM 建模软件发展影响因素可分为原因集合和结果集合因素，根据中心度排序可以确定重点影响因素。在 ISM 建模结果中，多层递阶结构模型能清晰地揭示国产 BIM 建模软件发展影响因素间的相互影响逻辑。现集成两种建模结果，在层级分析 ISM 模型图揭示国产 BIM 建模软件发展影响因素相互作用的层次结构的基础上，对影响因素做了归类。同时，利用原因集合与结果集合的因素分布分析各类因素集的影响效力，并结合中心度排序确定关键因素，所建立的混合模型如图 3 所示。

如图 3 所示，国产 BIM 建模软件发展影响因素可归纳为 4 类：第一类因素集命名为政策环境，包括政策支持、法律规定和标准规范；第二类因素集命名为市场环境，包括市场需求、盗版情况和同类产品竞争；第三类因素集命名为研发部署，包括资金配置、人才配置和产学研用合作程度；第四类因素集命名为软件技术，包括数据库、图形引擎、软件协同、性能优越性和功能丰富性。

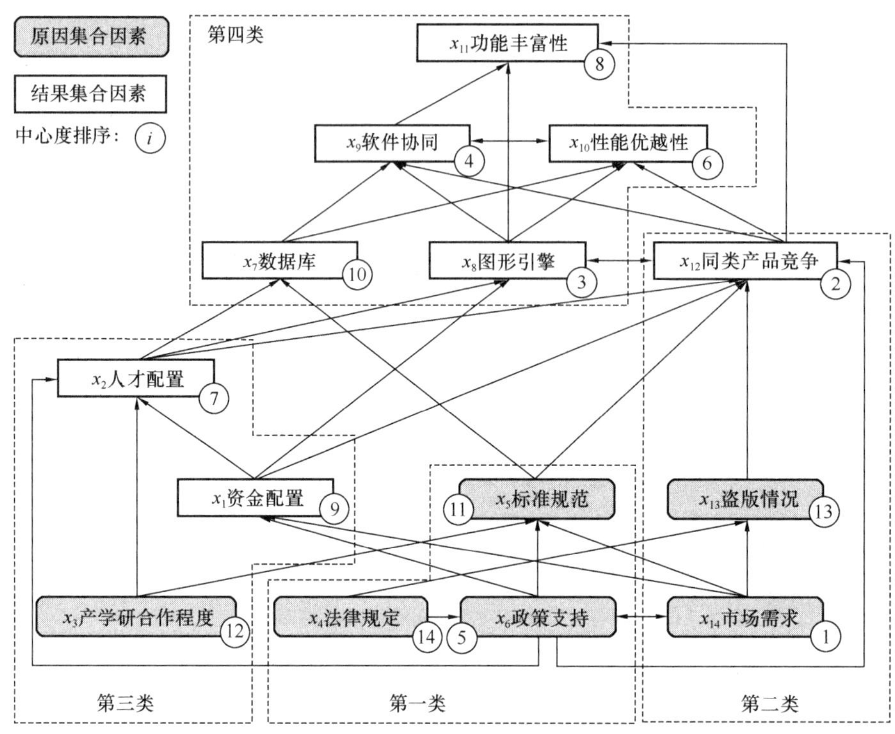

图 3　DEMATEL-ISM 混合建模分析

4　结果讨论

首先，政策环境位于影响因素体系基础端，并且全部属于原因集合因素，说明良好的政策环境对国产 BIM 建模软件的发展有着根源影响。在该类因素中，政策支持 x_6 的可达集因素达到 11 个，说明政策支持通过税收优惠、投融资政策等，影响着资金、人才配置、同类产品竞争与软件技术等，对优化国产软件发展环境、促进科研成果转化起到重要作用。同时，政策也受到法律与市场需求的共同影响。法律规定 x_4 明确了软件市场主体活动的底线，但为了确保软件发展的活力，该因素不应干涉过多相关市场活动。软件研发、应用体系与交付等的标准规范 x_5 是国产 BIM 建模软件发展的关键环节，它是工程知识、技术应用流程等综合而成的结晶。一方面，它通过研发标准对数据库 x_{10} 产生影响，另一方面也能强化国产软件的自主可控程度，增强同类产品竞争中 x_{12} 的表现。

其次，市场环境的优劣对国产 BIM 建模软件发展也有着深层影响作用。市场需求 x_{14} 是 BIM 建模软件开展研发工作的前提，影响着对系统中除法律规定 x_4 外的所有因素，可见市场需求是国产 BIM 建模软件发展最为关键的影响因素，而盗版情况 x_{13} 是市场环境中的重要一环，只有强化知识产权保护，国产 BIM 建模软件才能发挥出价格优势，从而获得进一步研发的资源，促进同类产品竞争 x_{12} 表现。当前国内市场份额被国外软件占据，使得国产软件面临巨大的后发劣势，亟须通过政府采购、核心技术提升等措施促进科技创新，逐步实现国产化替代，并充分汲取国外软件发展过程中的经验教训，将后发劣势转化为后发优势。

再次，在良好的政策环境与市场环境铺垫下，研发部署对国产 BIM 建模软件发展有直接影响。人才配置 x_2 是影响因素系统中的关键之一，合理的人才层次与充足的人才储备将在国产 BIM 建模软件市场调研、软件研发、市场推广的全流程催生出面向未来的新技术、新业态、新模式。资金配置 x_1 则通过对人才的认证、培养和激励投入以及研发配套投入等影响 BIM 建模软件的综合表现，并通过合理的资源配置与投放推进国产 BIM 建模软件的市场推广。同时，产学研用合作程度 x_3 是研发部署中唯一的原因集合因素，对软件与标准的研发、商业化有关键影响，是国产 BIM 建模软件发展的重要顶层设计之一。

最后，在软件技术维度中，功能丰富性 x_{11} 和性能优越性 x_{10} 直接影响市场对 BIM 建模软件的接纳程度，综合考虑软件协同 x_9 的层级、中心度排序情况，可知相比于追求功能的大而全，软件企业更应当深耕细分领域的专项技术，并通过深度布局实现不同系列软件的数据集成与交换能力。同时，数据库、图形引擎等核心技术是国产 BIM 建模软件发展中亟须解决的“卡脖子”问题。当前，国产 BIM 图形引擎在功能丰富性、功能细节完整性以及技术深度等方面距离国际先进产品仍有较大差距，这也催生了一大批基于国外软件平台及图形引擎的二次开发商，完善了国外 BIM 建模软件的生态链，进一步扩大了国产 BIM 建模软件与国外同类产品的差距。

因此，国产 BIM 建模软件的研发、应用发展应当是在面向市场需求的基础上，通过一系列顶层设计、政策措施、市场环境优化、合理科学的研发部署，提升软件在核心功能、性能、产品服务等综合表现，进而得到市场用户的认可，提升市场占有率。

5 结语

本文采用 DEMATEL-ISM 混合建模方法，系统论证了国产 BIM 建模软件发展影响因素的层级结构及作用路径，并进行了影响因素模型的解读。研究结果表明，政策支持、产学研用合作等顶层设计和市场需求作为原因集合因素，通过影响人才、资金配置等资源部署，进而影响图形引擎等 BIM 软件核心技术，对国产 BIM 建模软件发展起到根源性影响。因此，本文针对国产 BIM 建模软件未来的发展提出以下建议：

（1）在政府及各级主管部门层面，结合产业现状与趋势进行合理的顶层设计是关键。应加大对 BIM 软件开发、服务企业的财政支持，通过税收优惠、投融资政策等的引导，鼓励研发投入，并吸引社会资本对 BIM 软件产业的持续性投入。另外，应建设公平竞争的商业市场体系，健全有序规范的法律标准，并加强软件知识产权的保护力度。

（2）在软件企业层面，科学的研发部署与资源配置是核心。应当积极布局深度市场调研，坚持以应用为主导开展软件研发；同时，应建立差异化发展模式，即中小型企业专注于细分领域的专项技术，大型企业推进为各细分行业提供数字化转型的整体解决方案，加强软件协同，重视生态建设，逐步形成完整的国产 BIM 软件产业链。

（3）在科研院所与高等院校层面，培养复合型高端人才是着力点。通过高校科研基地、院企培养计划、新兴学科培养方案等多项举措，培养精通工程基础知识和新一代信息技术知识的跨学科、复合型人才。同时，建立“产学研用”综合实践应用平台，尝试由高校、科研院所对图形引擎轻量化、多源异构数据格式流转等问题开展基础研究，进而由软件企业根据市场需求进行深度开发与销售服务，加快核心技术突破与商业化进程。

参考文献

[1] 中华人民共和国住房和城乡建设部．建筑信息

模型应用统一标准 GB/T 51212—2016[S]. 北京：中国建筑工业出版社，2017.

[2] 文林峰. 加快推进新型建筑工业化推动城乡建设绿色高质量发展——解读《关于加快新型建筑工业化发展的若干意见》[J]. 中国勘察设计，2020(9)：22-24.

[3] 倪光南. 大力发展工业软件[J]. 网信军民融合，2019(6)：14-16.

[4] 江勇. 发展自主工业软件促进制造业高端化发展的思考与建议[J]. 软件产业与工程，2011(1)：19-20+34.

[5] Lonny Simonian，ThomasKorman. Legal Considerations in the United States Associated with Building Information Modeling [C]. COBRA 2010 CIB W113 Law & Dispute Resolution，2010.

[6] Ning Gu，Kerry London. Understanding and Facilitating BIM Adoption in the AEC Industry[J]. Automation in Construction，2010，19(8)：988-999.

[7] Darja Šmite，Nils Brede Moe，Aivars Šablis，Claes Wohlin. Software Teams and Their Knowledge Networks in Large-scale Software Development[J]. Information and Software Technology，2017(86)：71-86.

[8] 陈珂，陈强健，杜鹏. 国产 BIM 建模软件发展的思考：基于 PCA 的影响因素研究[J]. 土木建筑工程信息技术，2021(已录用，待刊).

[9] Ming-Lang Tseng. A Causal and Effect Decision Making Model of Service Quality Expectation Using Grey-fuzzy DEMATEL Approach[J]. Expert Systems with Applications，2009，36(4)：7738-7748.

[10] 周德群. 系统工程方法与应用[M]. 北京：电子工业出版社，2015.

[11] 卢晖临，李雪. 定性研究的方法论基础[M]. 中国社会科学学术前沿(2006—2007). 北京：社会科学文献出版社，2007.

[12] 白芸. 质的研究指导[M]. 北京：教育科学出版社，2002.

[13] 杜纯，王瑛，汪送，等. 集成 DEMATEL/ISM 的复杂系统安全事故致因因素分析[J]. 数学的实践与认识，2012，42(22)：143-150.

应用 ISM-AHP 融合法分析阻碍 BIM 推广因素

卢锡雷　牛凯丽　楼　攀　陈志超

（绍兴文理学院，绍兴　312000）

【摘　要】BIM 技术优势明显，但是应用时存在诸多障碍。为掌握障碍因素的规律，将 BIM 技术应用受到的影响因素划分为技术、管理、规则、环境和经济五大方面，并进一步细分为 15 个二级因素。最终形成了关于 BIM 应用的五个层面共计 15 个具体障碍因素的分类模型。通过构建 15 个障碍因素的解释结构模型，较直观地确定了其相互影响的层级关系，再应用层次分析法计算其权重，最后得出参与方之间的协作与统筹管理难度高、BIM 前期投资回报不明显以及企业对 BIM 技术所能带来的效益认识不足是影响 BIM 发展的关键因素，为解决 BIM 应用障碍提供参考。

【关键词】建筑信息模型；障碍因素；解释结构模型；层次分析法

The ISM-AHP Fusion Method is Used to Analyze the Factors Hindering BIM Promotion

Xilei Lu　Kaili Niu　Pan Lou　Zhichao Chen

（Shaoxing University，Civil Engineering College，Shaoxing　312000）

【Abstract】BIM technology has obvious advantages，but there are many obstacles in its application. In order to grasp the law of obstacles，the influencing factors of BIM technology application are divided into five aspects：technology，management，rules，environment and economy，and further subdivided into fifteen secondary factors. Finally，a classification model of 15 specific obstacles in five levels of BIM application was formed. By constructing the explanatory structure model of fifteen barrier factors，the hierarchical relationship of their mutual influence is intuitively determined，and then the weights are calculated by AHP. Finally，it is concluded that the key factors affecting the development of BIM are the difficulty of cooperation and overall management among participants，the lack of obvious return on investment in BIM in the early stage and the lack of understanding of the benefits that BIM technology can bring, which provides reference for solving the obstacles of BIM application.

【Keywords】 Building Information Model; Obstacle Factors; Interpretation Structure Model; Analytic Hierarchy Process

信息技术迅猛发展，建筑行业逐渐引入数字化工具来提高行业竞争力。建筑行业在内外环境的促动下，采用建筑信息模型（BIM）等新技术动力增加。BIM 具有信息资源共享、三维可视化、碰撞检测、虚拟施工、建筑使用信息提示等优点，由于目前是 BIM 技术在国内的应用发展尚处于初级阶段，遇到了诸多的障碍因素，因此，迫切需要对这些因素进行梳理从而有效地发现问题并有针对性地去解决。

以"BIM 技术应用障碍"为篇关摘搜索，数据库刊载文献有 11 篇，何清华等[1]认为 BIM 应用障碍最直接的因素是未得到企业高层领导的支持。秦璇等[2]对比国内及意大利运用 BIM 障碍因素的研究，认为缺乏 BIM 培训及 BIM 人才是国内 BIM 应用障碍的关键因素，而缺乏 BIM 标准是意大利 BIM 应用的关键障碍因素。唐小理等[3]认为 BIM 技术的开发成本及使用成本是阻碍 BIM 技术应用的直接因素。郭斌等[4]分析 BIM 协同应用障碍因素，认为企业对 BIM 技术能够带来的增值效应认识不足以及缺乏相关人员的支持等是阻碍 BIM 技术发展的驱动因素。以上文献均运用解释结构模型分析了 BIM 应用障碍因素，并分析得出各自的直接影响因素，缺乏各个障碍因素对总目标影响程度的分析。刘刚等[5]运用 AHP（Analytic Hierarchy Process）针对 BIM 应用障碍因素对总目标的影响程度进行简单的分析，认为缺乏 BIM 技术专业人员及规范流程是关键影响因素。这里对障碍因素的权重分析并没有考虑因素之间相互影响的关系来确定权重，所得结果缺乏科学性。

通过分析将 ISM（Interpretative Structural Modeling）和 AHP 结合使用的相关研究文献发现以下问题，易斌[6]和杨珍珍等[7]只是简单地通过构建解释结构模型分析存在哪些因素以及因素之间的影响路径，再运用 AHP 计算各个因素的权重，而没有通过构建的模型把因素之间的影响路径考虑进去来计算权重，因此，所得权重不够精确。贾美珊等[8]和付秀梅等[9]构建 ISM 所得因素层级关系中简单计算直接影响因素所占权重，忽略其他层级因素的权重计算。因此，将 ISM 与 AHP 结合使用研究问题并且计算全部因素的权重是目前学术研究中所缺乏的。ISM 的优点是能够直观地表达复杂因素之间是通过怎样的传递路径相互影响的，但无法得出各因素相对于总目标的重要性程度；AHP 的优点是能够计算各因素相对于总目标的权重，但不能表达因素之间的影响关系。本研究将 ISM 和 AHP 结合使用，考虑因素之间存在相互影响的关系计算其相对于总目标的权重，为今后理论方法的使用提供参考。

1 BIM 应用障碍因素识别

文献计量学是研究中常用的一种分析问题的方法，为确保所搜索文献的全面性以及时效性，本研究运用文献计量学方法对 2010～2020 年 CNKI 数据库中收录的有关 BIM 技术应用的文献进行详细的统计分析，筛选出 35 篇具有代表性的文献进行 BIM 技术应用障碍因素的分析。分析结果将BIM技术应用受到的影响因素划分为技术、管理、规则、环境和经济五大方面，并进一步细分为15个二级因素。最终形成了关于BIM应用的5个层面共计15个具体障碍因素的分类模型，如表1所示。

BIM应用障碍因素分类与解释　　表1

分类	影响因素	编号	因素说明
技术方面	BIM软件存在技术问题	A_1	BIM软件较复杂，部分应用方面存在不足，无法完成进度和成本同时追踪，缺少应用缺口
	国内BIM软件较少	A_2	缺乏本土BIM软件相关关键技术，核心技术掌握在他人手中，容易“受制于人”
	缺乏BIM教育和培训	A_3	市场上缺乏BIM技术培训机构，教育产业与BIM技术的专业培养没有很好地结合起来
管理方面	缺乏高层管理者的支持	A_4	BIM技术发展不成熟导致企业高层管理者对BIM技术的使用处于观望状态，即便使用BIM技术，应用缺乏科学合理性
	各参与方之间的协作与统筹管理难度高	A_5	BIM技术在各参与方之间协作缺乏相应的条款，责任界限不明晰，协作难度高
	企业思维模式转变困难	A_6	BIM是一种新技术，企业仍固守传统的思维模式，难以适应引入BIM后的新模式和工作方式
规则方面	缺乏较完善的BIM标准	A_7	BIM标准用来规范BIM使用过程中的一系列行为，规定相关人员在相应阶段产生对应的信息、信息的格式、信息的分类
	缺乏政府相关部门的政策支持	A_8	很少有政府强制推行使用BIM技术的政策或规章，部分政府出台鼓励政策，但缺乏一定的支持力度
	BIM法律不健全	A_9	BIM数据所有权归属问题不明确，以及如何通过法律手段保护所有权问题，缺乏相应法律条款的保障
环境方面	缺乏BIM技术的专业人才	A_{10}	BIM技术操作复杂，学习起来有一定的困难，且缺乏积极的学习环境
	缺乏BIM技术的案例和实践经验	A_{11}	企业刚开始使用BIM技术花费较大，以至于很多企业还未尝试便已放弃，所以成功使用BIM技术的案例及实践经验较少
	企业对BIM技术所能带来的效益认识不足	A_{12}	BIM能够为企业带来的效益包括投资、进度、质量以及安全等方面，企业还未意识到将BIM应用在工程项目的全过程中会带来明显的效益回馈，进而增强企业BIM技术的应用程度
经济方面	BIM前期投资回报不明显	A_{13}	初期企业使用BIM技术需进行一系列准备工作，如引进BIM专业人才、加强BIM培训等，费用较高，回报较慢
	BIM软件成本高	A_{14}	BIM基础设施以及硬件升级费用较高
	聘请专业BIM人才费用高	A_{15}	市场上BIM人才紧缺，聘请专业BIM人才困难

从文献分析结果发现，缺乏较完善的BIM标准以及BIM法律不健全是学者们认为阻碍BIM发展的第一大因素，标准不完善会导致使用过程中出现信息混乱现象，法律不健全就会导致相关责任界定不清晰；第二大因素是环境方面的因素，新技术的产生和发展需要一个过程，市场环境的趋势也是影响新技术快速持久发展的重要方面；第三大因素是企业高层管理者及相关工作人员对BIM技术的认可度低，认可度低便存在接受程度低的可能，从

而导致可发展性差。对 BIM 应用障碍因素分析已经在表 1 中进行了详细的解读，这里不再一一说明。

通过对 15 个障碍因素的重新梳理，根据各因素产生的原因，找出因素之间存在的影响关系并对其进行系统分析，下文将对 BIM 应用障碍因素进行层级分析以及权重计算，找出影响 BIM 发展的关键因素。

2 构建 BIM 应用障碍因素解释结构模型

ISM（Interpretative Structural Modeling）是解释结构模型的简称。解释结构模型是美国 J. N. 沃菲尔德教授[10]为分析复杂系统结构问题而开发的一种方法。此法从多角度对问题进行全面分析，从而将影响问题发生的因素提取出来，进一步判断因素之间的影响关系，再充分利用相关工具和计算机技术进行处理，通过分析处理相关数据，构建出各要素影响关系的层级结构模型，且模型中清晰表达各要素之间的影响路径，从而快速获取对问题的认识和理解程度。本研究运用 ISM 的理念分析 BIM 应用中的障碍因素，通过构建解释结构模型，较直观地找出深层根本因素。

2.1 分析问题及构成要素

ISM 主要以定性分析为主，确定要研究的关键问题，也即研究对象，寻找导致问题发生的因素。

本研究的关键问题为 BIM 技术应用存在阻碍，分析存在哪些因素阻碍其发展。

2.2 构建邻接矩阵

分析各构成要素之间是否存在直接联系情况构建邻接矩阵。用 a_{ij} 表示第 i 行、第 j 列的要素 S_i 与要素 S_j 是否存在直接关系，若 S_i 对 S_j 有直接影响，则 a_{ij} 为 1；若 S_i 对 S_j 无直接影响，则 a_{ij} 为 0，依据此构建准则构建邻接矩阵。

通过与 10 位 BIM 专家及相关学者的探讨与交流，确定了 15 个 BIM 应用障碍因素之间存在的影响关系并构建邻接矩阵，如图 1 所示。

	A_1	A_2	A_3	A_4	A_5	A_6	A_7	A_8	A_9	A_{10}	A_{11}	A_{12}	A_{13}	A_{14}	A_{15}
A_1	0	0	0	0	0	0	0	0	0	0	0	0	0	1	0
A_2	0	0	0	0	0	0	0	0	0	0	1	0	0	0	0
A_3	0	0	0	0	0	0	0	0	0	1	0	0	0	0	0
A_4	0	0	0	0	0	1	0	1	0	0	0	0	0	0	0
A_5	0	0	0	0	0	0	0	0	0	0	0	0	0	0	0
A_6	0	0	0	0	1	0	0	0	0	0	0	0	0	0	0
A_7	0	0	0	0	0	0	0	0	0	0	1	0	0	0	0
A_8	0	0	0	1	0	0	1	0	1	0	0	0	0	0	0
A_9	0	0	0	0	0	0	0	0	0	0	0	0	0	0	0
A_{10}	0	0	0	0	0	1	0	0	0	0	0	0	0	0	0
A_{11}	0	0	0	0	0	0	0	0	0	0	0	0	0	0	0
A_{12}	0	0	0	1	0	0	0	0	0	1	0	0	0	0	0
A_{13}	0	0	0	0	0	0	0	0	0	0	0	0	0	0	0
A_{14}	0	0	0	0	0	0	0	0	0	0	0	0	1	0	0
A_{15}	0	0	0	1	0	0	0	0	0	0	0	0	0	0	0

图 1 邻接矩阵

2.3 建立可达矩阵

可达矩阵表示要素与要素之间存在着某种传递性关系，由邻接矩阵通过相关计算所得。可达矩阵（$\boldsymbol{M}$）的计算公式为：

$$\boldsymbol{M}=(\boldsymbol{A}+\boldsymbol{I})^{r} \tag{1}$$

式（1）中：$\boldsymbol{M}$ 为可达矩阵；$\boldsymbol{A}$ 为邻接矩阵；$\boldsymbol{I}$ 为单位矩阵；r 为最大传递次数。

r 的大小由公式（2）确定：

$$(\boldsymbol{A}+\boldsymbol{I})\neq(\boldsymbol{A}+\boldsymbol{I})^{2}\neq(\boldsymbol{A}+\boldsymbol{I})^{3}\neq\cdots\neq(\boldsymbol{A}+\boldsymbol{I})^{r-1}\neq(\boldsymbol{A}+\boldsymbol{I})^{r}=(\boldsymbol{A}+\boldsymbol{I})^{r+1}=\cdots=(\boldsymbol{A}+\boldsymbol{I})^{n} \tag{2}$$

由邻接矩阵（图 1）使用 MATLAB 计算得到可达矩阵，如图 2 所示。

	A_1	A_2	A_3	A_4	A_5	A_6	A_7	A_8	A_9	A_{10}	A_{11}	A_{12}	A_{13}	A_{14}	A_{15}
A_1	1	0	0	0	0	0	0	0	0	0	0	0	1	1	0
A_2	0	1	0	0	0	0	0	0	0	0	1	0	0	0	0
A_3	0	0	1	0	1	1	0	0	0	1	0	0	0	0	0
A_4	0	0	0	1	1	1	1	1	1	0	1	0	0	0	0
A_5	0	0	0	0	1	0	0	0	0	0	0	0	0	0	0
A_6	0	0	0	0	1	1	0	0	0	0	0	0	0	0	0
A_7	0	0	0	0	0	0	1	0	0	0	1	0	0	0	0
A_8	0	0	0	1	1	1	1	1	1	0	1	0	0	0	0
A_9	0	0	0	0	0	0	0	0	1	0	1	0	0	0	0
A_{10}	0	0	0	0	1	1	0	0	0	1	0	0	0	0	0
A_{11}	0	0	0	0	0	0	0	0	0	0	1	0	0	0	0
A_{12}	0	0	0	1	1	1	1	1	1	1	1	1	0	0	0
A_{13}	0	0	0	0	0	0	0	0	0	0	0	0	1	0	0
A_{14}	0	0	0	0	0	0	0	0	0	0	0	0	1	1	0
A_{15}	0	0	0	1	1	1	1	1	1	0	1	0	0	0	1

图 2　可达矩阵

2.4 对要素进行区域和级位划分

分析图 2 所得可达矩阵，列出可达集、先行集、共同集（可达集与先行集的交集）、起始集和终止集，依据分析结果对各要素进行区域划分，若划分为 n 个区域，接着对 n 个区域的元素分别进行级位划分。

2.5 绘制多级递阶有向图

依据级位的划分情况，根据障碍因素之间的影响关系绘制 BIM 应用障碍因素多级递阶有向图，从而可以直观地展现 BIM 应用障碍 15 个因素之间复杂的相互影响的传递关系，明确各要素之间的影响路径，BIM 应用障碍因素解释结构模型如图 3 所示。

2.6 BIM 应用障碍层级结构分析

由图 3 可知，BIM 应用障碍因素解释结构模型的四层影响因素按影响的直接程度可以分为三个层次，分别为表层直接因素、中间层间接因素以及深层根本因素，处于下层的因素影响上层因素，且同一层级间也存在相互影响关系（图 3 中箭头表示因素之间存在某种影响关系，且箭头指向的因素为被影响因素）。

表层直接影响因素表示最终要达到的目标，包括 A_5、A_{11} 和 A_{13}，如提高企业对 BIM 技术所能带来的效益认识 A_{12}，则会提高高层管理者的支持 A_4，从而转变企业思维模式 A_6，最终达到各参与方之间的协作与统筹管理难度降低 A_5；提高高层管理者的支持 A_4，有利于推动政府相关部门的政策支持 A_8，继而完善 BIM 法律 A_9，最终达到增加 BIM 技术案例及实践经验 A_{11}；BIM 软件较完善 A_1，BIM 软件成本便不会太高 A_{14}，最终其前期投资回报也会相应提高 A_{13}，也即最终目的是推动表层直接影响因素。

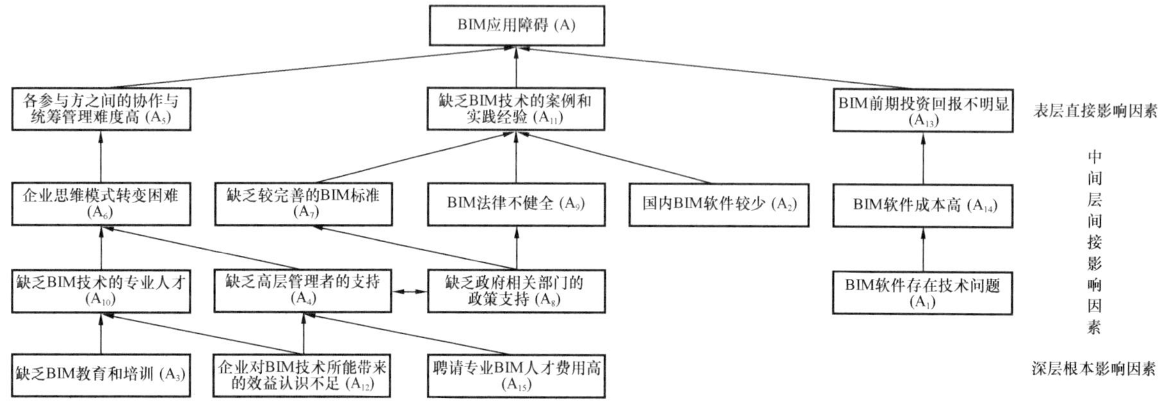

图 3　BIM 应用障碍因素解释结构模型

中间层间接因素是处于顶层和底层之间的因素，包括第二层和第三层，且存在一组相互影响的因素，即 A_4 和 A_8 是相互作用的。这些因素对表层因素产生直接或间接的影响，同时受深层因素的影响。

深层根本影响因素是目前推动我国 BIM 应用发展的基础性要素，对这些因素的改进较紧迫，主要包括 A_3、A_{12} 和 A_{15}。

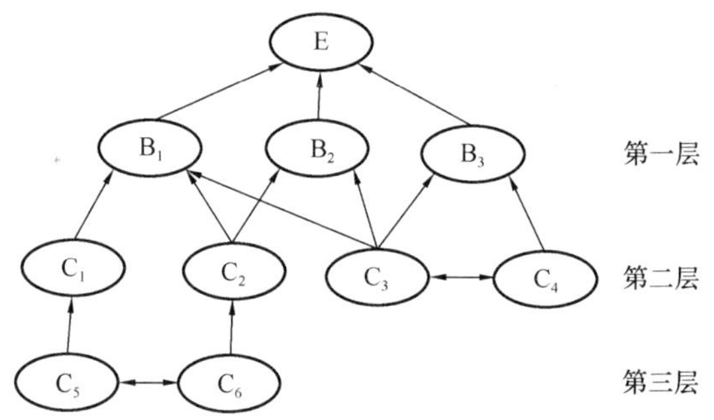

图 4　某研究问题解释结构模型图

3　BIM 应用障碍因素影响力分析

本研究 AHP 是在解释结构模型的基础上使用的方法，AHP 的“准则层”是由 ISM 模型中的不同层级的因素构建的，再通过构建判断矩阵计算全部因素相对于总目标的权重。

3.1　AHP 层次结构模型构建过程

对以解释结果模型影响路径为依据构建 AHP 层次结构模型进行理论分析，某研究问题所构建的解释结构模型如图 4 所示。

依据图 4 构建 AHP 层次结构图，第一层要素是对 E 产生直接影响的因素，将其作为 AHP 的准则层；把直接或间接影响第一层因素的因素（这里为第二层和第三层）作为“子准则层”，需注意解释结构模型图中箭线指向问题，将指向“准则层”路径的所有因素列入“子准则层”，会发现存在同一个“子准则层”因素影响多个“准则层”因素，针对图 4 所示模型构建的 AHP 层次结构图如图 5 所示。

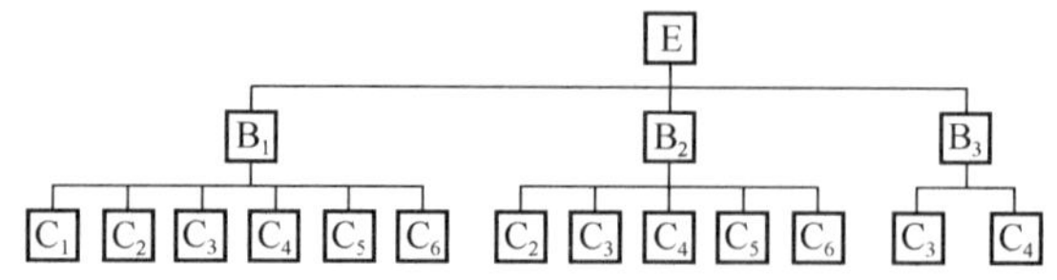

图 5　基于 ISM 构建的 AHP 层次结构图

3.2　计算各因素的权重

根据基于 ISM 的层次结构图构建 AHP 判

断矩阵，求最大特征值、特征向量并进行一致性检验。这里需注意，AHP 的子准则层相对于总目标的权重计算分两种情况，一种是子准则层唯一影响准则层因素时，如图 5 中 C_1 唯一影响 B_1，假设 B_1 对 E 的权重为 a，C_1 对 B_1 的权重为 b，那么 C_1 对 E 的权重 $\omega=ab$；另一种是子准则层影响准则层多个因素时，如图 5 中 C_3 影响 B_1、B_2、B_3，假设 B_1、B_2、B_3 对 E 的权重分别为 x、y、z，C_3 对 B_1、B_2、B_3 的权重分别为 f、g、h，那么，C_3 对 E 的权重 $\omega=xf+yg+zh$。

3.3 BIM 障碍因素的权重计算

（1）根据图 3 构建的解释结构模型构建 BIM 应用障碍因素的 AHP 层次分析图，如图 6所示。

（2）依据上文介绍的权重计算方法得出 BIM 应用障碍各因素的权重占比如表 2 所示。

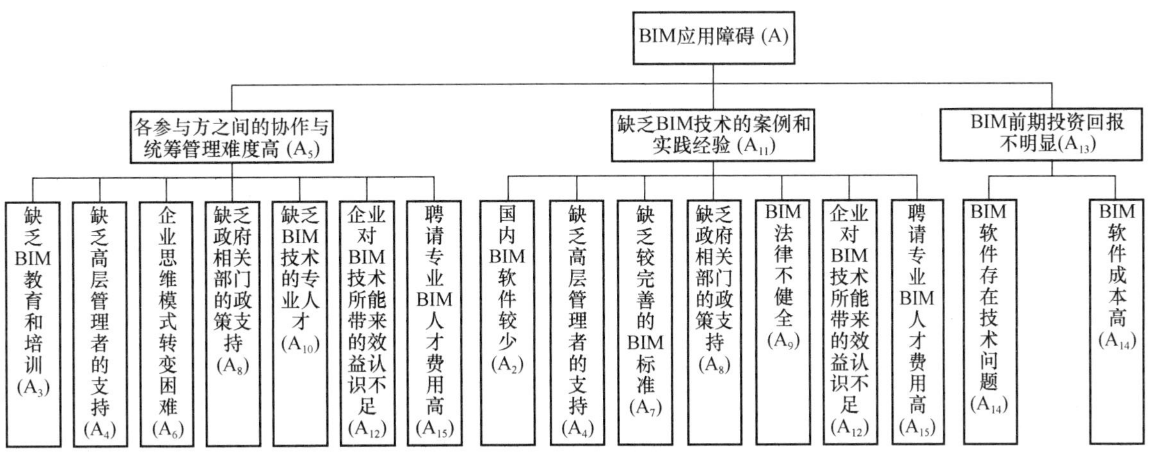

图 6 BIM 应用障碍因素 AHP 层次结构图

BIM 障碍因素权重占比 **表 2**

因素	A_1	A_2	A_3	A_4	A_5	A_6	A_7	A_8
权重	0.1598	0.0044	0.0309	0.0975	0.5584	0.0121	0.0205	0.1407
因素	A_9	A_{10}	A_{11}	A_{12}	A_{13}	A_{14}	A_{15}	
权重	0.0302	0.0485	0.1220	0.2708	0.3196	0.1598	0.0250	

3.4 结果分析

根据所构建的解释结构模型运用层次分析法，考虑因素之间相互影响的关系，计算全部因素的权重，由表 2 各障碍因素权重占比情况得出 A_5（各参与方之间的协作与统筹管理难度高）、A_{13}（BIM 前期投资回报不明显）以及 A_{12}（企业对 BIM 技术所能带来的效益认识不足）是阻碍 BIM 应用的关键影响因素，因此，要发展 BIM 技术应对以上三个关键影响因素高度重视。

影响 BIM 应用的障碍因素有很多，且因素不是孤立存在的，它们之间存在着千丝万缕的联系，应用 ISM 将因素之间相互影响的路径清晰直观地展现出来，能够有逻辑地对因素进行分析并提出相应的对策。从 ISM 的分析结果可以发现，BIM 应用障碍的直接影响因素是管理、环境和经济方面，且通过结合 AHP 计算结果发现，直接影响因素中管理和经济权重占比较高，因此，要促进 BIM 技术应用，首选且着重对管理和经济方面的因素重点把控。对于各参与方之间的协作与统筹管理难度高的问题，企业应积极制定 BIM 技术在各参与方之间协作的相应条款，划清责任界限并且有针对性地提高其协作程度。而对于 BIM 前期投资回报不明显的问题，政府部门应大力宣传已成熟应用 BIM 技术的企业发展实例，详细分析发展过程中前期资金投入情况及后期成熟运营情况，有条件的情况下在企业初期使用 BIM 技术进行一系列准备工作（如引进 BIM 专业人才、加强 BIM 培训等）的过程中提供一定的资金援助支持，提高企业发展应用 BIM 的保障工作。

4 总结

（1）创新性地提出了一种将 ISM 和 AHP 结合使用的方式，能够计算出 ISM 构建的层级模型全部因素的权重。

（2）本研究 AHP 的使用优势在于各因素对总目标的影响权重不是独立的，权重的计算考虑了因素之间存在相互影响的关系，且所得权重是考虑影响关系后的合成权重。

（3）针对 BIM 面临的困难和挑战，运用 ISM 和 AHP 结合的方法，对 BIM 应用障碍因素进行了分析，得出各参与方之间的协作与统筹管理难度高、BIM 前期投资回报不明显、企业对 BIM 技术所能带来的效益认识不足是阻碍 BIM 应用的关键影响因素，为高效地解决 BIM 面临的困难提供依据。

参考文献

[1] 何清华，张静．建筑施工企业 BIM 应用障碍研究[J]．施工技术，2012，41(22)：80-83.

[2] 秦旋，Mancin Mauro，Travaglini Agnese，等．基于市场推广视角的 BIM 技术采纳障碍因素中意对比研究[J]．管理学报，2016，13(11)：1718-1727.

[3] 唐小理，谢洪涛，郑俊巍，等．基于 ISM 方法的 BIM 技术应用影响因素研究[J]．中国水运（下半月），2018，18(10)：219-221.

[4] 郭斌，朱轲，冯涛．BIM 协同应用障碍因素解释结构模型[J]．土木工程与管理学报，2019，36(6)：49-55.

[5] 刘刚，董娜．基于 AHP 的施工企业 BIM 应用障碍分析及解决方案[J]．企业改革与管理，2016(3)：217-218.

[6] 易斌．基于 ISM 和 AHP 的城市消防安全评价分析[J]．消防科学与技术，2016，35(3)：423-425.

[7] 杨珍珍，樊燕燕．基于 ISM 与 AHP 的斜拉桥主梁施工阶段风险分析[J]．工程管理学报，2018，32(3)：124-128.

[8] 贾美珊，徐友全，赵灵敏，等．基于 ISM＋AHP 的智慧工地建设影响因素分析[J]．建筑经济，2020，41(3)：42-48.

[9] 付秀梅，刘亚萍，徐宇哲，等．基于 ISM-AHP 的中国海洋生物医药产品市场开拓影响因素研究[J]．中国海洋大学学报(社会科学版)，2018(3)：23-32.

[10] 贾俊秀，刘爱军，李华．系统工程学[M]．西安电子科技大学出版社，2014：157-195.

基于CNKI的建筑工人不安全行为研究综述

周建亮[1]　朱　慧[1]　薛树国[2]　冯泽龙[2]

（1. 中国矿业大学力学与土木工程学院，徐州 221000；
2. 中建交通建设集团有限公司，北京　100142）

【摘　要】为更加客观地分析我国在建筑领域不安全行为的国内研究进展，主要利用文献分析法以及Citespace软件对从中国知网（CNKI）获取的293篇文献进行统计分析，探讨不安全行为的影响因素以及研究方法。研究表明：建筑业不安全行为的研究呈增长趋势，安全问题已经成为建筑施工领域的重要研究热点之一，该研究领域文献的关键期刊为《中国安全科学学报》《中国安全生产科学技术》和《建筑安全》；不安全行为的影响因素主要在个人、环境和管理三个方面，包括安全态度、安全氛围、安全文化、安全领导以及社会规范等；不安全行为的研究数据来源主要依赖于问卷调查，研究方法可主要分为行为分析研究、行为模型研究以及行为仿真研究三类。

【关键词】不安全行为；影响因素；关键期刊；研究方法

Research Review of Construction Workers' Unsafety Behavior Based on CNKI

Jianliang Zhou[1]　Hui Zhu[1]　Shuguo Xue[2]　Zelong Feng[2]

(1. School of Mechanics and Civil Engineering, China University of Mining and Technology, Xuzhou　221000;
2. China Construction Communications Engineering Group Corporation Limited, Beijing　100142)

【Abstract】 In order to understanding the domestic research situation of worker unsafety behavior in construction industry, this paper mainly uses literature review and Citespace method to analyze 293 papers obtained from CNKI, discussing the influencing factors and research methods of unsafe behavior. The results show that the research on construction unsafety behaviors keeps increasing and the safety issues become one of hot topic in construction research. The key journals in the research field are China Safety Science Journal, Journal of Safety Science and Technology and Construction Safety. The influencing factors are from personnel, environmental and management, such as safety attitude, safety climate, safety culture, leadership and regulations. The data collection method mainly relies on questionnaire survey. The mainly research methods are behavior analysis, behavior modeling and behavior simulation, including structural equation model and system simulation.

【Keywords】 Unsafety Behavior; Influencing Factor; Key Journal; Research Method

1 引言

随着改革开放的不断发展，我国经济已从高速度增长向高质量增长转变，建筑业规模逐渐扩大，已成为国家经济支柱产业之一。建设项目在策划、设计、施工、验收项目及运行等整个生命周期中，具有唯一性、建设期长、投资大、工作环境恶劣、多方参与等特征，各方面的因素都会影响建设工程项目的安全事故，建筑施工现场事故频繁发生，使建筑业的安全事故率一直高于其他行业。

根据住房和城乡建设部的统计，2019 年，全国共发生房屋市政工程生产安全事故 773 起、死亡 904 人。与上年相比，事故起数增加 39 起、上升 5.31%，死亡人数增加 64 人、上升 7.62%。其中 2019 年全国共发生房屋市政工程生产安全较大及以上事故 23 起、死亡 107 人，与上年相比，事故起数增加 1 起、上升 4.55%，死亡人数增加 20 人、上升 22.99%。

引起建筑事故的因素主要是机械设备、施工环境、人为因素，在环境和机械设备方面已经有较为成熟的技术来检测、预警和处理，但是在人为因素方面还没有科学的方法。然而，建筑业安全事故分析得出大部分事故主要是由施工人员的不安全行为引起的。Haslam[1] 通过对 100 起建筑事故分析，收集有关每宗事故的情况和所涉及的因果影响的定性资料，最后总结出事故的关键因素有工人问题、工作环境原因、设备缺陷等，其中工人原因占 70%。Han，S[2] 通过研究发现，约 80%～90%的建筑事故与工人的不安全行为有关。由于施工人员的不安全行为较多，所以急需对安全行为进行研究分析，为建筑业的安全提供保障。本文主要对施工人员不安全行为的原因展开研究。

2 数据来源与方法

本文主要分两个阶段进行文献综述，如图 1所示。第一个阶段主要是搜索文献、筛选文献。以主题词“安全行为”在 CNKI 数据库中进行检索，检索时间为 1990～2020 年，共检索出 9765 篇期刊文章，涉及煤矿、建筑、电力等研究领域。在搜索结果中，以主题为“建筑施工”进行筛选，共筛选出 247 篇文献。为了保证文献更加全面，通过咨询专家，进行更进一步的文献搜索。在 CNKI 数据库中，以检索公式：SU＝“行为安全”＋“不安全行为”＋“安全行为”AND SU＝“建筑业”＋“施工”进行检索，对检索出的文献进行筛选，通过摘要筛选出对建筑施工中安全行为研究有贡献的文献，补充到第一次筛选的结果中，最终两次搜索共收集 293 篇文献。

第二阶段主要运用 Excel 和 Citespace 对所收集的文献进行系统分析。首先，运用 Excel 对所选文献的发表年份、期刊来源、作者等进行统计分析；然后，运用 Citespace 对作者和关键词进行可视化分析，通过共现分析得出研究热点以及发展趋势；最后，通过分析得出现在的不足以及展望。

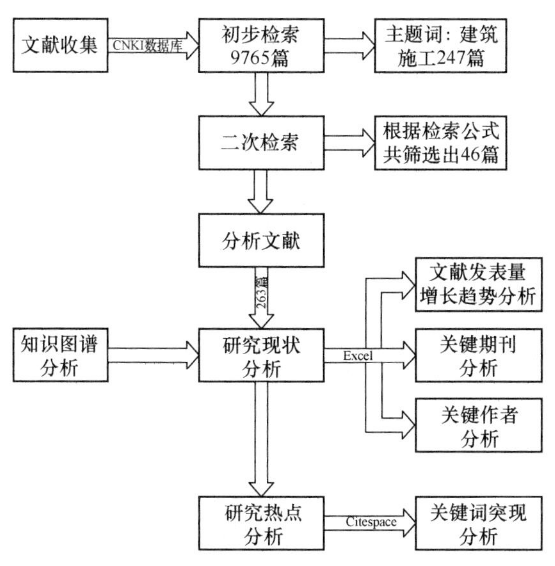

图 1　文献综述方案流程图

3　统计结果与分析

3.1　中国知网数据库统计结果

3.1.1　文献发表数量增长趋势分析

本文借助 Excel 统计分析工具，对在中国知网中所选的 293 篇相关研究文献发表数量的年增长趋势进行统计分析，如图 2 所示。

由图 2 可见，行为安全的相关文献的发展经历了四个阶段：1998 年以前是第一个阶段，该领域几乎没有相关文献，说明建筑业的行为安全领域暂时没有研究；1998～2008 年是第二个阶段，该领域的研究文献稍有增加，趋势比较平稳，主要是因为该阶段的建筑安全事故较少；2008～2015 年是第三个阶段，该阶段

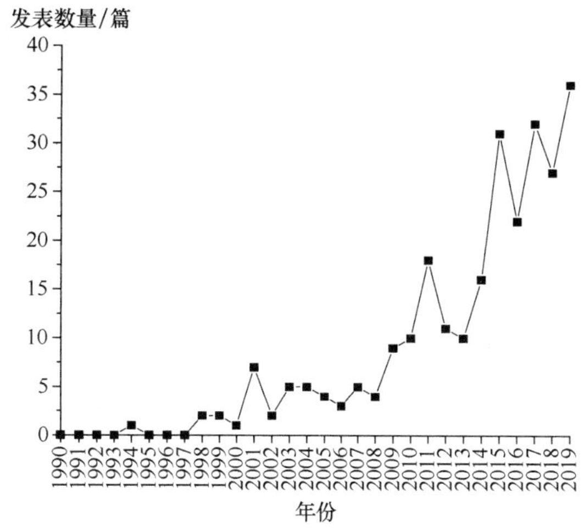

图 2　文献发表数量年份柱状图

的研究文献有明显的上升趋势，越来越多的学者关注安全问题；2015～2020 年是持续增长的第四阶段，该阶段的研究文献处于高增长趋势，可能是因为工程项目逐渐增加，房地产企业追求高收益，建筑安全事故频发，引起广大学者的关注，通过研究减少安全事故。

3.1.2　关键期刊分析

本文通过运用 Excel 工具，对从中国知网中选取的 293 篇研究文献进行关键期刊分析，根据每种期刊的发表数量，选取发表量排名前五的五种期刊，如图 3 所示。

从图 3 可以看出，这五种期刊的发文量约占所选文献的 40%，表明这五种期刊是建筑

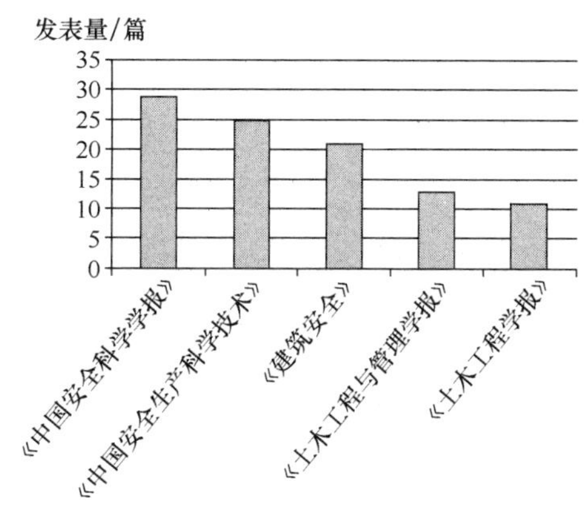

图 3　文献来源期刊

领域中文文献的主要出版物，是探究该领域研究进展和发展趋势的重要窗口，也是在未来研究中了解该领域最新研究动态的重点关注对象。

进一步从期刊的收录情况来看，发表在CSCD期刊上的文献有65篇，如《中国安全科学学报》《中国安全生产科学技术》《土木工程与管理学报》和《建筑安全》等，占所选文献的22.2%；发表在CSSCI上的文献只有5篇，来源于《系统科学学报》《软科学》《天津大学学报》和《统计与决策》这四种期刊，发表在EI期刊上的文献仅有8篇，主要分布在《清华大学学报》《同济大学学报》《华中科技大学学报》和《土木工程学报》四种期刊上。可见，建筑业的安全管理作为自然科学和社会科学的交叉研究，在国内可供发表的高质量期刊种类较少，且高质量期刊上发表的相关文章也不多见，相对而言，以“建筑安全”为相关主题检索SCI文献数量和期刊种类远远超出国内的检索情况，总体上限制了该研究领域的国内影响力。

3.1.3 关键学者分析

基于中国知网文献分析统计可以得出学者的发文量，筛选出发文量在4篇及以上的作者，如图4所示。所选的263篇文献中，清华大学的方东平教授发文量最高，共10篇；重庆大学的叶贵教授文章发表量位居第二，共6篇。方东平教授与叶贵教授在该领域的研究成果颇丰，但是就发文量来看，该领域还有更多的研究空间。

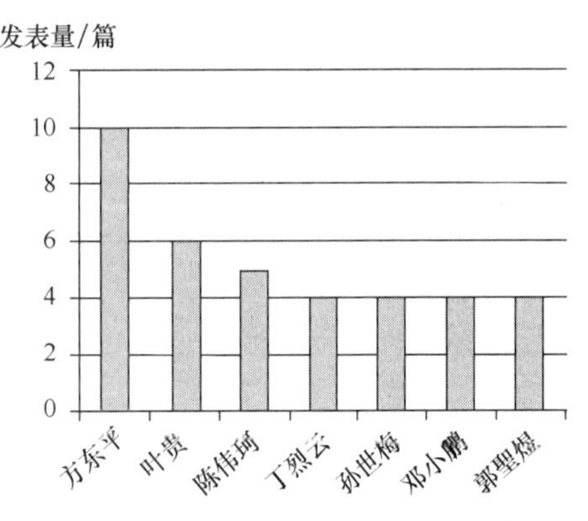

图4 关键学者发文量

3.2 基于Citespace的可视化分析

3.2.1 Citespace关键词时间序列视图

以中国知网获取的文章为数据来源，提取关键词、作者、年份等关键信息，以Refworks格式导入Citespace，进行聚类分析。通过Citespace对关键词进行聚类分析，关键词共现阈值为8，以时区的方式呈现关键词路径图，如图5所示。关键词主要从2003年开始出现，在2003～2020年之间，关键词多样化，研究较为宽泛。在2007年，“安全文化”逐渐受到重视，随后“安全氛围”也逐渐得到关注，这一时期研究人员开始从组织层面上进行研究。2016年之后，关键词越来越注重个人层面，“安全心理”“安全态度”等，以及不安全行为的发生机理和其他影响因素也逐渐凸显。综上所看，随着时间的推移，对不安全行为的研究越来越细致、越来越深入。

3.2.2 Citespace关键词突现图

利用Citespace对中国知网数据库文献的突现词分析，进行研究热点分析，将函数值设置为0.5，满足函数要求的关键词共有20个，如图6所示。通过对突现词的分析可以得出在安全行为研究领域的研究方向，以及各个研究方向的大概起止时间，从而分析出该研究领域的研究热点以及发展趋势。通过分析图5与图6可以看出该领域对于不安全行为的影响因素进行了不断的深入研究，本文将从不安全行为的影响因素以及研究方法展开论述。

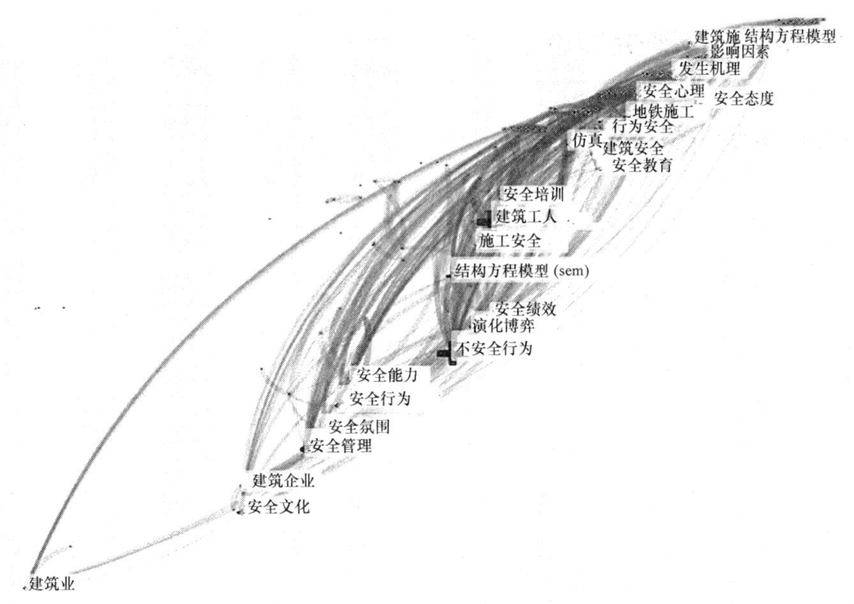

图 5　关键词路径图

引用频率最高的20个关键词

关键词	节点出现时间	突现强度	突现开始时间	突现结束时间	1990～2020
建筑业	1990	16.5631	1998	2009	
建筑工业	1990	3.8776	1998	2001	
伤亡事故	1990	2.9606	1999	2005	
企业管理	1990	3.1043	2000	2004	
建筑安全	1990	6.3261	2001	2006	
建筑安全管理	1990	4.0624	2003	2007	
安全	1990	3.3777	2005	2015	
安全文化	1990	23.8504	2007	2013	
安全管理	1990	5.0954	2007	2010	
地铁工程	1990	2.9873	2010	2012	
建筑企业	1990	3.8024	2012	2014	
演化博弈	1990	7.8109	2012	2017	
安全行为	1990	2.9641	2013	2020	
绿色建筑	1990	3.6091	2013	2017	
施工班组	1990	2.8374	2015	2016	
地铁施工	1990	4.6628	2015	2017	
安全绩效	1990	2.8282	2016	2018	
建筑施工	1990	3.2581	2017	2020	
安全投入	1990	4.3701	2017	2020	
建筑工人	1990	6.919	2018	2020	

图 6　关键词突现图

4　安全行为的影响因素研究综述

4.1　安全行为影响因素的文献识别

不安全行为的影响因素是安全行为研究的一个重点，导致不安全行为的因素有很多，根据文献综述，不安全行为的影响因素大多分为个人因素、环境因素以及管理因素等各个方面。张孟春[3]通过分析认为产生不安全行为主要是"选择应对"环节失效，进而分析"选择应对"失效的原因是工人的态度、主观规范和行为控制感知。傅贵[4]通过运用安全科学原理和案例分析法对多起不同类型的事故进行分析得出事故的共性原因是安全知识、安全意识和安全习惯。李乃文[5]通过多阶段抽样法分析研究，认为工作压力显著正影响不安全行为。陈全[6]根据事故致因因素的分析得出企业的管理因素是导致人的不安全行为的原因。刘海滨[7]通过采用结构方程模型分析不安全行为意向与不安全行为之间的关系，得出安全行为态度、安全氛围与不安全性行为意向有显著关系，是预测不安全行为意向的有效因素。通过叶贵[8]的不安全行为影响因素的多级递阶结构模型，可以看出对不安全行为有深层次影响的因素是领导对安全的重视及社会规范。领导对安全的重视和社会规范都会影响企业的安全氛围和安全监管力度，从而减少不安全行为，以下主要针对安全氛围、安全文化、安全领导力和安全态度对不安全行为的影响展开论述。

4.2　安全氛围对安全行为的影响

安全氛围是影响不安全行为的重要隐形因素，是工人对组织安全重视程度以及工作优先权了解的依据[9]。方东平[10]指出安全氛围是所有员工对企业所有安全问题看法的综合，与员工的感受和态度有关。工人会根据企业对安全的重视程度、安全制度，选择自己的行为，如果领导对于安全非常重视，为企业的安全工作提供更多的资源配置，形成良好的安全氛围，从而激励工人遵守安全制度、选择安全行为。

在安全氛围对不安全行为预测性方面，许多学者进行了分析研究。Zohar[11]通过探究认为安全氛围是测量安全行为的一个可靠性领先指标。Pousette[12]等研究了瑞典建筑行业的重要项目，考察安全氛围的重要维度，检验了安全气候对安全行为的预测有效性。该研究发现安全气候对自我报告的安全行为有显著的预测作用。Neal[13]的研究表明安全氛围水平可预测个人安全动机变化，分析自我报告的安全行为改变情况。

基于安全氛围对不安全行为具有预测的基础上，学者开始引入中介模型讨论减少安全事故的措施。Mohamed[14]通过探讨建筑工地安全氛围与安全工作行为之间的关系，结合结构方程模型验证得出管理承诺、沟通、员工参与、态度、能力以及支持和监督环境在实现积极的安全氛围中的重要性。Fang DP[15]通过回归分析模型探讨安全氛围与个人特征之间的关系，研究表明二者之间存在显著的统计学关系，包括性别、婚姻状况、安全知识等，为施工经理以及安全从业人员提供有用的信息，进一步改善安全文化。Zhou Q[16]通过对一家大型建筑公司 4700 多名员工的调查以及对以前安全氛围模型的考虑，提出了一种基于贝叶斯网络的模型，在因果因素中建立了一个概率关系网络，尤其是与建筑安全相关的对人类行为有影响的安全氛围因素和个人经验因素。研究发现，如果适当地控制安全氛围因素，简单策略会更有效；联合策略可以更好地改善安全行为；共同控制安全气候因素和个人经验因素是最有效的方法。

4.3 安全文化对安全行为的影响

安全文化是指企业对待安全的态度以及处理与安全相关问题的方式和规则，决定着该行业内技术、经济等方面的措施能否实施成功[17]。一个建筑企业有良好的安全文化，能够很好地将管理者和员工团结起来，全身心投入企业发展以及安全问题的处理上，减少不安全行为的发生，能够提升企业的经济效益。

在安全文化对于安全行为具有引导作用方面，许多学者展开了研究。2001 年，李志宪[18]通过分析人对行为的影响方式，表明安全文化通过物质文化、精神文化、制度文化以及行为文化来影响人的行为，提出了运用安全文化来塑造人的安全行为。2003 年，于广涛[19]通过分析安全文化在安全控制中的作用表明，良好的安全文化能够使个体形成正确的价值观，是组织上下能够按程序考虑安全问题，使员工形成良好的安全行为习惯。2009 年，邹小伟[20]通过分析安全文化和建筑安全文化的内涵，并结合企业案例分析，最终提出将建筑业供应链的利害关系融入安全管理以及风险管理中，形成零事故安全文化，最终实现安全行为。同时，作者也提出了构建零事故安全文化的流程步骤。

在研究安全文化引导安全行为的基础上，学者开始研究安全文化对于安全绩效的作用。2004 年，于广涛[21]通过分析安全文化的内容，认为安全文化是通过组织内的个体变量来影响组织的安全绩效，并提出采用三角方法来测量安全文化，用于指导企业的安全管理活动。2009 年，傅贵[22]认为安全文化是企业安全管理的核心理念，并通过理论分析和实证研究表明安全文化的测量值的提高标志着企业安全业绩的进步，企业安全文化的观测值是企业重大事故预警的指标值。2010 年，刘素霞[23]通过对安全文化和安全绩效的实证研究表明，安全文化通过影响员工的安全行为，进而影响企业的安全绩效，提出企业在注重安全行为引导的同时，还要注重安全文化的建设。

4.4 安全态度对安全行为的影响

态度是我们对待事件的看法以及我们采取的行为，态度决定着行为。安全态度是面对安全问题，思考如何应对的心理准备状态，安全态度不端正就会引起不安全行为，引发安全事故[24]。刘素霞[25]通过构建理论模型研究提出利用安全态度来规范企业安全生产能力，提高企业的安全绩效。

近年来，对于安全态度的研究主要是针对影响安全态度的因素展开研究。2003，Siu[26]通过对 27 名中国建筑工人进行调查研究表明，年龄较大的工人对安全表现更加积极的态度，所以团队领导不应对年长的建筑工人带有负面偏见。之后的一年，Siu[27]通过问卷调查以及路径分析探讨安全氛围、心理压力和安全绩效的关系，最终提出心理压力是安全态度与安全事故之间的中介因素。2016 年，马振鹏[28]通过问卷调查以及结构方程模型研究安全知识对安全绩效的作用机理，表明安全知识对安全态度有正向作用，安全知识以安全态度为中介影响安全绩效。2017 年，陈雪峰[29]通过编制安全态度测量表并进行问卷调查，总结出在个人、作业岗位和管理三个方面的 34 个影响因素，并通过相关性分析和主成分分析方法总结出对安全态度影响显著的影响因素，并表明管理综合影响是对安全态度影响最大的因素。

5 安全行为的研究方法综述

通过对中国知网中筛选出的 263 篇文献进一步研究，对安全行为的研究方法展开以下综述。

5.1 安全行为的主要研究方法分类

5.1.1 行为分析研究方法

在安全行为研究领域，问卷调查法、半结构化访谈以及文献分析法是常用的行为分析研究方法。周炜、赵挺生[30]通过文献分析法归纳出个人、组织、班组和环境四个方面的影响不安全行为的因素，包括安全知识、工人身体素质、组织安全制度等 17 个影响因素。张孟春、方东平[31]等对脚手架工人是否低估不使用安全带以及高出抛物这两项不安全行为的风险的研究，采用问卷调查法让工人以及管理人员进行风险评估，得到风险评估值，进而通过对风险评估值的分析得出，工人显著低估这两项不安全行为的风险。张静、李洁[32]通过对 295 名建筑工人进行问卷调查，得出在个人因素、物的因素、方法因素、管理因素和环境因素这五个方面的 14 个影响建筑进城务工人员不安全行为的因素，包括安全意识、安全态度、作业环境等。周海洋[33]等在总结出影响安全管理者胜任力的 21 个影响因素的基础上，运用半结构化访谈法，通过因子归纳统计出在岗位技能、性格特质和能力素质三个维度上的 20 个影响因素。

5.1.2 行为模型研究方法

在安全行为研究领域，较为常用的用于数据处理的行为模型研究方法，主要有结构方程模型、因子分析、回归分析等。王亦虹[34]在研究安全行为、组织公平和变革型领导之间的关系时，通过结构方程模型和回归分析方法对调查数据进行统计分析，得出变革型领导的四个维度对建筑工人的安全行为存在显著的正影响，其中德贤垂范的影响程度最大。陈伟珂[35]为了探究地铁施工管理环境对工人不安全行为的影响，通过因子分析法提取出施工环境、地质环境、规章制度管理环境、信息管理环境以及知识管理环境这五个公因子，并通过多远回归分析得出，这五个公因子对地铁施工管理环境的贡献度，起重施工环境影响最大，贡献度为 34.22%。袁朋伟[36]采用结构方程模型探究安全行为与安全态度、风险知觉之间的关系，研究得出安全态度在风险知觉与安全行为间起部分中介作用；风险知觉对安全行为具有正向预测作用，风险知觉与安全态度呈正相关关系；安全态度对安全行为具有正向预测作用。滕尔越[37]通过采用元分析和路径分析得出安全氛围和安全领导对于安全行为有显著的正向影响。

5.1.3 行为仿真研究方法

在安全行为研究领域，仿真模拟方法通过对实际问题构建模型、设置参数，在“人造环境”中进行分析，以获得正确的信息。叶贵[38]在探讨建筑工人在完全信息和不完全信息下认知因素对于不安全行为的影响时，通过构建模型，采用模拟仿真技术，得出在完全信息下，建筑工人的认知更新频率更快、认知水平更高，不安全行为发生的比例会降低。王忠伟[39]在构建安全行为形成模型的基础上，对安全习惯、安全教育和安全激励措施这三个影响因素进行系统模拟，得出安全习惯对工人的安全行为的影响具有时限性；高水平的安全教育和安全激励措施能够显著提高工人的安全行为。

5.2 安全行为研究方法综合运用

5.2.1 问卷调查与回归分析方法的应用

问卷调查时在研究一个问题时较为普遍的一种方法，学者可以根据自己的研究目的去设计问卷问题，通过对问卷调查收集的信息进行整理，再结合其他方法进行更加深入的研究。杨鑫刚[40]采用问卷调查对 500 名建筑工人的不安全心理现状进行调查研究，通过频数统计和回归分析法对所得到的数据进行分析，得出管理因素对不安全心理的影响程度，并提出相应的解决措施。高静[41]采用层次回归分析法对工人的消极情绪、安全氛围和安全绩效之间的关系进行实证研究，研究得出安全氛围与安全绩效之间是正相关关系，安全氛围能够调节工人的消极情绪与安全绩效之间的关系。为了证实安全承诺对安全绩效的影响作用，宋利[42]等通过对 132 名工人的调查问卷结果进行相关分析和回归分析，证实安全承诺对于安全绩效有重要的影响。

5.2.2 问卷调查与结构方程模型的应用

学者通常也会将问卷调查与结构方程模型结合在一起使用，通常使用结构方程模型对研究假设进行验证分析。叶贵[43]在研究群体因素对不安全行为的影响机理时，通过构建不安全意向影响因素修正模型，并采用问卷调查等方法进行实证分析，最后采用结构方程模型对假设和修正模型进行验证，最终得出群体行为满意度和行为规范对不安全行为意向有显著的正向间接影响。一年后，叶贵[44]在对建筑工人不安全行为的发生机理进行研究时，从人因角度确定影响因素并建立理论模型，通过结构方程模型对问卷调查的数据进行处理并对假设进行验证，最终确定不安全行为的发生机理。孙峻[45]在探究安全氛围对不安全行为的影响机理时，选取安全氛围的三个维度，分析对不安全行为的作用路径，最后采用结构方程模型进行检验得出，工作环境和安全意识对安全行为有正向作用，管理层承诺有助于营造良好的安全氛围，减少不安全行为。董小刚[46]通过对 408 名建筑工人进行调查分析的基础上，采用结构方程模型对安全观念文化、安全制度文化、安全物质文化、内部安全动机、外部安全动机与安全服从行为 6 个变量之间的结构关系进行实证研究，分析影响安全服从行为的影响因素。

6 结论

本文通过对“不安全行为”“安全行为”“建筑”等主题词的文献统计分析，发现对于建筑业安全行为的研究越来越多，越来越深入，该研究领域的文献呈现增长趋势。预计在将来，该研究领域会得到更多的关注。

本文从安全行为的影响因素以及研究方法展开综述。通过文献分析将影响因素分为个人因素、环境因素和管理因素三个方面，包括态度、心理压力、安全文化等。本文主要分析安全文化、安全氛围、安全领导和安全态度对安全行为的影响。其次对个体影响因素和管理影响因素的分析方法展开综述，研究方法多样，一般学者会同时运用几种研究方法进行研究。

通过 Citespace 对关键词进行共现分析，得出该领域的研究热点将会集中在安全能力、安全管理、安全培训、危机认知。危险认知偏差使工人在面对危险时，可能会由于自身的认知差异，做出错误的判断，从而引发安全事故。目前，对于危险认知差异的研究并不多，研究形成危险认知差异的原因，有利于进行安全培训和安全管理，提高安全能力，减少安全事故的发生。

参考文献

[1] R. A. Haslam, S. A. Hide, A. G. F. Gibb, et al. Contributing Factors in Construction Accidents[J]. Applied Ergonomics, 2004, 36(4): 401-415.

[2] SangUk Han, SangHyun Lee. A Vision-based Motion Capture and Recognition Framework for Behavior-based Safety Management[J]. Automation in Construction, 2013(35): 131-141.

[3] 张孟春，方东平．建筑工人不安全行为产生的认知原因和管理措施[J]. 土木工程学报，2012，

45(S2)：297-305.

[4] 傅贵，李宣东，李军．事故的共性原因及其行为科学预防策略[J]．安全与环境学报，2005(1)：80-83.

[5] 李乃文，刘孟潇，牛莉霞．矿工工作压力、心智游移与不安全行为的关系[J]．中国安全生产科学技术，2018，14(10)：170-174.

[6] 陈全．事故致因因素和危险源理论分析[J]．中国安全科学学报，2009，19(10)：67-71.

[7] 刘海滨，梁振东．基于 SEM 的不安全行为与其意向关系的研究[J]．中国安全科学学报，2012，22(2)：23-29.

[8] 叶贵，杨丽娟，汪红霞，等．建筑工人不安全行为影响因素的多层递阶结构模型研究[J]．安全与环境工程，2019，26(2)：129-134.

[9] 叶新凤，李新春，王智宁．安全氛围对员工安全行为的影响——心理资本中介作用的实证研究[J]．软科学，2014，28(1)：86-90.

[10] 方东平，陈扬．建筑业安全文化的内涵 表现评价与建设[J]．建筑经济，2005(2)：41-45.

[11] Dov Zohar. Thirty Years of Safety Climate Research：Reflections and Future Directions[J]. Accident Analysis and Prevention，2009，42(5)：1517-1522.

[12] A. Pousette，S. Larsson，M. Törner. Safety Climate Cross-validation，Strength and Prediction of Safety Behaviour[J]. Safety Science，2007，46(3)：398-404.

[13] A Neal，M. A Griffin，P. M Hart. The Impact of Organizational Climate on Safety Climate and Individual Behavior[J]. Safety Science，2000，34(1)：99-109.

[14] Sherif Mohamed. Safety Climate in Construction Site Environments[J]. Journal of Construction Engineering and Management，2002，128(5)：375-384.

[15] Dongping Fang，Yang Chen，Louisa Wong. Safety Climate in Construction Industry：A Case Study in Hong Kong[J]. Journal of Construction Engineering and Management，2006，132(6)：573-584.

[16] Quan Zhou，Dongping Fang，Xiaoming Wang. A Method to Identify Strategies for the Improvement of Human Safety Behavior by Considering Safety Climate and Personal Experience[J]. Safety Science，2007，46(10)：1406-1419.

[17] 方东平，黄新宇，黄志伟．建筑安全管理研究的现状与展望[J]．安全与环境学报，2001(2)：25-32.

[18] 李志宪，杨漫红．安全文化对安全行为的影响模式[J]．中国安全科学学报，2001(5)：17-19，1.

[19] 于广涛，王二平，李永娟．安全文化在复杂社会技术系统安全控制中的作用[J]．中国安全科学学报，2003(10)：8-11，85.

[20] 邹小伟，邓铁军，周祥蕴．打造零事故的建筑安全文化[J]．中国安全科学学报，2009，19(6)：77-84，1.

[21] 于广涛，王二平．安全文化的内容、影响因素及作用机制[J]．心理科学进展，2004(1)：87-95.

[22] 傅贵，李长修，邢国军，等．企业安全文化的作用及其定量测量探讨[J]．中国安全科学学报，2009，19(1)：86-92.

[23] 刘素霞，梅强，沈斌，等．安全绩效研究综述[J]．中国安全科学学报，2010，20(5)：131-139.

[24] 常英杰．浅谈安全态度[J]．黑龙江交通科技，2004(2)：77-78.

[25] 刘素霞，朱雨晴，梅强．损失认知、安全态度与企业安全生产行为关系研究[J]．中国安全科学学报，2017，27(10)：123-129.

[26] Siu Oi-ling，Phillips David R，Leung Tat-wing. Age Differences in Safety Attitudes and Safety Performance in Hong Kong Construction Workers. [J]. Journal of Safety Research，2003，34(2)：199-205.

[27] Siu Oi-ling, Phillips David R, Leung Tat-wing. Safety Climate and Safety Performance Among Construction Workers in Hong Kong. The role of Psychological Strains as Mediators. [J]. Accident; Analysis and Prevention, 2004, 36(3): 359-66.

[28] 马振鹏，俞秀宝，吴宗法，等．安全知识对安全绩效的影响机制研究[J]. 中国安全科学学报，2016，26(7)：141-146.

[29] 陈雪锋，陈文涛．建筑工人安全态度及其影响因素研究[J]. 中国安全科学学报，2017，27(4)：31-36.

[30] 周炜，赵挺生，徐树铭，等．基于 DEMATEL 和 ISM 的建筑工人安全行为影响因素建模[J]. 土木工程与管理学报，2017，34(6)：126-132.

[31] 张孟春，方东平，佟瑞鹏．脚手架工人低估不安全行为风险的研究[J]. 中国安全科学学报，2011，21(8)：145-150.

[32] 张静，李洁．基于 SEM 的建筑业农民工安全行为影响因素研究[J]. 安全与环境学报，2016，16(3)：182-187.

[33] 周海洋，吴祥，于荣江，等．建筑企业安全管理者胜任力影响因素实证研究[J]. 建筑安全，2015，30(2)：4-8.

[34] 王亦虹，黄路路，任晓晨．变革型领导与建筑工人安全行为——组织公平的中介作用[J]. 土木工程与管理学报，2017，34(3)：33-38，44.

[35] 陈伟珂，张昆．人因视角下地铁施工管理环境因子识别的研究[J]. 中国安全生产科学技术，2015，11(11)：174-179.

[36] 袁朋伟，宋守信，董晓庆．地铁检修人员安全行为与风险知觉、安全态度的关系研究[J]. 中国安全科学学报，2014，24(5)：144-149.

[37] 滕尔越，张莉，邱阳，等．个体安全生产行为约束机制的元分析研究[J]. 管理评论，2018，30(12)：226-236.

[38] 叶贵，越宏哲，杨晶晶，等．建筑工人认知水平对不安全行为影响仿真研究[J]. 中国安全科学学报，2019，29(9)：36-42.

[39] 王忠伟，念培红．工程施工人员安全行为的系统动力学仿真研究[J]. 西部探矿工程，2020，32(1)：183-187.

[40] 杨鑫刚，张高杰，贾屹峰．管理因素对建筑工人不安全心理行为影响探究[J]. 建筑安全，2018，33(5)：44-50.

[41] 高静，王成军，李发本，等．基于安全氛围视角的建筑工人消极情绪与组织安全绩效的机理研究[J]. 施工技术，2018，47(17)：127-132.

[42] 宋利，李静．管理安全承诺对员工安全绩效的影响实证研究[J]. 中国公共安全(学术版)，2014(3)：33-35.

[43] 叶贵，陈梦莉，汪红霞．建筑工人不安全行为意向 TPB 修正模型研究[J]. 中国安全科学学报，2015，25(1)：145-151.

[44] 叶贵，李静，段帅亮．建筑工人不安全行为发生机理研究[J]. 中国安全生产科学技术，2016，12(3)：181-186.

[45] 孙峻，颜森，杜春艳．建筑企业安全氛围对员工安全行为的影响及实证[J]. 安全与环境学报，2014，14(2)：60-64.

[46] 董小刚，王顺洪. 建筑企业安全文化对安全服从行为的影响——以过度自信的中介作用为视角．西南交通大学学报(社会科学版)，2015，16(3)：107-111.

基于CNN的施工现场场景安全问题智能识别方法研究

周建亮[1]　陈　玮[1]　范丽萍[1]　薛树国[2]

（1. 中国矿业大学力学与土木工程学院，徐州　221000；
2. 中建交通建设集团有限公司，北京　100142）

【摘　要】 建筑业施工环境复杂恶劣，现场的安全问题频发，为了快速、有效、精准识别场景安全问题，本文提出了一种基于卷积神经网络的场景安全智能识别方法。首先，采集场景图像，通过卷积神经网络模型进行训练，而后构建了基于此的场景安全问题识别模型，并建立了施工现场安全问题发现系统。通过实例测试结果表明，所提方法对于施工场景安全问题识别准确率可达到97%，可以更高效、精细地识别施工现场场景安全问题。

【关键词】 施工安全；场景识别；安全问题；智能识别；卷积神经网络

Research on Intelligent Identification Method of Scene Safety Problem in Construction Site based on CNN

Jianliang Zhou[1]　Wei Chen[1]　Liping Fan[1]　Shuguo Xue[2]

（1. School of Mechanics and Civil Engineering, China University of Mining and Technology, Xuzhou　221000;
2. China Construction Communications Engineering Group Corporation Limited, Beijing　100142）

【Abstract】 The construction environment of the construction industry is complex and harsh, and the site security problems occur frequently. In order to identify the scene security problems quickly, effectively and accurately, this paper proposes a scene security intelligent identification method based on convolutional neural network. First of all, the scene image is collected, and the convolutional neural network model is used for training. Then, the scene security problem identification model based on this model is constructed, and the construction site security problem discovery system is established. The test results of the example show that the proposed method can identify the safety problems of the construction scene with an accuracy of 97%, which can identify the safety problems of the construction scene more efficiently and delicately.

【Keywords】 Construction Safety; Scene Recognition; Safety Issues; Intelligent Identification; Convolutional Neural Network

1 前言

随着建筑业规模不断扩大，社会资源及资产集聚，从事建筑行业的就业人员数量也达到了顶峰，由此衍生出来的诸多安全问题日渐明显[1]。据住房和城乡建设部统计，2019 年全国建筑行业发生安全事故 773 起、死亡 904 人，比 2018 年同期事故起数上升 39 起、死亡增加 64 人，涨幅分别为 5.31%和 7.62%[2]。建筑业生产本身具有露天施工、环境复杂、作业交叉等特点，导致了施工过程危险性大、不安全因素多、预防难度大的现状[3]。因此，如何准确识别现场危险要素，提高安全管理效率，成为亟须解决的重要问题。

目前，建筑施工安全问题识别方法主要包括访谈法[4]、调查法[5]、现场观察法[6]、仪器测量法[7]等。访谈法、调查法、现场观察法受主观人为影响，现场观察和有仪器测量虽然能够发现施工安全问题，但是有一定滞后性，需要特殊设备且难以展开实时检测[8,9]。鉴于上述方法的局限性，国内外研究学者展开了有关新方法的研究。丁杨[10]等人利用神经网络建立预测模型，可实现土木工程领域的监测、预测、预警。Yang [11]等人采用先进的密集轨迹方法进行建筑工人施工视频处理，研究了基于视觉的工作人员动作识别特征框架。Yu[12]等人利用卷积神经网络（Convolutional Neural Networks, CNN）处理工人搬运图片中的关键关节位置（颈部、肩膀、肘关节、手腕、臂部、膝盖和脚踝），推断关键关节在现场的三维地址。林鹏[13]等人通过卷积神经网络模型对基础设施建设期存在的典型安全隐患进行数据学习与挖掘，为现场智能安全管控提供方法和依据。虽然上述研究在人员、结构等的安全风险识别方面取得了一定成就，但针对施工现场场景安全问题的智能识别鲜有涉及。

基于此，本文提出了一种基于 CNN 的场景安全问题智能识别方法。区别于传统安全管理方式，通过采集施工现场照片实现场景安全问题的自动发现，提高施工安全管理人员识别现场安全风险的效率，为项目安全管理提供方法借鉴及实践参照。

2 场景安全问题智能识别的研究思想及流程

利用 CNN 实现建筑施工一般现场场景安全问题的智能识别。首先，运用互联网、无人机航拍两种方法进行图像采集，构建施工现场场景安全问题图片库；然后，通过 CNN 技术对一般施工场景图像进行训练，建立场景安全问题识别模型，对实验数据进行分析，验证方法的准确性；最后，基于设计的目标场景识别模型，结合采集到的数据集，搭建了施工场景安全问题发现系统，结合实际工程案例选择目标场景验证了该目标场景识别方法的可行性。本研究的总体框架如图 1 所示。

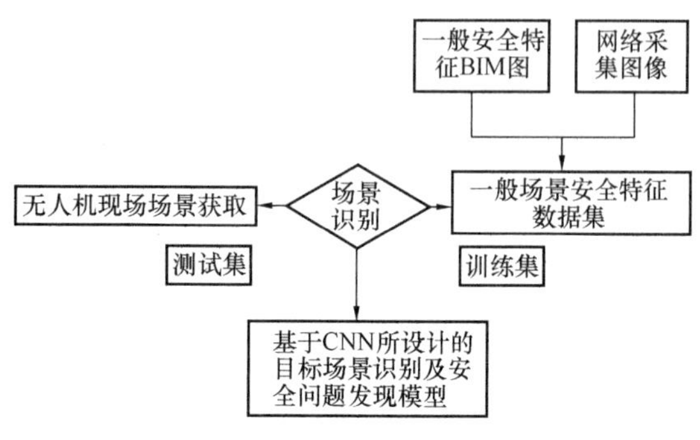

图 1　研究框架

3　研究方法和关键技术

3.1　卷积神经网络

3.1.1　卷积神经网络的基本结构

卷积神经网络是一种应用广泛的深度学习方法和前馈神经网络，可以出色地处理分析大数据图像[14]。基本的网络结构由输入层、卷积层、池化层、全连接层和输出层组成，如图 2所示。

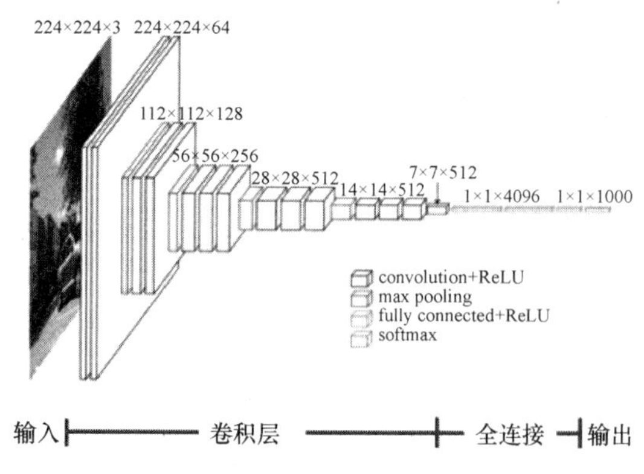

图 2　卷积神经网络架构图

采用卷积神经网络的有监督学习训练目标模型，运用已知特性的样本作为学习数据，从而训练网络，再预测未知数据。本文采用监督学习法对已知场景的训练集进行训练，最后载入模型来预测样本。网络模型的训练过程分为两阶段，第一阶段将样本数据正向传播；第二阶段将输出的结果与期望存在的误差从高阶向低阶进行反向传播来修订偏差[15]，图 3 为卷积神经网络训练过程示意图，具体过程是：①随机赋值初始化网络权值；②数据经网络各层提取图像数据特征；接着，对全连接层中多个隐含层的信息进行变换和计算，得到前向传播及输出值；③计算输出值与目标值之间的误差；若误差函数符合期望，输出结果，训练停止；否则将误差反向分摊到每个层级，依次求得各层误差，汇总计算网络承担的总误差；④根据偏差，将权值反向传播到网络中进行更新权值，待权值趋于稳定，然后再进行下一步。

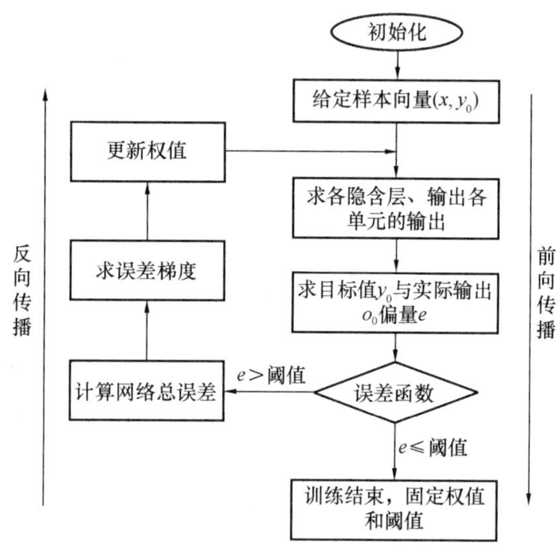

图 3　卷积神经网络训练过程示意图

3.1.2　卷积神经网络的优化

神经网络模型训练时常出现过拟合现象，所谓过拟合主要表现为模型训练的损失函数小，准确率高，但是预测模型损失函数却很大，预测准确率低，这就是典型的模型训练过拟合带来的最终识别效果低下的原因。为了解决此类诟病，Dropout 技术被应用到卷积神经网络中。在网络训练正向阶段，用一定概率 p 使得某个神经元的激活值限制参与训练，降低模型对某些局部特征的依赖，加强模型泛化能力。此方法主要作用原理是在网络训练时通过随机地设限网络隐藏层节点的权重值，阻止其参与运算，被抑制的权重值不再参与运算，但是权值不会被舍弃，因为下一次该权值有可能再次参与网络样本训练。

Dropout 实际上是对隐藏层神经元进行稀疏性处理，使得模型训练得到的参数量极限减少。由此我们可以看出，通过将 Dropout 层引入网络训练中，不仅节约了网络训练的时间，也解决了过拟合问题。图 4 为卷积神经网络 Dropout 技术的示意图。

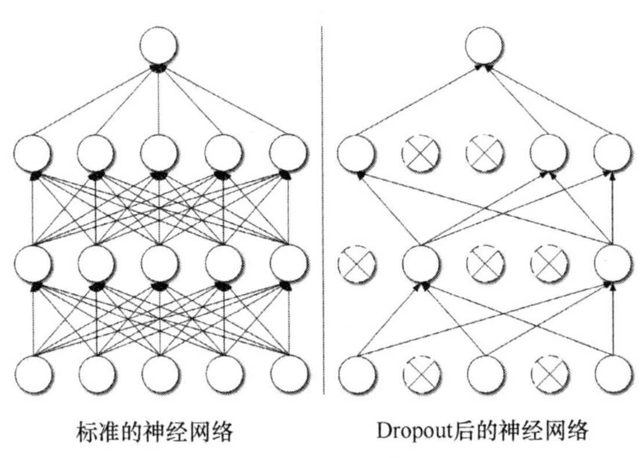

图 4 神经网络 Dropout 示意图

3.2 基于 CNN 的场景安全问题发现模型构建

在 Anaconda 与 PyCharm 相结合环境中，选用 TensorFlow 框架训练一般场景图像识别模型。因为 PyCharm 携带整套供用户 Python 开发时的高效率工具，Anaconda 在数据可视化、深度学习多方面功能强大，是一个非常实用的 Python 环境管理工具。

3.2.1 施工现场场景及安全问题数据集构建

1）场景问题特征数据集架构

为采集到完善且合理的图像数据，首先确定不安全问题特征识别标准。罗列出每类场景安全问题特征数据，将场景安全问题特征划分为四类，分别是：高处坠落、物体打击、起重伤害和坍塌事故。具体如何判断这四类场景是否安全，如表 1 所示。

场景问题特征数据集架构 表 1

类	不安全	安全
高处坠落	拟工人未系挂安全带	拟工人系挂安全带
物体打击	拟工人未佩戴安全帽	拟工人佩戴安全帽
起重伤害	拟工人与起重机距离过近、站位不当	拟仅有起重机
坍塌事故	拟基坑无支护	拟基坑有支护、有放坡

2）训练数据集的采集

数据集构建的优劣程度对模型训练的效果至关重要。因此，本文采用的数据采集方式为互联网和无人机拍摄两种方式。

（1）互联网采集

互联网网络图像采集作为本章数据集获取的重要采集方法，占了全部数据集获取源重中之重。将场景中的每一个小类作为搜索引擎搜索图像的关键词，通过在谷歌图片、百度图片等搜索引擎中，利用基于 Python 的网页爬取方法快速获得需要的目标图像。

（2）无人机拍摄

选用的无人机为国内大疆精灵 4Pro。搭载了 Phantom 4 一体化云台相机，可控制相机角度为俯仰：$-90°\sim30°$，机身可以 360°水平旋转，通过手机下载与无人机匹配的手动操作平台软件 DJIGO4 软件，将无人机遥控器与手机连接，即可实现对场地的拍摄、录像等功能。

对于获取的掺杂噪声多的图像，删除无效图像，对于数据匮乏的类，采用数据增强技术实现数据集的扩充。本文利用几何变换、颜色空间变换方法对文章的数据集样本量进行有效地扩充。具体处理方式如图 5 所示。

最终完成的数据集构成分为两类，其一是施工现场一般数据集，另一个是施工场景安全问题特征数据集。前者主要构成是施工现场常见的 45 类施工场景，每一类场景大致有 640

张不重复的图像，形成共 28800 张图像的数据集，然后将其分成 80%的训练集、20%的测试集。训练集用来网络模型训练，测试集则是用来验证模型训练的精度是否达到目标精度。后者数据集构成分为四个类目，分别为高处坠落类场景、物体打击类场景、起重伤害类场景、坍塌事故类场景。每类场景下含有两个文件夹，对应存放此类场景安全与不安全两种状态。每种状态下含有样本数量大约 1200 张图像，数据集容量共有 9600 张图像。

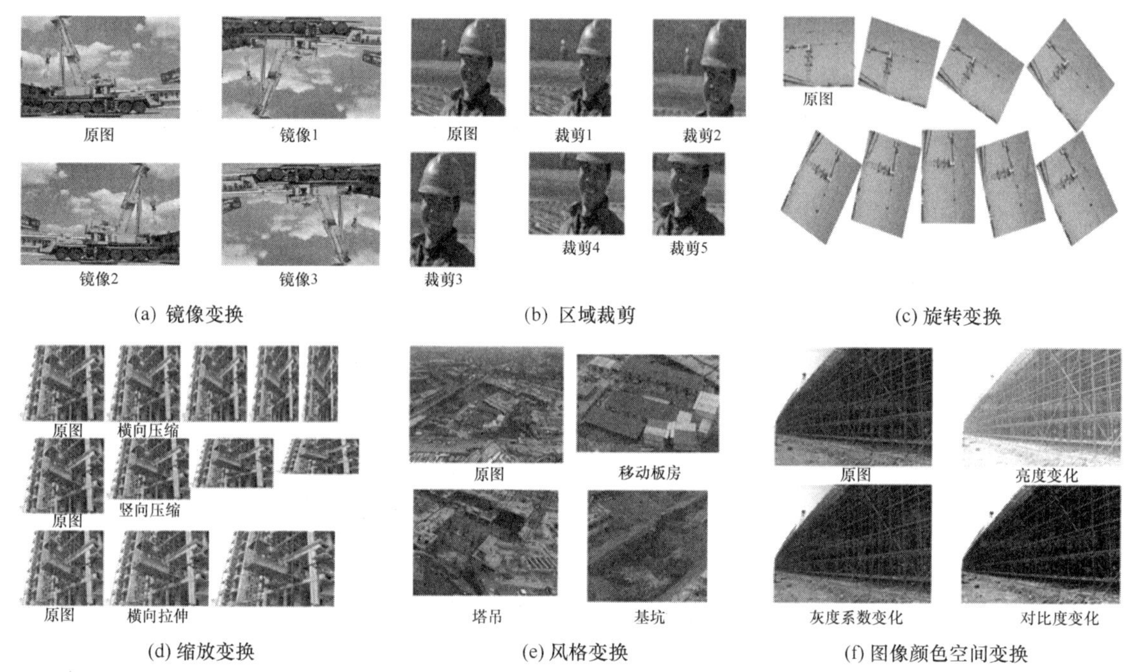

图 5　数据增强技术处理方法

3.2.2　施工现场场景及安全问题智能识别模型架构

在经典 CNN 算法的基础上加以修改，设计出一般场景识别模型。其本质是一个 7 层的 CNN 网络模型，前三层每层包含卷积、激活、池化层，后三层为全连接层。网络模型架构层参数如表 2 所示。利用构建的数据集训练网络模型，首先将所有训练集图像尺寸统一修改为 100×100 的 RGB 三通道彩色图像，并且打乱顺序，作为网络的输入，然后将所有特征图通过 Softmax 分类器实现训练集图像的精确分类，最终得到了比较理想的图像分类准确度。

为防止网络训练产生过拟合问题，在网络全连接层前两层中加入 Dropout 层，每层以 40%的概率随机丢弃掉一些节点信息，同时设置正则化参数为 0.0001。在网络训练过程中设置损失函数，作为模型训练优化的参考标准，loss 越小，模型越优。

网络模型架构层参数　　表 2

层	卷积核大小	数量	通道数	步长（左右上下）
layer1-conv1	5×5	32	3	[1, 1, 1, 1]
layer2-pool1	2×2	1	1	[1, 2, 2, 1]
layer3-conv2	5×5	64	32	[1, 1, 1, 1]
layer4-pool2	2×2	1	1	[1, 2, 2, 1]
layer5-conv3	3×3	128	64	[1, 1, 1, 1]
layer6-pool3	2×2	1	1	[1, 2, 2, 1]
layer7-conv4	3×3	128	128	[1, 1, 1, 1]
layer8-pool4	2×2	1	1	[1, 2, 2, 1]
	节点		隐含节点	
layer9-fc1	4718592		1024	
layer10-fc1	1024		410	
layer11-fc1	410		5	

3.3 施工现场一般场景图像识别有效性分析

3.3.1 训练结果分析

将训练集导入模型迭代训练，通过修改Dropout参数和正则化参数来比较模型训练的精确度，每次训练耗时大约15min，最终选择Dropout参数为0.4，正则化参数 α 为0.0001，此时网络模型训练准确率达到99.74%，损失值大小为4.14，精度基本满足一般场景识别的要求。具体如表3及图6所示。

正则化参数 α=0.0001的模型训练数据 表3

Dropout参数	正则化参数 α	训练损失值	训练准确率
0.2	0.0001	20.91	91.67%
0.3	0.0001	14.82	93.23%
0.4	0.0001	4.14	99.74%
0.5	0.0001	6.64	99.48%
0.6	0.0001	8.99	99.65%
0.7	0.0001	5.31	99.74%

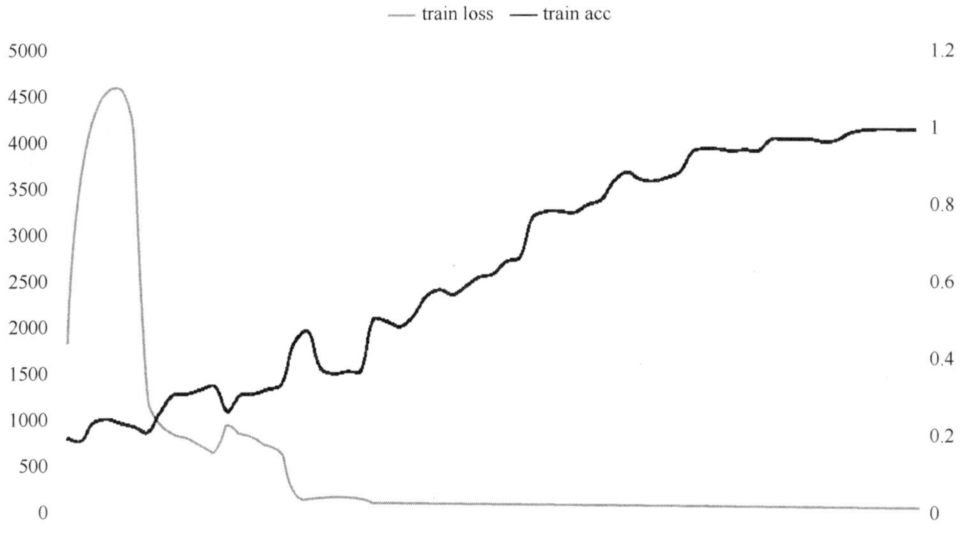

图6 网络模型训练损失值与准确率变化曲线

3.3.2 评价指标

为了验证设计的模型训练后的性能，在模型中定义了计算模型准确率的函数，即评价模型精度的判断标准。准确率可以直观了当地看出模型的预测效果，是一种非常有效的评价指标[16]。输入的样本数据包括正样本 P 和负样本 N，则会出现四种判断情况，“正-正（TP）、正-负（FP）、负-负（TN）、负-正（FN）”，其中 TP 和 TN 都是模型识别正确的返回值，那么准确率 ACC 的计算公式为：

$$ACC=\frac{TP\times a+TN\times b}{TP\times a+TN\times b+FP\times c+FN\times d}$$

其中常量 a，b，c，d 分别是对应返回值的数量。

3.3.3 模型测试

进一步增加测试样本数量，每类7张图像，共35张场景图像，经导入模型预测，最终有效识别了34张场景图像，仅第17张场景出现了无效识别，其余均和输入场景图像吻合，达到了97%的准确率，未出现过度拟合的现象，满足适用的要求。

4 施工现场目标场景识别及安全问题发现方法应用

4.1 系统设计

基于卷积神经网络 CNN 所设计的施工现场安全问题发现系统的目标是在实现识别施工场景的基础之上对目标场景安全状态进行判别。本文选择 Python GUI 来创建图像识别的图形用户界面。具体为利用 GUI 程序的开发实现施工场景识别及安全问题发现系统的集成体现，利用 Python 语言训练深度卷积神经网络模型。系统设计流程如图 7 所示。

首先，正确地识别目标场景，利用无人机对施工现场进行周期性拍摄，对获取的图像进行处理分割，选取具备识别意义和安全状态判断价值的图像；然后，根据浏览的目标场景系统调取前文训练好的一般施工场景进行安全场景的判别，利用浏览的目标场景系统调取前文训练好的场景安全问题发现模型对目标场景进行判断，将运行结果显示在系统界面中。

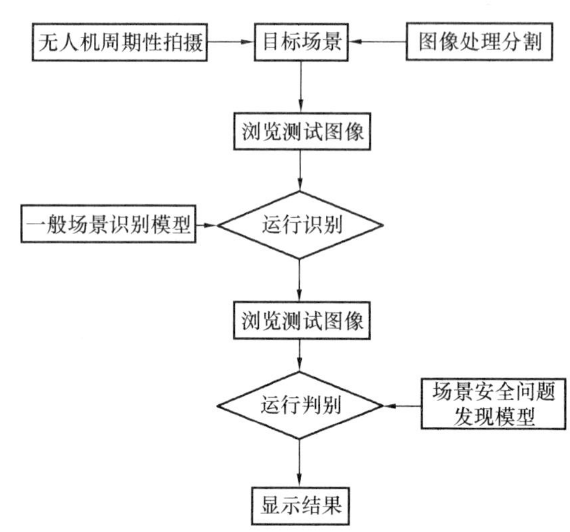

图 7　施工现场安全问题发现系统流程

4.2 目标场景获取

将训练好的 CNN 模型融合进该系统，并应用到实际项目以观察模型的识别效果。以徐州云龙湖畔某项目为例，通过无人机对现场作业状况的场景进行获取、筛选，决定将施工现场的 H 楼深基坑作为模型系统验证的测试对象。样本图像尺寸数据为 400×340，如图 8 所示。

图 8　目标场景深基坑

4.3 施工现场目标场景识别与安全问题判别

4.3.1 单场景安全问题发现系统测试

为了检验系统的可操作性，现对系统的运行效果进行实例验证，以徐州市新盛广场项目H楼深基坑为案例，将样本图片载入模型，调用一般场景识别预测模型，预测结果为“第一场景预测：jikeng”，显示在“场景识别:”后的文本框中，模型预测结果为：“ACCURACY：1”，表示预测正确。图9为目标实体场景系统运行结果。

图9 系统运行输出结果界面图

4.3.2 多场景安全问题发现系统测试

选取10张样本图像以测试系统批量检测的可能，具体样本数据包括工人、基坑、护栏、塔吊、脚手架，每类别场景包含两张图像，测试结果如图10所示。图中显示，由一般场景识别预测结果显示“第5场景、第4场景”分别为“基坑、塔吊”，模型判断场景内容是安全的，分别输出结果为“ACCURACY：1、ACCURACY：1”。

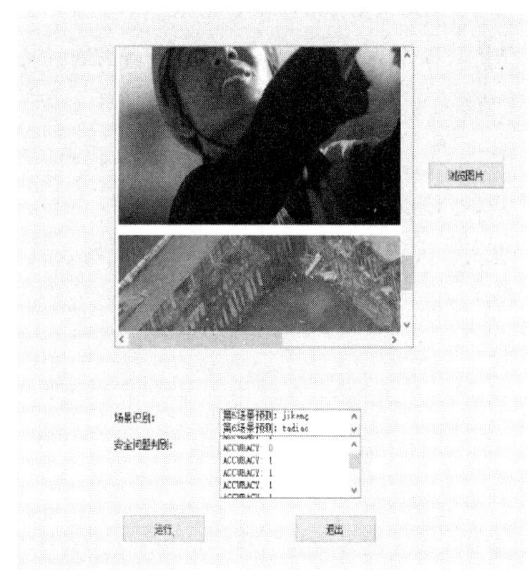

图10 系统批量识别场景内容问题判别界面展示

5 结论

（1）将深度学习引入建筑施工领域，构建了施工现场一般场景及安全特征数据集，通过对模型的训练，可以实现计算机对建筑施工现场场景内容的单标签识别。

（2）构建了施工现场目标场景识别及安全问题判别系统，将一般场景识别模型和施工现场场景安全问题数据集成，通过Python GUI技术将集成系统以图形界面的形式可视化，最后结合案例选择目标场景验证了集成系统的可行性。

参考文献

[1] 方东平，黄新宇，J HINZE. 工程建设安全管理[M]. 北京：中国水利水电出版社，2015.

[2] 中华人民共和国住房和城乡建设部. 住房和城乡建设部办公厅关于2019年房屋市政工程生产安全事故情况的通报[EB/OL]. [2021-5-28]. http://www.mohurd.gov.cn/wjfb/202006/t20200624_246031.html.

[3] 建筑业安全风险和隐患排查双预控平台建设分析[EB/OL]. [2021-5-28]. https://d.wanfangdata.com.cn/periodical/ChlQZXJpb2RpY2FsQ0hJTm

V3UzIwMjEwNTIxEhlRS0JKQjIwMTkyMDE5MDYyMTAwMDEwOTUzGgg1ZzIyYWw2aA%3D%3D.

[4] 黄飞元．基于危险源理论的建筑工程施工安全风险管理研究[D]. 福州：福州大学，2014.

[5] 张伟，许安华，巩赛东，等．施工现场人员安全知识现状调查[J]. 工业安全与环保，2020，46(12)：52-56.

[6] 贾明涛．行为安全管理在施工中的应用分析[J]. 中国安全生产科学技术，2012，8(7)：169-173.

[7] 李伟．水利工程施工中边坡开挖支护技术应用研究[J]. 工程技术研究，2021，6(4)：126-127.

[8] 周群力．关于建筑施工安全管理的几个问题[J]. 建筑技术开发，2021，48(6)：45-46.

[9] 姚浩，陈超逸，宋丹妮．基于复杂网络的超高层建筑施工安全风险耦合评估方法[J]. 安全与环境学报，2021，123(3)：957-968.

[10] 丁杨，周双喜，董晶亮．人工智能方法在土木工程监测中的运用[J]. 材料导报，2019，33(S1)：274-277.

[11] Yang J，Shi Z，Wu Z. Vision-based Action Recognition of Construction Workers Using Dense Trajectories[J]. Advanced Engineering Informatics，2016，30(3)：327-336.

[12] Yu Y，Li H，Yang X，et al. An Automatic and Non-invasive Physical Fatigue Assessment Method for Construction Workers[J]. Automation in Construction，2019(103)：1-12.

[13] 林鹏，魏鹏程，樊启祥，等．基于 CNN 模型的施工现场典型安全隐患数据学习[J]. 清华大学学报(自然科学版)，2019，59(8)：628-634.

[14] 王彬，高嘉平，司箐涛．基于卷积神经网络的图像分类及应用[J]. 电子与封装，2021，21(5)：76-80.

[15] 周飞燕，金林鹏，董军．卷积神经网络研究综述[J]. 计算机学报，2017，40(6)：1229-1251.

[16] 陈健，李诗云，林丽，等．模糊失真图像无参考质量评价综述[J]. 自动化学报，2021：1-28.

基于区块链技术的装配式建筑质量追溯体系研究

李佳希　赵宇轩　王　帅　于竞宇

（合肥工业大学，合肥 230009）

【摘　要】 目前，装配式建筑质量追溯存在中心化问题严重、数据可信度低、追溯体系不完整等问题。为了提高建造过程中质量的可追溯性，本文利用区块链的去中心化分布式存储结构，构建一个基于区块链技术的装配式建筑质量追溯体系框架。基于该框架搭建智能平台可视化系统实现质量追溯，并结合数字签名、拜占庭容错、时间戳等区块链技术，提供了一种可靠的质量溯源方法。

【关键词】 装配式建筑；区块链；质量追溯

A Research on Quality Traceability System of Prefabricated Construction based on Blockchain Technology

Jiaxi Li　Yuxuan Zhao　Shuai Wang　Jingyu Yu

（Hefei University of Technology，Hefei　230009）

【Abstract】 At present，there are many problems in the quality traceability of prefabricated construction，such as serious centralization，uncredible data，incomplete traceability system and so on. In order to improve the quality traceability in the process of prefabricated construction，in this paper，we use the decentralized distributed storage structure of blockchain to build a prefabricated architecture quality traceability system framework based on blockchain technology. Based on this framework，an intelligent platform visualization system is built to realize quality traceability. Combined with digital signature，Byzantine fault tolerance，timestamp and other blockchain technologies，a reliable quality traceability method is provided.

【Keywords】 Prefabricated Construction；Blockchain；Quality Traceability

1 引言

近年来，智能建造作为信息化与工业化深度融合的产物[1]，逐渐应用于建筑领域。在国家政策的推动下，装配式建筑迎来了快速发展，相比于传统的建筑形式，装配式建筑具有构件生产质量稳定、施工速度快、对环境影响小等优点，能有效解决建筑业劳动力匮乏和环境污染等问题[2]。然而，装配式建筑结构复杂、构件数量庞大，生产工艺难以实现标准化，传统的生产过程质量控制手段无法满足实际生产过程中的实时性需求，因此，为实现构件的标准化，需要使用一些信息化手段来提升建筑的质量。本文提出了一种基于区块链技术的新型装配式构件生产模式的智能化平台系统。

区块链技术具有去中心化、可追溯性、信息加密等优点，可追溯体系是保证质量的有效手段。区块链作为一种信息技术，使质量可追溯性成为可能，为装配式建筑质量管理的进步增添了动力[3]。区块链技术可以消除传统质量追溯模型集中化、透明度低、可获得性差、数据被篡改等缺点。此外，区块链的特殊特性，即不可篡改、可追溯性和透明度，可以促进更好的问责，并有助于改善质量管理[4]。然而，对于区块链的具体应用大多在理论框架上进行讨论，且多用于物流供应和施工方面，在装配式建筑构件生产环节应用较少，现阶段生产的数字化技术应用程度低，大部分工厂的构件生产以人工排产结合手动生产加工的方式为主[5]，信息化水平低，质量无法实现准确控制和追溯。

本文使用区块链技术应用于装配式构件生产，对构件的生产及配送过程进行质量溯源，通过对构件的生产加工状态、运输路线及安装位置等信息搭建溯源体系平台，实现装配式建筑生产的全过程质量追溯。

2 装配式钢构件生产工艺流程

装配式钢构件生产工艺流程可分为生产前准备、原材料购买、生产加工、物流配送四大流程。其中，生产加工流程最为复杂，也是影响构件质量因素最多的环节，是我们质量追溯流程的关键点。构件生产工艺流程如图 1 所示。

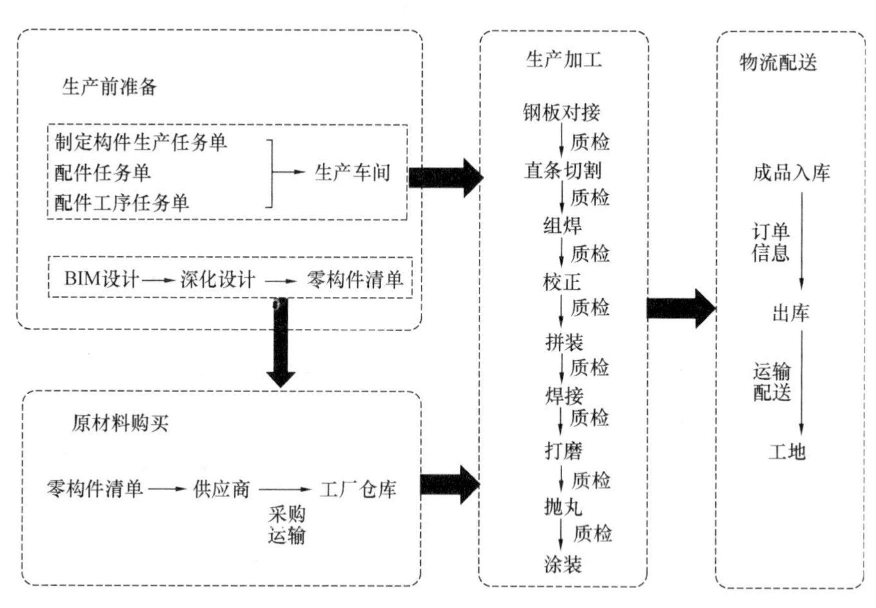

图 1 构件生产工艺流程图

2.1 生产前准备流程

生产前准备流程主要为生产前所做的计划任务单以及一系列准备工作，包括通过 BIM 进行深化设计、拆分构件，确定所需的零构件清单，以便采购。另外，制定构件生产任务单、配件任务单、配件工序任务单，对项目进行调优排产，确定每日生产任务以及预计工作量等。

2.2 原材料购买流程

原材料购买流程主要为零构件进厂前的一系列流程，包括选定供应商、采购构件、零构件运输等。

2.3 生产加工流程

生产加工流程主要为按计划对构件进行生产加工直至入库的完整工艺流程。以生产装配式构件的 A 公司为例，构件的主要工艺流程如下：

（1）钢板对接：板材长度不够，将板材焊接形成一个长板（半自动小车埋弧焊）。根据材质要求选用匹配的焊材、焊剂（焊剂必须经烘焙过）。

（2）直条切割：买来的板材宽度过长，将较宽板材切割成若干细条状的板材。

（3）组立和门焊（重钢）：将一些较大的钢材先利用定位焊或者气保焊进行定位，然后用埋弧焊进行焊接，例如 H 型钢、箱形钢。

（4）组焊（轻钢）：将一些小零件直接焊接在板材上，即不用定位直接焊接。

（5）校正：对前面组装的构件进行校正，主要针对构件弯曲、变形问题。

（6）拼装和焊接：在 H 型钢或箱形钢上将部分零配件进行拼接，然后焊接。

（7）打磨：对焊接形成的焊渣、焊缝进行打磨。

（8）抛丸：将打磨后的半成品或成品经过抛丸机器，抛丸机器会喷射一些小钢珠，在半成品或成品的表面形成一些小的凹槽，增大构件表面摩擦力。

（9）涂装：进行喷漆，喷漆分三种——底漆、中间喷漆、面漆，通常只进行底漆。

2.4 物流配送流程

物流配送流程主要为产品从厂家到商家的一个物流配送过程。包括装配式钢构件出库，仓储人员登记出库状态，运输人员记录每一批次构件的配送信息，构件到达目的地并确认无误后运输工作人员则会及时记录订单状态。

3 基于区块链技术的智能建造质量追溯体系设计

3.1 体系架构设计

基于区块链技术的装配式建筑质量追溯体系主要是以钢构件生产、配送和安装过程为主线，进行整个质量溯源，通过溯源体系平台，就能获取每一批次构件的全部信息，包括构件的生产加工状态、运输路线及地点或者安装位置等。

如图 2 所示，此框架体系分为溯源环节部分、智能化平台部分、质量溯源区块链部分和终端部分。

区块链是一种有序链式存储机。除创世区块以外，每个区块由区块头和区块体组成，区块头包括自身区块的哈希值和前一区块的哈希值，是前后两个区块之间的衔接者，哈希值是通过哈希算法得到的，保障了数据的安全性。

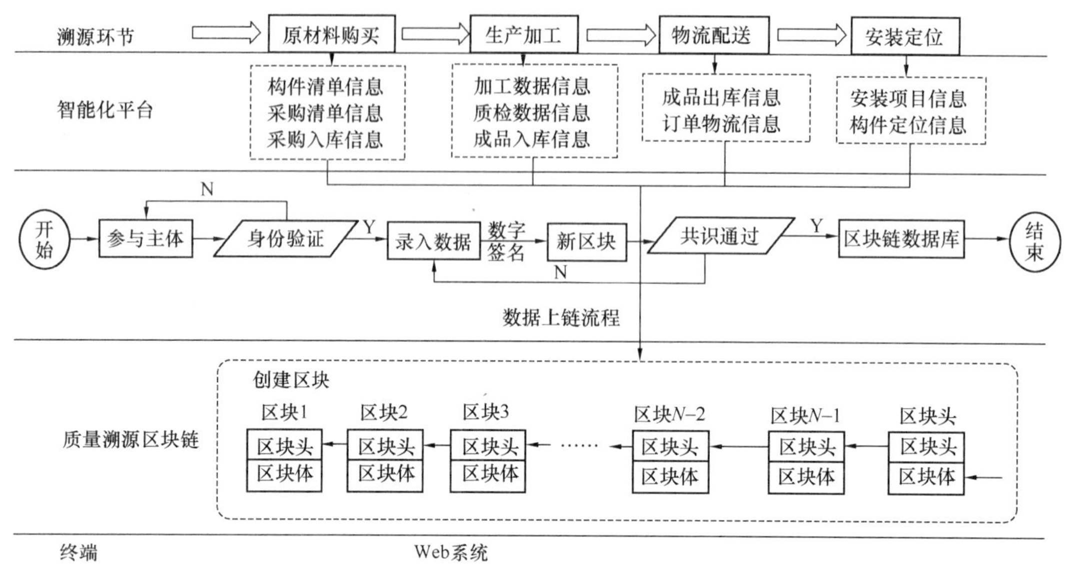

图 2　质量追溯体系

3.2　溯源流程与区块链技术的结合

溯源流程是指装配式钢构件生产过程中质量追溯过程最关键的四个环节：原材料购买环节、生产加工环节、物流配送环节和安装定位环节。明确主要溯源环节便于有目标地收集这四个环节的数据，若后期出现钢构件质量问题可快速追踪定位到其中的某个环节。

原材料购买过程中采购员需要及时将构件清单信息、采购清单信息上传至智能化平台系统中，采购构件质检核验后相关工作人员身份验证成功后才有录入数据的权限，录入数据后需要通过数字签名方式记录该批次构件入库信息。

生产加工过程中需要上传至智能化平台系统的数据有加工数据信息、质检数据信息和成品入库信息，各工段作业完成后工段长会及时通过数字签名方式更新加工数据，质检员再对该工段半成品进行质检，剔除不合格半成品。首先质检员进行身份验证，成功后录入该批次该工段构件数据，质检员对录入数据进行数字签名后生成新区块，新区块广播至全网各节点进行共识验证，达成共识后，新区块才能更新到区块链数据库中。数字签名通过使用非对称加密算法和哈希函数来加密验证数据，数据每次更新都会加盖时间戳，保证数据的真实性。拜占庭容错算法能够保证数据安全，任何已经完成的请求都不会被更改，并且可以被节点随时查看，同时能够保证在失效节点不超过 1/3 的情况下正常运行。

物流配送过程中装配式成品构件出库，仓储人员更新构件出库状态，运输人员更新每一批次构件的配送信息，构件到达目的地并确认无误后再次更新订单信息。该过程中仓储人员和运输人员录入数据前同样需要进行身份验证，验证成功后方可录入数据并进行数字签名。

安装定位过程主要为装配式成品构件到达目的地后安装在具体工程、具体结构、具体部位的一个定位过程。施工人员在施工安装的过程中，及时通过数字签名方式更新构件的安装位置，监管人员经核验确认后再次通过数字签名方式更新数据至系统，以便后续进行质量追溯分析。

3.3 智能平台可视化系统

智能平台可视化系统如图 3 所示，是针对四个溯源环节关键数据的收集。原材料购买环节收集的数据为各批次构件清单信息、采购清单信息、采购入库信息。生产加工环节收集的数据为各批次生产构件加工数据信息（图 4）、质检数据信息以及成品入库信息。物流配送环节收集的数据为各批次构件成品出库信息和订单物流信息。安装定位环节收集的数据为安装项目信息和构件定位信息。

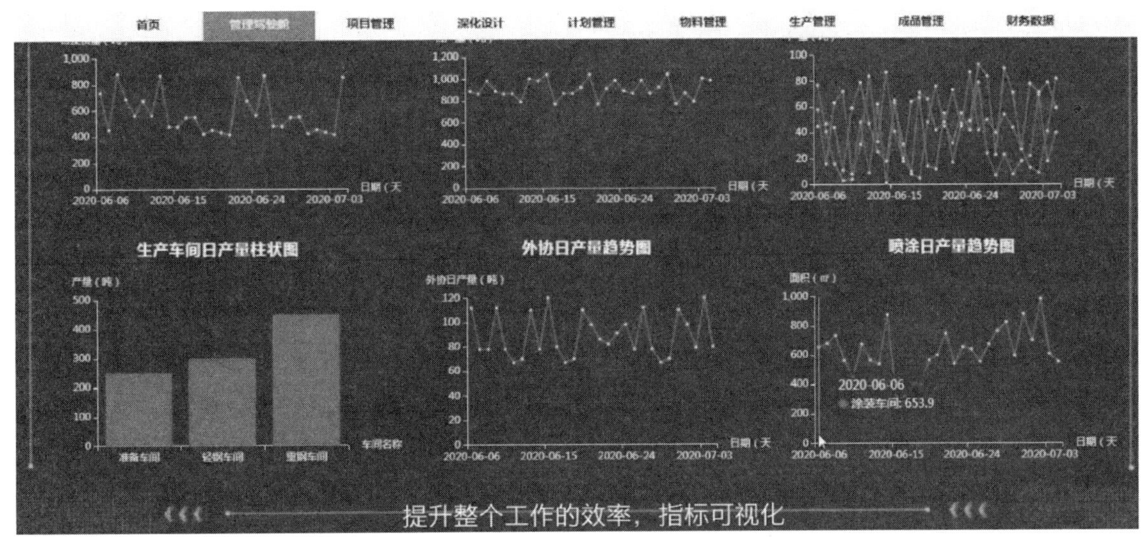

图 3 智能平台可视化系统

生产管理 → 数据统计

车间选择 选择车间　工段选择 工段选择　项目名称 项目名称　任务单号 任务单号

开始时间 开始时间　结束时间 结束时间　构件/零件号 构件/零件号　构件类型 构件类型

审核　导出Excel　厂办统计报表　查询　重置

	○	报工时间	报工工段	任务单号	项目名称	单体名称	构件/零件号	规格	报工数量	单重(kg)	总重(kg)	单面积	总面积
1	○	2021-04-14 19:13	轻钢工段1	RW20210329035	六安技师学院	1#实训楼	A2-2GKL17	H600*200*10*14	1	631.81	631.81	13.98	13.98
2	○	2021-04-14 19:09	轻钢工段1	RW20210329035	六安技师学院	1#实训楼	A2-2GKL4	H600*200*12*14	1	787.06	787.06	16.25	16.25
3	○	2021-04-14 19:09	轻钢工段1	RW20210329035	六安技师学院	1#实训楼	A2-2GKL5	H600*200*12*14	1	783.41	783.41	16.18	16.18
4	○	2021-04-14 19:09	轻钢工段1	RW20210329035	六安技师学院	1#实训楼	A2-2GCL12	H400*200*6*10	1	393.4	393.40	12.68	12.68
5	○	2021-04-14 19:09	轻钢工段1	RW20210329035	六安技师学院	1#实训楼	A2-2GCL13	H400*200*6*10	2	289.87	579.74	9.35	18.70
6	○	2021-04-14 19:09	轻钢工段1	RW20210329035	六安技师学院	1#实训楼	A2-2GCL15	H400*200*6*10	1	416.81	416.81	13.44	13.44
7	○	2021-04-14 19:09	轻钢工段1	RW20210329035	六安技师学院	1#实训楼	A2-2GCL20	H400*200*6*10	2	580.73	1161.46	18.72	37.44
8	○	2021-04-14 19:09	轻钢工段1	RW20210329035	六安技师学院	1#实训楼	A2-2GKL14	H600*200*12*14	1	831.64	831.64	17.01	17.01
9	○	2021-04-14 19:09	轻钢工段1	RW20210329035	六安技师学院	1#实训楼	A2-2GKL27	H700*200*12*16	1	1051.7	1051.70	22.15	22.15
10	○	2021-04-14 19:09	轻钢工段1	RW20210329035	六安技师学院	1#实训楼	A2-2GKL35	H700*250*12*18	1	1253.35	1253.35	22.97	22.97
11	○	2021-04-14 19:09	轻钢工段1	RW20210329035	六安技师学院	1#实训楼	A2-2GKL36	H700*250*12*18	1	1641.94	1641.94	29.7	29.70
12	○	2021-04-14 19:09	轻钢工段1	RW20210329035	六安技师学院	1#实训楼	A2-2GKL37	H700*250*12*18	1	1605.09	1605.09	29.32	29.32
13	○	2021-04-14 19:09	轻钢工段1	RW20210329035	六安技师学院	1#实训楼	A2-2GKL38	H700*250*12*18	1	1218.96	1218.96	23.89	23.89
14	○	2021-04-14 09:51	轻钢工段2	RW20210402036	六安技师学院	1#实训楼	A5-2TKL1	H400*200*8*10	1	190.43	190.43	5.33	5.33
15	○	2021-04-14 09:51	轻钢工段2	RW20210402036	六安技师学院	1#实训楼	A5-3TKL1	H400*200*8*10	1	190.43	190.43	5.33	5.33
16	○	2021-04-14 09:51	轻钢工段2	RW20210402036	六安技师学院	1#实训楼	A5-4TKL1	H400*200*8*10	1	189.36	189.36	5.3	5.30
									113		86914.566		1768.09

图 4 构件加工数据信息图

该系统最重要的两个模块是生产管理模块和仓储管理模块，质量追溯研究中最关键的数据源于此。生产管理模块主要保存所有加工数据信息和质检数据信息，加工数据信息包括各车间各工段的生产进度、加工效率等，质检数据信息包括各车间各工段的质检合格率、探伤合格率等。将关键数据汇集于此，方便管理层人员随时监督，调整生产加工安排，提高生产加工效率。

新型智能可视化平台系统的使用，极大地降低了构件生产过程中的事故发生率，实现远程监管生产车间以及各追溯环节信息的快速存储和参与主体间信息互联互通，为质量溯源带来极大的便利。

4 结语

本文利用区块链技术构建了一个完整的装配式建筑质量追溯体系框架，为质量溯源系统研究和建设提供了新的思路和方法。主要分析智能建造过程中装配式建筑成品构件的质量追溯问题，利用智能平台可视化系统收集数据，应用区块链技术提供真实可靠的质量溯源数据，实现了建造过程中装配式建筑成品构件全生命周期的质量追溯。通过该追溯体系能够快速准确地追踪到关键溯源点，真正做到来源可追溯、去向可查询。

参考文献

[1] 王友发，周献中．国内外智能制造研究热点与发展趋势[J]．中国科技论坛，2016(4)：154-160.

[2] 王成城，王春喜，刘卓，等．智能制造中的生产过程质量控制标准化体系研究[J]．中国标准化，2018(4)：18-22.

[3] Wang Z，Wang T，Hu H，et al. Blockchain-based Framework for Improving Supply Chain Traceability and Information Sharing in Precast Construction. Automation in Construction，2020(111)：103063.

[4] Lin H，Yang P，Zhang F L. Review of Scene Text Detection and Recognition. Archives of Computational Methods in Engineering，2020，27(2)：433-454.

[5] 季国林．装配式建筑生产施工质量问题与改进研究[J]．建筑与装饰，2018(2)：75.

[6] 张兰，陈敏．基于区块链的药品溯源系统分析与设计[J]．中国数字医学，2020，15(9)：38-40.

[7] 李桃，严小丽，吴静．基于区块链技术的工程建设质量管理及追溯系统框架构建[J]．建筑经济，2020，41(9)：103-108.

[8] 周秀秀．基于区块链的食品信息溯源研究[D]．重庆：重庆邮电大学，2020.

邻避效应在中国环境治理中的研究现状、趋势与启示——基于CNKI数据的Citespace可视化分析

周君璐　范舒喆　钱俊杰　毛　鹏

（南京林业大学土木工程学院，南京　210037）

【摘　要】为探究当下中国在环境治理中所遇到的邻避问题的现状和趋势，本文根据CNKI数据库，运用Citespace分析了从2007年邻避效应产生以来至2021年的文献。通过对文献的初步分析和Citespace的可视化分析，发现当前邻避效应在中国环境治理的研究出现缓慢增长到急速上涨，最终到稳定提质的过程。同时，通过关键词共现、关键词时区图谱、聚类分析发现了学者在环境治理下邻避问题所集中研究的具体方面，及关键词演变的历程与趋势。

【关键词】邻避效应；环境治理；计量可视化分析；发展趋势

The Status Quo, Trend and Enlightenment of the Research on NYMBY in China's Environmental Governance——Visual Analysis by Citespace based on CNKI Data

Junlu Zhou　Shuzhe Fan　Junjie Qian　Peng Mao

(School of civil engineering, Nanjing Forestry University, Nanjing　210037)

【Abstract】In order to explore the current situation and trends of the avoidance problem encountered in China's environmental governance, this paper uses CNKI database to analyze the literature from the NIMBY in 2007 to 2021 using Citespace. Through the preliminary analysis of the literature and the visual analysis of Citespace, it is found that the current research on the neighbor avoidance effect in China's environmental governance has seen a slow increase to a rapid increase, and finally a steady process of quality improvement. At the same time, through keyword co-occurrence, keyword time zone map, and cluster analysis, it has discovered the specific aspects that scholars have concentrated on the problem of neighbor avoidance under environmental governance, as well as the course and trend of keyword evolution.

【Keywords】 NYMBY; Environmental Governance; Quantitative Visualization Analysis; Development Trend

1 研究背景

进入 21 世纪以来，随着我国城镇化和工业化进程的不断推进，加之人民群众的权利意识日渐提高[1]，一些重大项目在环境方面引起的“邻避问题”日益突出，群体性的邻避冲突事件屡屡出现，如在 2016 年仙桃市郑仁口村村民聚集起来反对垃圾焚烧发电厂项目选址，甚至封锁了沪渝高速公路，政府不得不暂停项目建设[2]。邻避冲突不仅严重影响社会和谐稳定，也不利于我国经济社会发展中的生态文明建设。“十四五”规划和 2035 年远景目标纲要中提出，完善生态文明领域统筹协调机制，构建生态文明体系，推动经济社会发展全面绿色转型，建设美丽中国。治理邻避冲突，不仅是为了推进我国的生态文明建设发展，也是为了缓解社会矛盾、满足群众需求、维持社会稳定发展。

过去十多年来，国内外学者对于环境治理中的邻避效应做了积极有效的理论探索，解释了邻避效应的属性、原因和特点，并从不同的研究途径提出了解决邻避冲突的对策。然而，由于国内对于邻避效应的研究起步较国外晚，目前对于邻避冲突的治理研究大多是基于西方的社会背景提出来的，但中国的社会环境、政治制度、文化背景与西方存在明显差异，应用西方的理论需要结合中国的实际情况进行本土化。为此，本文利用 Citespace 对国内邻避效应在环境治理中的相关研究文献进行可视化对比分析，进而梳理出该领域的研究热点、趋势，以期为国内学者未来的研究提供一定借鉴。

2 研究回顾和现状分析

2.1 邻避效应

邻避效应是指当地居民由于担心嫌恶性的公共设施建在其居所附近导致的对身体健康、环境质量、资产价值等方面的负面影响而滋生的“不要建在我家后院”的心理，以及因此产生的抵制和反对行为[3]。引起邻避效应的设施参见表 1[4]。

引起邻避效应的设施　　表 1

邻避设施类型	例子
污染类	垃圾焚烧厂、污水处理厂、化工厂
风险聚集类	加油站、水电站、核电站、风力发电站
污名化类	精神病院、戒毒所、监狱
心理不悦类	火葬场、殡仪馆

2.2 邻避效应研究的侧重领域，在环境治理领域的研究方向

国内学者对邻避效应的研究主要集中于污染类邻避设施，从多角度探讨污染类邻避设施形成邻避效应的原因与对策。对 CNKI 的中国

学术期刊以“邻避”“环境”为检索词进行主题检索，发现相关文献最早出现在2007年的《当代财经》杂志上，文献数量在2012年之前整体呈缓慢上升趋势，随后几年急剧上升，2017年达到高峰，2017～2020年呈现下降趋势。为了更准确地把握邻避效应在我国环境治理方面的研究现状、热点和趋势，将文献检索范围缩小到高质量文献，将来源类别勾选为“北大核心”“CSSCI”“CSCD”，再经过人工剔除无效文献，最终得到327篇高质量文献（图1）。其中2007年仅有1篇，2008年、2009年均为0篇，2010～2013年缓慢增加，在2013年达到29篇，2014～2020年基本稳定在每年30～40篇的水平。相比而言，总体文献数量从2007～2012年变化与高质量文献相对一致，2013～2020年则较高质量文献出现了明显的上升与下降过程。因此可以得出，2007～2012年是研究的起步阶段，2013～2017年是急剧上升阶段，2017～2020年是平稳提质阶段，这种变化趋势同我国的城镇化和工业化进程密切相关，也从侧面说明，邻避效应具有很强的社会发展背景。

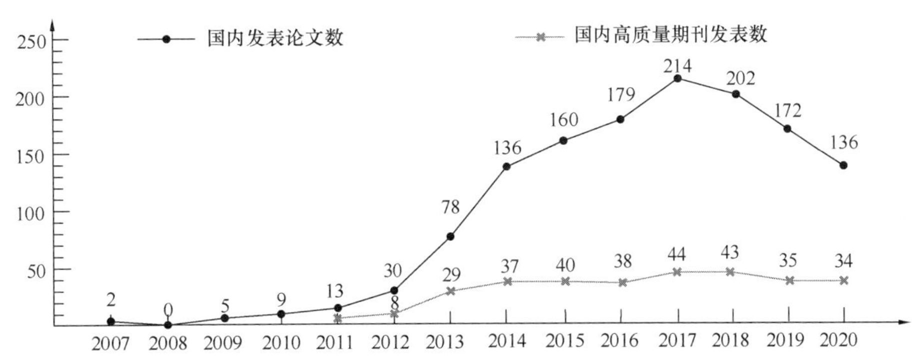

图1　2007～2020年以邻避、环境为主题词进行联合检索的文献分布情况

2.3　可视化分析研究情况

我国的邻避效应研究已有十余年，在可视化分析方面，国内学者采用Citespace软件的研究也有了起步，但是大部分都局限于邻避效应某一方面，如何从整体上认识和分析邻避效应的研究特点，特别是对于邻避效应的前沿和热点问题，还需做进一步探索。

3　研究设计

3.1　分析工具

本研究运用能够分析海量科学研究结构、规律和分布情况的科学计量分析工具Citespace（版本号：5.7.R5W），分别从文献数量、分布情况以及研究主体、关键词等方面进行知识图谱分析，形成研究图谱，对CNKI期刊数据库引文分析从2007年到2021年国内邻避效应在环境治理中的研究趋势进行探讨，本文的邻避效应研究分析主要以突变词体现，通过时间线视图来显示突变词及其演进路径。

3.2　数据准备

在CNKI中，时间区间设置为2007～2021年，以“邻避”“环境”作为检索词进行主题检索，通过人工剔除会议通知、文件解读、报纸等检索结果后，共检索到中文文献1164篇，检索时间为2021年5月21日。

利用CNKI数据库导出题录数据后，利用

Citespace 进行数据格式转换和去重，得到中文文献共计 1164 篇，作为研究基础数据。

4 基于 Citespace 的邻避效应在中国环境治理中的现状与趋势

4.1 关键词共现图谱分析

关键词共现图谱可以反映出研究热点中关键词所出现的频数，和各关键词之间联系的紧密程度。本文通过调试，最终选择设置阈值为 TopN＝20，获得网络节点（关键词数）166 个、连线 562 条、网络密度为 0.041。由图 2 可知，邻避冲突、邻避设施、公众参与等关键词出现频次最高，邻避冲突和风险沟通、环境群体性事件及环境治理等关系非常密切，共现次数多。

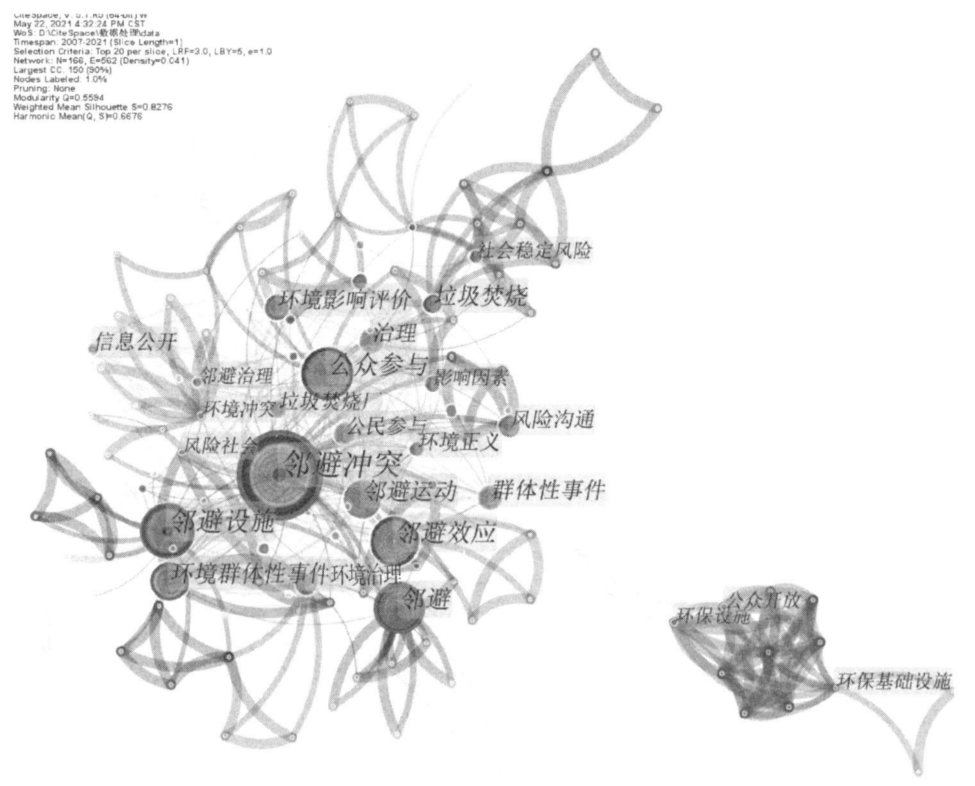

图 2 关键词共现网络图谱

为了更加直观地展现各关键词之间的内部联系以及各自的重要程度，研究采用列表的方式进行表示，本文综合各因素影响，选取频次最高的 30 个关键词，具体如表 2 所示。表格中的中心性表示该关键词在全部关键词中的重要程度，频次代表该关键词出现的具体数量。其中邻避冲突出现的频次最高（262 次），其次是邻避效应（114 次）和公众参与（101 次）等；关键词联系最紧密的也是邻避冲突，其中心性高达 0.61，几乎与一半以上的关键词有着联系，邻避（0.41）与邻避设施（0.26）分别位于第二和第三，同时它们也有着不低的频次。

由此可见，在共现图谱分析中，关键词的频次和中心性呈一定程度的正相关，热点关键词出现得越频繁，该关键词就越可能与其他关键词共同出现，中心性也就越高，更容易成为当时的热点词汇。值得关注的是，邻避和垃圾焚烧即便在频次不是最高的情况下，其中心性与同等水平的关键词相比仍要高出许多，这说明其频次虽低，依旧可能成为热点词汇。

该共现关键词图谱展示了与邻避冲突相关的文献范围很广，研究范围较为全面，涉及了邻避效应、邻避设施、环境群体性事件等方面，研究了垃圾焚烧问题、社会稳定风险问题等。同时还研究了在大力发展经济下环境治理的问题。

文献的关键词频次和中介中心性分析 表2

序号	关键词	频次	中心性
1	邻避冲突	262	0.61
2	邻避效应	114	0.16
3	公众参与	101	0.18
4	邻避设施	89	0.26
5	邻避	85	0.41
6	环境群体性事件	61	0.10
7	邻避运动	57	0.04
8	环境治理	39	0.08
9	环境影响评价	38	0.10
10	治理	38	0.09
11	群体性事件	36	0.04
12	垃圾焚烧	27	0.13
13	垃圾焚烧厂	23	0.02
14	风险沟通	23	0.02
15	公民参与	22	0.02
16	环境正义	19	0.02
17	影响因素	17	0.02
18	风险感知	17	0.01
19	信息公开	15	0.01
20	社会稳定风险	14	0.03
21	协同治理	12	0
22	邻避治理	12	0.04
23	环境冲突	12	0.02
24	垃圾焚烧发电项目	11	0
25	邻避事件	11	0
26	邻避项目	9	0
27	地方政府	9	0
28	系统正义	8	0
29	维稳政治	8	0
30	科技理性	8	0

4.2 关键词时区知识图谱分析

通过关键词共现图谱分析，本文对关键词时区知识图谱开展研究，图3中反映出各热点关键词在不同年份变化的过程，分析的数据时间区间为2007年到2021年。在该图谱中，每个圆圈分别代表一个关键词，底部的年份为该关键词在分析数据集中首次出现在CNKI数据库的时间，圆圈大小代表该关键词的频次高低。在2007年有关文献量较少的情况下，“邻避冲突”的圆圈最大。连线粗细表示该关键词与其他前沿的关键词在后续年份的共现关系，从同一个圆圈发散出来的连线越多，表示该关键词与其他热点关键词的联系越多。关键词时区图谱可以很直观地观测到邻避冲突、邻避效应等相关研究的演变过程，下面通过把各时期前沿关键词与时代背景相结合，进行图谱解读和梳理。

邻避冲突一词在2007时区出现就受到了许多学者的研究，与之相联系的邻避和环境影响评价也开始被广泛讨论，成为当时的热点关键词。而邻避设施的出现常常也伴随着邻避效应的产生，由于邻避设施的负外部性会对民众的生活造成影响，因此，也在一定程度上导致了环境群体性事件的发生。

在2013到2015时区间，“环境群体性事件”“邻避设施”等关键词也出现得较为集中。在研究有关邻避的所有问题中，绝大多数都绕不开邻避冲突。在图中反映出邻避冲突与这些关键词的连线尤其之多。在后续年份里，主要集中关注的是2021年新增的环保基础设施，这类在社会生活中必不可少的设施是主要引发邻避问题的客观承载体，民众一看到该类设施便能联想到与之相关的有害事物或不好影响，从而引发与其建设有关的争议，所以与前面年份的各关键词有着复杂且繁多的连线。

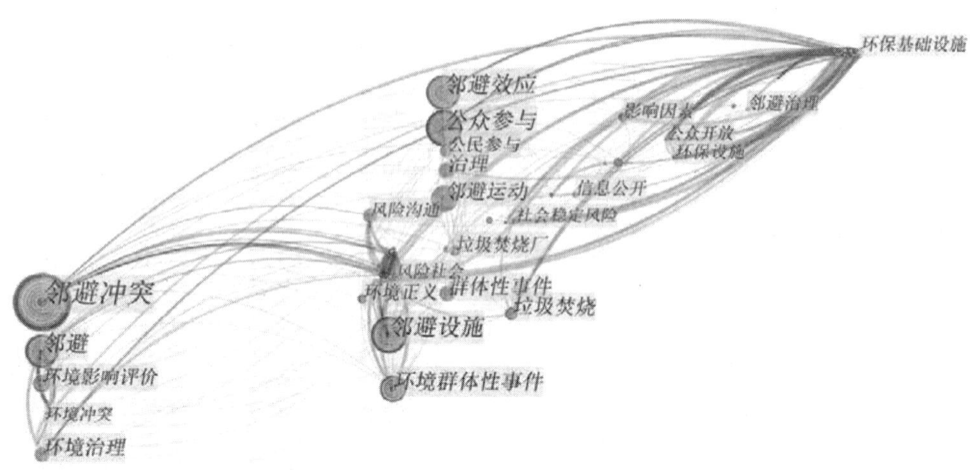

图 3　关键词时区图谱

4.3　聚类分析

为更清晰地分析环境治理中邻避效应研究热点的知识体系架构，探寻各关键词的组合分类，本文采用对数似然算法（LLR）对关键词进行聚类，通过调整阈值、移动节点，并调整节点的大小，最终得到较为清晰的关键词聚类知识图谱，如图 4 所示。其中，模块值 Modularity Q=0.5594>0.3，说明聚类结果可信，平均轮廓值 Mean S=0.8276>0.5，说明聚类合理[5]。于是得到了环境群体性事件、邻避冲突、环境治理、邻避、公众开放、公众参与、邻避风险等共计 11 个聚类群组，具体如图 4 所示。集中反映了邻避概念产生以来，环境治理中邻避效应的研究文献所主要围绕的关键词群。

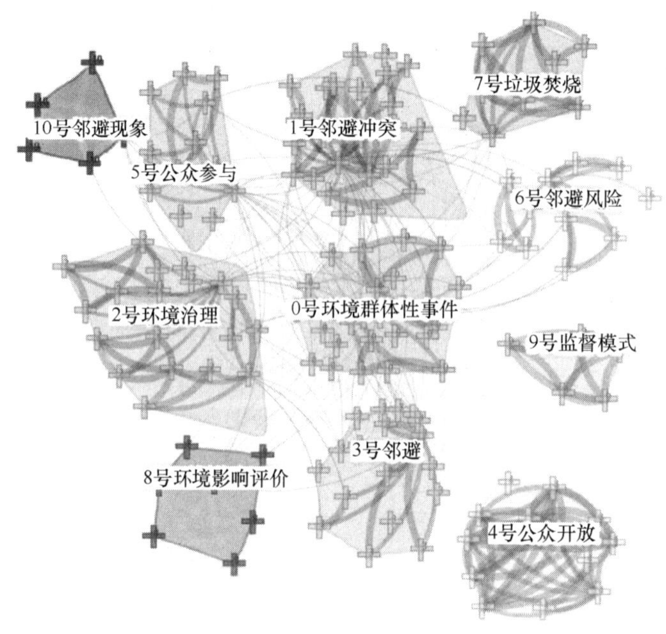

图 4　关键词聚类图谱

本文进一步对聚类包含的信息进行了整理，列举了节点数大于10的聚类（表3），并列明各聚类中标签值最大的4个关键词，在众多关键词中，选取对数似然比最大的关键词作为其所在聚类的名称。表3中包含的节点数代表聚类所包含的关键词数。从包含的节点数来看，最多的是“环境群体性事件”和“邻避冲突”2个聚类，说明环境群体性事件和邻避冲突研究领域广泛，同很多热点关键词有密切联系，最少的是“邻避现象”，因为其开始研究时间短，可供参考文献少，同其他关键词联系不深入。关键词聚类反映了环境群体性事件相关研究文献的集中程度，通过对现有文献内容的查阅发现，突出在邻避冲突的表现上，说明环境群体性问题是人们愿意关注的、与自己生活息息相关的热点问题，从多个方面呼应了实践诉求。

邻避效应在中国环境治理中的热点聚类　　表3

聚类号	聚类名称	包含节点数	轮廓值（S值）	平均年份数	根据对数似然比标签值最大的关键词
0号	环境群体性事件	25	0.592	2015	环境群体性事件（59.79）；邻避效应（34.8）；邻避运动（33.23）；治理（29）
1号	邻避冲突	25	0.856	2012	邻避冲突（78.16）；利益对立（27.33）；利益分歧（27.33）；信息闭塞（27.33）
2号	环境治理	20	0.869	2013	环境治理（43.11）；邻避设施（41.27）；维稳政治（23.13）；科技理性（23.13）
3号	邻避	18	0.768	2014	邻避（58.33）；系统正义（35）；社会控制（35）；垃焚烧厂（35）
4号	公众开放	13	0.989	2020	公众开放（18.79）；环保设施（18.79）；集中处置（9.31）；生态环境部（9.31）
5号	公众参与	12	0.823	2019	公众参与（78.41）；影响因素（27.65）；污染型邻避设施（18.38）；邻避决策（9.16）
6号	邻避风险	11	0.974	2020	邻避风险（25.55）；风险传播（15.12）；风险感知（11.34）；政府治理（9.66）

5 总结与展望

本文通过使用Citespace对CNKI数据库进行分析，对从2007年至2021年，邻避效应在环境治理的文献进行了可视化。通过分析，得出如下结论：

（1）自2007年邻避效应在国内首次提出以来，邻避效应在环境治理方面的发文量经历了缓慢上升、急速上升、减量提质的几个阶段。环境治理下的邻避问题受到了学者的持续关注。当前，学者在环境治理中出现的邻避问题的发文质量有了一定的提升：发文总量缓慢下降，高质量期刊稳定，高质量期刊的比重从原来的1/5提高到了大约1/3，预计未来这一趋势也将继续持续。

（2）从Citespace的关键词共现分析和关键词时区知识图谱分析中可以发现，出现最早、影响时间最久、频次最高、关键词间联系最紧密的是邻避冲突。邻避冲突的实质就是一种为反对而反对的冲突，有很强的非理性成分。本文通过研究得出邻避冲突是当前学者研究环境治理中邻避问题的关键。此外，在时区图中可以发现，研究文献在一开始主要集中在邻避冲突、环境冲突等方面。从2013到2015

时区集中出现了大量新的关键词。这体现出自 2013 年起，邻避效应的概念在这一时间段出现了一定程度的丰富，具体集中在公众参与、邻避设施等方面。通过使用聚类分析，发现环境治理下邻避效应热点主要集中在环境群体性事件、邻避冲突、环境治理等几大领域。

（3）综上，本研究集中体现了自邻避效应产生以来，中国在环境治理中出现的邻避问题发文数量和质量、集中重点关注的领域，发现了解决邻避冲突是一直以来学者所研究的重点，而公众开放和公众参与是解决邻避冲突的一大关键。揭示了环境治理中出现的邻避问题的演化逻辑和发展脉络：邻避效应的具体表现（2007 年，邻避冲突、环境冲突）→邻避问题如何解决（2013～2015 年，公众参与、邻避设施）→邻避问题出现的领域（2018 年至今，环保设施、环保基础设施）。

参考文献

[1] 刘秉镰，朱俊丰．新中国 70 年城镇化发展：历程、问题与展望[J]. 经济与管理研究，2019，40(11)：3-14.

[2] 张紧跟．地方政府邻避冲突协商治理创新扩散研究[J]. 北京行政学院学报，2019(5)：25-34.

[3] 李培，叶桂芳．涉环保项目“邻避冲突”的化解路径研究——以南昌市垃圾焚烧发电项目的建设为例[J]. 中共南昌市委党校学报，2018，16(4)：54-58.

[4] 张郁．公众风险感知、政府信任与环境类邻避设施冲突参与意向[J]. 行政论坛，2019，26(4)：122-128.

[5] 陈悦，陈超美，刘则渊，等. Citespace 知识图谱的方法论功能[J]. 科学学研究，2015，33(2)：242-253.

价值链视角下的建筑业上市企业创新效率研究——基于 DEA-Tobit 两阶段模型

张　兵　任泽轩

（扬州大学建筑科学与工程学院，扬州　225127）

【摘　要】 针对从价值链角度对建筑企业创新效率问题的研究并不多的现状，本研究利用 DEA-Tobit 二阶模型，对 2019～2020 年间建筑业 10 个细分领域的 120 家上市企业的数据进行测度和分析。研究发现建筑业各细分领域的上市企业科技创新效率差距较为明显，规模效率偏低是导致建筑业整体创新效率低下的主要原因。本文将基于实证分析结果，提出相关对策建议。

【关键词】 价值链；科技创新效率；DEA-Tobit 模型；建筑业上市企业

Research on Innovation Efficiency of Listed Construction Enterprises from the Perspective of Value Chain: Based on DEA Tobit Two-stage Model

Bing Zhang　Zexuan Ren

(School of Architectural Science and engineering, Yangzhou University, Yangzhou　225127)

【Abstract】 In view of the current situation that there are few researches on the innovation efficiency of construction enterprises from the perspective of value chain, this study uses DEA Tobit second-order model to measure and analyze the data of 120 listed enterprises in 10 sub sectors of construction industry from 2019 to 2020. It is found that the gap of technological innovation efficiency of listed enterprises in different segments of construction industry is obvious, and the low scale efficiency is the main reason for the low overall innovation efficiency of construction industry. Based on the results of empirical analysis, this paper puts forward relevant countermeasures and suggestions.

【Keywords】 Value Chain; Scientific and Technological Innovation Efficiency; DEA Tobit Model; Listed Enterprises in Construction Industry

1 引言

在当前全社会由高速增长阶段迈向高质量发展新时代的背景下，作为国民经济基础性支柱产业的建筑业面临着创新驱动转型升级，特别是伴随着“人口红利”逐步枯竭，创新日益成为建筑业获取竞争优势的关键来源，并为建设工程的安全性和生产率等带来了极大的提升[1]，进而诱致了“十二五”期间我国建筑业的技术创新贡献率已突破了 60%[2]。

然而与此同时，我国建筑业的创新研发费用远低于 5%～10%的世界平均水平[3]，这导致了建筑业一直是“创新洼地”，并且其创新效率偏低[4]，为此 WGI [5]提出建筑公司应擅长走创新这条“人少的路”，Ellis [6]甚至提出了建筑企业“要么创新，要么死亡”的论断。有鉴于此，考虑到厘清创新效率已成为建筑业的聚焦点，以及有关我国大型建筑企业的创新效率的实证研究偏少[3]，本研究将聚焦我国建筑业的头部上市公司，从技术研发和成果转化两个阶段考查其创新效率问题。

2 文献综述与理论模型

当前针对建筑企业创新效率的测度方法主要有参数法和非参数法两种。其中参数法预测结果对数据依赖较小，随机前沿分析法（SFA）是目前应用较为广泛的一类参数方法，如曹泽[8]运用参数型 SFA 方法，动态分析我国建筑企业技术创新对生产效率的内在联系，武文杰[9]则采用 SFA-Malmquist 组合模型探究技术创新对建筑企业绩效的影响。而数据包络分析方法（DEA）是非参数法的代表性方法之一，陈兴海[10]通过 DEA-Tobit 模型分析了我国内地 31 个省特级资质建筑企业的科技创新效率，齐宝库[11]依托三阶段 DEA 模型研究我国建筑企业效率，张立新[12]将 DEA 模型与因子分析方法相结合。

从广义角度来看，任何建筑企业都可以看作是在设计、生产以及销售等过程中进行种种创造价值活动的集合体，所有的这些活动可以通过链条式关联关系形态体现出来，即用一个价值链来表明，并且建筑产业价值链上的企业根据不同的专业内容又可划分为若干细分领域，不同的领域在产业价值链上所处的位置以及所司分工也不尽相同。近年来有关建筑企业创新效率的研究却少有从行业内细分领域的角度去探索，为此本文在现有研究的基础上，从行业细分领域的角度出发，参考国内王义新等的研究成果，运用 DEA-Tobit 二阶模型分析建筑业上市企业创新效率的影响机理，并从研发投入和成果产出两个方面剖析我国 10 类不同领域的上市公司（表 1），其中研发投入指标分别用创新研发内部开支、设备更新开支、科研人员折合全时当量以及新技术引进投入来表示。成果产出分别选择将当年有效专利数、企业营收总额、企业年总产值以及企业利润总额作为产出指标，前者为研发阶段的产出指标，后三者为成果转化阶段的产出指标。

建筑业上市企业科技创新效率评价指标体系　　表 1

阶段	一级指标	二级指标
技术研发阶段	投入指标	创新研发内部开支（X_1）
		设备更新开支（X_2）
		科研人员折合全时当量（X_3）
		新技术引进投入（X_4）
	产出指标	当年有效专利数（Y_1）
成果转化阶段	投入指标	新技术吸收及改造开支（X_5）
		科技活动人员折合全时当量（X_6）
		当年有效专利数（X_7）
		当年获奖项及发表论文数（X_8）
	产出指标	建筑企业营收总额（Y_2）
		建筑企业利润总额（Y_3）
		建筑企业年总产值（Y_4）

3 实证分析

3.1 数据来源

本研究选取120家建筑业各细分领域的上市企业作为研究样本，所有的原始数据均来自2019～2020年的企业年度报表。考虑到不同类型的企业在政策扶持、人才储备、资金支持等方面的差异性，并参考王昭[9]的研究成果，将不同企业划分为中央直属企业、地方国有制企业和民营企业三种企业类型进行分析，并以建筑业的10类主要细分领域为基础，对其创新效率进行分析。

3.2 投入与产出指标的相关性检验

考虑到“等幅扩张性”的原则，本次DEA模型应用的一个重要前提条件是投入产出指标之间呈显著正相关趋势，即当投入值上升时，产出值也需相应上升。为此在进行DEA分析之前需对投入及产出数据进行Pesrson相关系数的检验。经检验，Pesrson相关系数检验的结果在1%的水平下存在着显著的正相关关系，说明本研究数据满足等张性的要求，指标的选取较为合理，可以用DEA模型进行效率的测算。

3.3 基于DEA的效率测算

运用DEAP2.1软件分别对建筑业各细分领域中上市企业的创新价值链效率进行测算，并根据相关学者的理论观点[4～6]进行分类分析（表2～表5）。

建筑业上市企业在各细分领域的整体科技创新效率 **表2**

细分领域	技术研发阶段				成果转化阶段			
	TE	*PTE*	*SE*		*TE*	*PTE*	*SE*	
智能建筑	1.000	1.000	1.000	—	1.000	1.000	1.000	—
园林	0.365	0.828	0.417	irs	0.982	0.749	0.131	irs
房建	0.981	1.000	0.994	irs	1.000	1.000	1.000	—
水利	0.962	0.905	0.962	drs	1.000	1.000	1.000	—
市政	0.244	1.000	0.244	irs	0.178	1.000	0.178	irs
石化	0.446	1.000	0.452	irs	0.122	0.931	0.131	irs
钢构	0.591	0.981	0.593	irs	0.278	0.855	0.325	irs
装饰	0.982	1.000	0.997	—	0.737	1.000	0.737	irs
路桥	1.000	1.000	1.000	—	1.000	1.000	1.000	—
安装	0.467	0.814	0.573	irs	0.146	0.801	0.183	irs
平均值	0.731	0.938	0.658		0.561	0.934	0.556	

注：①*TE*表示综合效率；②*PTE*表示纯技术效率；③*SE*表示规模效率；④irs表示规模报酬递增；⑤drs表示规模报酬递减；⑥—表示规模报酬不变。

民营上市企业在各细分领域的科技创新效率 **表3**

细分领域	技术研发阶段				成果转化阶段			
	TE	*PTE*	*SE*		*TE*	*PTE*	*SE*	
智能建筑	0.984	1.000	0.997	irs	0.682	0.825	0.721	irs
园林	1.000	1.000	1.000	—	0.121	1.000	0.112	irs

续表

细分领域	技术研发阶段				成果转化阶段			
	TE	*PTE*	*SE*		*TE*	*PTE*	*SE*	
房建	0.274	0.743	0.288	—	0.697	1.000	0.784	—
水利	1.000	1.000	1.000	—	1.000	1.000	1.000	—
市政	0.224	1.000	0.224	irs	0.375	1.000	0.375	irs
石化	0.268	0.992	0.275	irs	0.157	0.808	0.195	irs
钢构	0.192	0.663	0.286	irs	0.216	0.716	0.301	irs
路桥	0.881	1.000	0.882	irs	0.248	0.763	0.325	irs
安装	1.000	1.000	1.000	—	0.684	1.000	0.684	irs
平均值	0.647	0.962	0.686		0.488	0.879	0.457	

地方国有制上市企业在各细分领域的科技创新效率　　表 4

细分领域	技术研发阶段				成果转化阶段			
	TE	*PTE*	*SE*		*TE*	*PTE*	*SE*	
园林	1.000	1.000	1.000	—	0.959	1.000	0.959	irs
房建	1.000	1.000	1.000	—	1.000	1.000	1.000	—
市政	0.799	0.814	0.981	irs	0.385	0.815	0.472	drs
石化	0.519	1.000	0.519	irs	1.000	1.000	1.000	—
装饰	0.831	1.000	0.831	irs	1.000	1.000	1.000	—
路桥	1.000	1.000	1.000	—	1.000	1.000	1.000	—
安装	1.000	1.000	1.000	—	0.813	0.850	0.956	irs
平均值	0.878	0.973	0.904		0.880	0.952	0.912	

中央直属上市企业在各细分领域的科技创新效率　　表 5

细分领域	技术研发阶段				成果转化阶段			
	TE	*PTE*	*SE*		*TE*	*PTE*	*SE*	
房建	1.000	1.000	1.000	—	1.000	1.000	1.000	—
市政	0.234	0.541	0.311	irs	1.000	1.000	1.000	—
石化	0.192	1.000	0.192	irs	1.000	1.000	1.000	—
钢构	0.542	1.000	0.542	irs	0.856	0.972	0.881	irs
装饰	1.000	1.000	1.000	—	0.732	0.697	0.105	irs
路桥	1.000	1.000	1.000	—	1.000	1.000	1.000	—
平均值	0.661	0.924	0.674		0.931	0.945	0.831	

在此基础上，本研究从创新价值链的视角出发，将科技创新效率分为研发、成果转化两个阶段，采用建筑业所有上市企业的科技创新效率的平均值作为划分的标准，结合各类企业数据结果，构建创新效率矩阵图（图 1），并根据研发投入、成果转化这两个效率维度的高

低取值划分出四种效率组合，分别是 A：高研发-高转化；B：高研发-低转化；C：低研发-高转化；D：低研发-低转化。

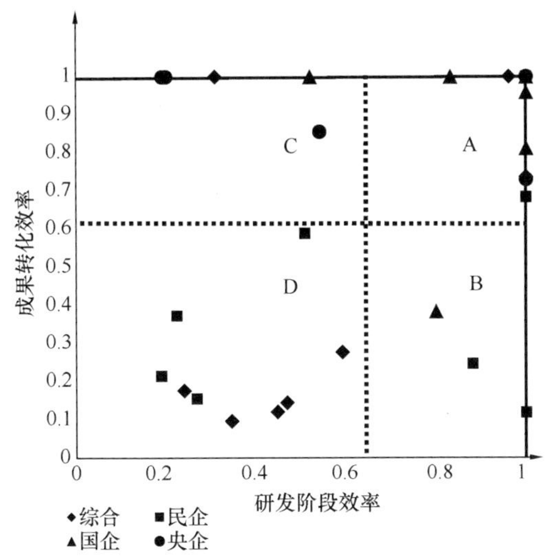

图 1 各细分领域中不同类型企业创新效率矩阵

A 类组合区域主要由房建、道桥、装饰、安装、水利工程以及智能建筑等细分领域的上市企业构成。此区域中，房建、道桥以及装饰这三类领域以央企和地方国企为主，代表性的企业包括中国建筑、中国中铁以及中国交建等。这类企业具有较高的技术研发效率和成果转化效率，企业综合实力雄厚并且具备政府财政扶持、银行信贷优惠等方面的经济优势，在两个创新阶段的资金投入力度都较大，研发实力强劲。安装、水利工程这两类领域以民营企业为主，虽然在企业规模和研发投入方面逊色于前两种企业，但所处的行业对技术要求相对较低，研发成果能够快速运用到生产实践环节。最后是智能建筑行业，该类行业的企业起步相对较晚，但由于政策的帮扶以及近几年市场的壮大，本身具备了一定的发展基础和产业化环境，且技术创新契合市场需求，创新的效率普遍较高。因此，处于该区域的企业未来需保持好创新发展的势头，继续提升自主创新的效率，形成“研发投入提高→研发效率上升→企业营收增加→研发投入再加大→研发实力更强→企业绩效更高……”的发展良性循环。

B 类组合区域涉及的上市企业数量占比较少，以从事园林、道桥领域的民营企业为主，加上部分市政领域的地方国有制企业，央企未有涉及。此类企业具备一个共同特点，即“高研发效率-低转化效率”。由于以上几类行业的技术可复制性较高，其中多数企业依靠外部研究机构获取技术支持，前期研发投入回馈较快，但因自主研发投入较少，导致自身对新技术的吸收及转化的水平较低，难以将科技成果快速投入生产。因此，该类企业未来需加大研发投入的力度，提升企业自主研发软实力，加快创新成果向生产力的转化。

C 类组合区域主要以钢构、石化领域的央企及地方国企为主，民企未有涉及。该类企业的特点是前期研发的投入较大，在技术层面突破较为困难，但研发成果可以快速运用到生产中去，较易实现规模经济，即“低研发-高转化”。因此，该类企业不仅需要完善科研基础设施的“硬实力”，更要提升人才及专利储备的“软实力”，拔高自身在研发阶段的技术创新水平。

D 类组合区域基本为市政、钢构等领域的民营上市企业。这些企业共同特点是研发基础薄弱，研发经费多来自建筑企业自筹资金，无法获得广泛的“外部输血”途径，研发开支在整体成本开支的比重较小，以至于多数企业研发投入不足、创新水平低下，很难实现技术上的重大突破，从而收益甚微。因此，处于该区域的企业需要补齐自主研发方面的短板，增强新技术的消化吸收水平，进一步提高资源的使用效益。

从价值链的视角来看，建筑业大部分民营上市企业在研发和成果转化阶段的效率都较低，特别是成果转化阶段，该阶段整体的平均效率仅为 0.488，甚至有一半细分领域的民营上市企业综合效率还在平均效率值之下。而中央直属企业以及地方国有制企业在成果转化阶段的平均效率都较高，分别达到 0.931 和 0.880，研发成果可以快速运用于市场，产生企业效益。这说明中国建筑行业内马太效应较明显，强者愈强。对于大部分企业来说，两个创新阶段的效率都需进一步加强，而少数实力较强的企业则需针对各阶段自身的短板进行补充和完善。根据创新效率矩阵图所反映的具体情况，可以采用合适的突破路线，首先是“B 向 A”和“C 向 A”的直线式突破路线，即增强低效率阶段的资源利用水平，以此向“高研发-高转化”的效率阶段发展；其次，可以考虑“D 向 B 再向 A”和“D 向 C 再向 A”的折线式突破路线，即根据自身情况先突破相对较易的 B 或 C 阶段，再以此为踏板迈向更高 A 阶段；最后是“A 向 C”的跃进式突破路线，此类路线只适合综合实力雄厚的企业且需满足一定的条件。

3.4 Tobit 模型的实证分析

由于被解释变量综合效率值处在 0 到 1 之间，本研究选择具有截断回归特征的 Tobit 模型进行影响因素的分析，并且为更好地分析投入冗余情况对企业创新性的影响，本研究从投入指标的角度提出一系列相关假设，具体情况如表 6 所示。

相关假设设定　　表 6

阶段	假设
研发阶段	假设 1：创新研发内部开支越多，科技创新的效率就越高
	假设 2：设备更新开支越多，科技创新的效率就越高
	假设 3：R&D 人员折合全时当量越大，科技创新的效率就越高
	假设 4：新设备引进量越多，科技创新的效率就越高
成果转化阶段	假设 5：技术吸收及改造费用越多，科技创新的效率就越高
	假设 6：科技活动人员折合全时当量越大，科技创新的效率就越高
	假设 7：当年有效专利数量越多，科技创新的效率就越高
	假设 8：奖项获得及论文发表数量越多，科技创新的效率就越高

根据表 6 中的假设，分别建立研发阶段和成果转化阶段科技创新效率的 Tobit 回归模型，具体形式如公式（1）与公式（2）所示：

$$Y_1 = \beta_0 + \beta_1 X_1 + \beta_2 X_2 + \beta_3 X_3 + \beta_4 X_4 + \varepsilon \quad (1)$$

$$Y_2 = \beta_0 + \beta_5 X_5 + \beta_6 X_6 + \beta_7 X_7 + \beta_8 X_8 + \varepsilon \quad (2)$$

其中，Y_1 表示研发阶段的创新效率；Y_2 表示成果转化阶段的创新效率；$\beta_0 \sim \beta_8$ 表示两个阶段各类指标的相关系数；$X_1 \sim X_4$ 表示研发阶段的投入指标；$X_5 \sim X_8$ 表示成果转化阶段的投入指标；ε 表示残差。借助 Stata25 软件对处理后的各类投入指标进行 Tobit 回归分析，结果如表 7 所示。

Tobit 模型实证分析结果　　表 7

阶段	解释变量	系数	标准差	Z 值	P 值
研发阶段	X_1	3.500789	2.451234	1.43	0.157
	X_2	−82.972713	51.70236	−0.16	0.873
	X_3	−70.841921	75.79034	−0.93	0.352
	X_4	0.012229	0.0432285	0.28	0.777
	_cons	35.40135	138.2029	2.56	0.012

续表

阶段	解释变量	系数	标准差	Z值	P值
成果转化阶段	X_5	44.7462	5.2885030	8.46	0.001
	X_6	−186.833	6.2189317	−1.40	0.165
	X_7	0.5825408	0.1909444	3.05	0.003
	X_8	0.97805	0.3767002	2.58	0.271
	_cons	36.83204	253.2852	1.45	0.149

3.4.1 研发阶段

从表7可以看出创新研发内部开支（X_1）、新技术引进投入（X_4）与研发阶段的创新效率呈不显著的正相关关系，表明在同等条件下，这两类指标都将对企业在研发阶段的效率起到推进作用，假设1、假设4成立；设备更新开支（X_2）、R&D人员折合全时当量（X_3）与研发阶段的效率呈不显著的负相关关系，表明在同等条件不变的情况下，这两类指标的投入反作用于研发阶段的创新效率，说明存在投入冗余的现象，侧面印证了DEA的分析结果，可能的原因是引进新设备、新技术的开支挤占了其他R&D费用的份额，导致研发效率不高，且研发阶段的硬件设施与研发人员不相匹配，进一步降低了整体效率。即假设2、假设3不成立。

3.4.2 成果转化阶段

参考表7的分析结果，技术吸收及改造费用（X_5）的系数为44.746，且与科技创新效率在1%的显著水平下呈显著正相关关系，表明在同等条件下，每1%的技术吸收及改造费用可以提升成果转化阶段44.746%的研发效率，假设5成立；科技活动人员折合全时当量（X_6）与科技创新效率呈不显著的负相关关系，表明企业的科技活动人员可能存在投入冗余的现象，假设6不成立；当年有效专利数（X_7）与创新效率呈显著的正相关关系，表明当年有效专利数量可以促进成果转化阶段创新效率的提升，假设7成立。奖项获得及论文发表数量（X_8）与科技创新效率呈不显著的正相关关系，表明此类指标在一定程度上会对企业的研发效率起到推动作用，假设8成立。

4 结论与建议

本研究以我国建筑业上市企业为研究对象，基于创新价值链视角构建评价指标体系，运用DEA模型分别对建筑业各细分领域中上市企业的创新价值链效率进行测算，并基于Tobit截断模型进一步分析了不同企业间生产效率差异的影响因素。

研究表明我国建筑业各细分领域的上市企业科技创新效率差距较为明显，各类上市企业在研发阶段的整体平均效率为0.73，规模效率仅为0.66，规模效率偏低；而成果转化阶段的平均效率约为0.57，表明该阶段效率转化的水平较低，同样受规模效率的制约明显。这一结果表明建筑业企业技术创新综合效率偏低，并主要由规模效率不足导致。根据以上分析，为切实提高建筑业上市企业技术创新效率，需要：

(1) 建立市场导向性创新体系，并加强与科研院所之间的技术合作，将生产与科研相结合，通过技术转让、参股等形式扩大创新规模，加大创新力度。

(2) 建立健全科研人才的培养工作，完善人才的激励与管理机制，提升研发人员的工资福利待遇。同步精简研发队伍，裁去其中效率低下的人员，提高研发部门的整体素质，促使研发环节实现由量到质的转变。其次，增加校企合作的力度，提供更多的工作机会，吸引高端研发人员的加入。

（3）合理配置资源，优化投入产出。根据企业自身情况，选取最合适的研发投入战略，不考虑具体情况随意进行研发投入会加重企业负担，影响研发投入积极性，从而降低企业效益。

（4）建筑企业转型创新离不开政府的支持，企业的创新活动应与政府提供的政策贴近，得到政府对企业研发投入的补贴，使企业不会因经营负担而缩减研发投入。

（5）考虑到创新投入不足是企业规模效率低下的主要原因，而企业创新效率低下又将导致投入冗余的现象，进一步拉低企业的创新效率。因此，建议企业在原有的创新基础上，持续完善经费投入制度，增加对内部研发人员和经费的支持力度，提升创新投入的效率，减少冗余情况的出现。

参考文献

[1] Bigrentz. Construction Technology to Watch in 2021 [EB/OL]. [2021-3-22]. http：//www. bigrentz. com/blog/construction technology.

[2] 曹新颖，刘骏. 基于改进的索洛余值的建筑业技术创新测度 [J]. 统计与决策，2019，35(24)：81-4.

[3] 陈兴海，鲁文霞，赵兴祥. 基于 DEA-Tobit 模型的特级资质建筑企业科技创新效率测度 [J]. 科技进步与对策，2016，33(16)：17-20.

[4] 王昭. 建筑业企业技术创新效率评价研究——基于 DEA 方法的实证分析 [J]. 工程管理学报，2018，32(5)：40-4.

[5] WGI. Innovate or Die - Why the Construction Industry Needs Innovation Now [J/OL]. 2018.

[6] ELLIS G. 7 Innovations that Will Change Construction As We Know It [J/OL]. 2020.

[7] 曹泽，任阳军，沈圆，等. 基于 SFA 和 Malmquist 方法的建筑业技术效率研究[J]. 唐山学院学报，2015，28(6)：96-100.

[8] 武文杰，贝芳芳．我国建筑产业技术效率的 SFA-Malmquist 指数实例研究[J]. 湖南文理学院学报(自然科学版)，2017，29(3)：48-53.

[9] 陈兴海，鲁文霞，赵兴祥．基于 DEA-Tobit 模型的特级资质建筑企业科技创新效率测度[J]. 科技进步与对策，2016，33(16)：17-20.

[10] 齐宝库，李长福．基于三阶段 DEA 模型的我国建筑企业效率测度实证研究[J]. 沈阳建筑大学学报(社会科学版)，2014，16(3)：286-289.

[11] 张立新，刘莎莎，达宇轩．基于 DEA 和因子分析的山东省建筑业技术创新效率研究[J]. 工程经济，2017，27(3)：60-64.

[12] 王义新，孔锐．价值链视角下规模以上工业企业科技创新效率及关键影响因素研究——基于 DEA-Tobit 两阶段模型[J]. 科技管理研究，2019，39(3)：136-142.

监理企业全过程工程咨询业务转型制约因素及对策研究

黄　莉[1,2]，柴恩海[2]

（1. 浙江财经大学公共管理学院工程管理系，杭州　310018；
2. 浙江五洲工程项目管理有限公司，杭州　310051）

【摘　要】 培育具有国际水平的全过程工程咨询企业是促进建筑业持续健康发展的重要路径。监理企业发展全过程工程咨询业务是解决监理行业发展困境的有效手段。首先，通过文献研究、实地调查与专家访谈法，识别了18个监理企业全过程工程咨询业务转型的制约因素。其次，根据识别的制约因素设计调查问卷，以网络问卷形式请浙江省区域内相关专家与从业人员进行制约因素重要性评分；然后，采用主成分分析方法，对监理企业全过程工程咨询业务转型的制约因素进行分析。研究发现，监理企业全过程工程咨询业务转型的制约因素可归为监理企业自身因素、市场环境因素、行业人才因素以及服务准备因素。最后，根据制约因素分析结果，从企业、政府与行业层面提出监理企业全过程工程咨询业务转型的对策建议。

【关键词】 工程监理；企业转型；全过程工程咨询；制约因素

Research on Restrictive Factors and Countermeasures of Whole Process Engineering Consulting Business Transformation of Supervision Enterprises

Li Huang[1,2], Enhai Chai[2]

(1. Zhejiang University of Finance & Economics, Department of Engineering Management, Hangzhou　310018;
2. Zhejiang Wuzhou Engineering Project Management Co., Ltd, Hangzhou　310051)

【Abstract】 Cultivating the whole process engineering consulting enterprises with international level is an important way to promote the sustainable and healthy development of the construction industry. The whole process engineering consulting service of supervision enterprises is an effective means to solve the development dilemma of supervision industry. Firstly, literature research, field investigation and expert interview were used, and 18 actors are identified, which restricting supervision enterprises develop whole process engineering consulting service; Secondly, the questionnaire was designed according to the constraints, and the relevant experts and employees in Zhejiang Province were asked to score the importance of constraints in the form of network questionnaire; Then, principal component analysis method was used to analyzes restrictive factors of whole process engineering consulting business transformation of supervision enterprises. It is found that the constraints of the whole process of the development of engineering consulting services are the supervision enterprise's own factors, market environment factors, industry talent factors and service preparation factors. Finally, according to the analysis results, countermeasures and suggestions for whole process of engineering consulting business transformation of supervision enterprises from the enterprise, government and industry levels were put forward.

【Keywords】 Engineering Supervision; Enterprise Transformation; Whole Process Engineering Consultation; Restrictive Factor

1988 年，我国开始试点“建设监理制”。1995 年，建设部和国家计委印发《工程建设监理规定》，强制性实行建设工程监理制度。建设工程监理制度的实施，促进了政府建设主管部门的职能转变，规范了工程项目参建各方的建设行为，提高了建设工程的施工质量与整体效益[1]。经过 30 余年的发展，建筑工程监理行业已经具有了一定的规模。据《2019 年建设工程监理统计公报》数据，截至 2019 年底，我国建设工程监理企业的数量为 8469 个，同比上年增长了 0.91%；工程监理企业从业人员 129.6 万人，与上年相比增长 10.81%。

近年来，随着建设工程领域的迅速发展以及国内外经济的发展变动，我国监理行业渐渐步入困局，企业发展遇到瓶颈。根据《工程建设监理规定》中对工程建设监理的范围与内容的规定，监理职责体现出“三控制、两管理、一协调”的全过程项目管理特点。然而，实践中造价咨询、招标代理等模式的推行，使得监理的投资控制和项目管理职能被削弱，逐步演变成甲方的“质量员”“安全员”角色。这导致了监理力量与监理任务失衡，影响了监理工作的质量和效果，并使监理行业从原本提供高智能服务的咨询行业沦落成为施工阶段质量、安全监督的劳动密集型行业，与推行建设工程监理制度的初衷背离[2]。国内监理市场完全竞争态势，以及国外咨询企业进入中国市场，监理企业亟须服务转型升级[3]。全过程工程咨询的提出为监理企业的转型升级提供了新的方向[4]。在国家发展改革委、住房和城乡建设部相关政策的导向下，监理企业转型发展全过程工程咨询服务在建设工程行业引起了广泛关注。

1 前言

自2017年国务院办公厅印发《关于促进建筑业持续健康发展的意见》提出“培育全过程工程咨询，鼓励投资咨询、勘察、设计、监理、招标代理、造价等企业采取联合经营、并购重组等方式，培育一批具有国际水平的全过程工程咨询企业”以来，全过程工程咨询服务实践迅速开展，监理企业也纷纷探索转型发展全过程工程咨询业务。学界与业界从行业、企业以及业务内容等视角对监理企业转型全过程工程咨询业务开展了探讨。

虽然经过多年的发展，但是从行业发展阶段来看，我国的监理行业仍处在较为初级的施工阶段[2]。一方面是由于监理行业发展相关研究限于表面化，使得监理行业发展缺乏理论体系支撑[5]。另一方面，建设实践中监理行业未受到建筑工程领域的正确认识与重视，监理行业服务内容被局限于施工阶段，导致监理行业的能力结构过于单一[2]；行业内部存在机制不够健全、收费标准低、恶性市场竞争、信息管理落后、酬金体系不合理等一系列问题[1,2,5,6]。学界与业界均认为对监理行业的认识偏差和对监理职能的错位使用是造成监理行业当前困局的最主要原因[7]，而通过发展全过程工程咨询业务可摆正监理位置，改变监理以往行业形象，提高市场认可度，拓展业务范围[8]。

调研发现，我国监理企业数量众多，但企业普遍规模较小且呈高度分散状态[8]，企业服务内容单一，从业人员素质参差不齐，导致监理市场的竞争激烈[9]，监理服务质量与效果不可保障。新时期，监理企业的发展现状已经不能满足业主的需求和行业进步的需要，监理企业转型是企业发展战略与市场竞争的必然需求[10]。结合当前监理企业自身现状与工程咨询行业特征，向全过程工程咨询发展是监理企业转型的必由之路[11,12]。监理企业转型发展全过程工程咨询服务，通过在业务上“向前向后”延伸，可以提升我国监理企业综合竞争力水平，加速我国监理企业国际化发展。有学者认为，与其他工程咨询企业相比，监理企业开展全过程工程咨询服务具有自身的技术优势和管理优势[13]；但是更多的学者认为，监理企业转型全过程工程咨询服务面临着来自监理企业自身、政府与社会等诸多挑战。企业自身层面，业务范围狭窄、资质不全与绩效不足、复合型人才缺乏、企业自身能力不足是影响监理企业发展全过程工程咨询的重要因素[14~16]，现行监理企业管理架构不利于监理企业转型全过程工程咨询业务模式[10]。此外，当前全过程工程咨询市场不充分、准入门槛较高以及相关政策体系不完善也将阻碍监理企业开展全过程工程咨询业务[15]。

为此，学者们探讨了监理企业转型全过程工程咨询服务的策略。李辉山等[17]对监理企业发展全过程工程咨询的能力因素的研究发现，专业人才素质能力、项目管理能力、技术咨询服务能力和信息化应用能力会直接影响监理企业的转型发展，而提高咨询能力是监理企业转型发展的重要措施和首要任务。王亚鹏等[18]提出中国内地可借鉴香港地区的工程管理模式实现向全过程工程咨询企业的转型。其他学者也从关键技术[19]、发展途径[13]、组织模式[14]、人才培养[20,21]等方面探讨了监理企业转型与创新发展的策略。

整体而言，学界与业界都一致认为监理企业发展全过程工程咨询业务是监理行业发展的机遇也是监理企业发展的重要途径。本文就监理企业发展全过程工程咨询服务的必要性、优势、不足以及策略等方面展开了较多探讨，然而现有文章对监理企业转型全过程工程咨询业务的制约因素研究较少，无法为监理企业转型全过程工程咨询业务提供更深的理论支撑。

2 监理企业全过程工程咨询业务转型的制约因素识别

为全面识别监理企业转型全过程工程咨询业务的制约因素，综合运用文献研究法、实地调研与专家访谈法进行制约因素的识别。首先，基于文献的监理企业全过程工程咨询业务转型制约因素识别。考虑国际工程咨询与我国工程咨询行业的不同，本次文献研究仅以中文期刊为对象。在中国知网以"监理企业""监理转型""监理企业转型""全过程工程咨询"等为关键词组合检索，选取 2017 年之后的期刊论文。通过文献阅读，分析、归纳并提炼出监理企业转型全过程工程咨询服务的制约因素 23 个。其次，通过对监理企业调研补充完善制约因素。浙江省监理企业转型全过程工程咨询业务较早，全国范围内全过程工程咨询业务量前五中有两家企业为浙江省企业。以浙江五洲工程项目管理有限公司为例，其业务量 60%为全过程工程咨询业务，且全过程工程咨询业务合同额均超过 10 亿元/年。因此，选取浙江省成功转型全过程工程咨询服务、正准备转型全过程工程咨询服务以及尚未转型仍从事传统监理服务三类共十家监理企业作为调研对象。企业从其自身发展角度以及实践项目管理角度，提出监理企业是否需要转型全过程工程咨询以及面临的挑战。根据企业调研信息，对监理企业转型全过程工程咨询的制约因素进行提炼，并与基于文献的制约因素识别进行归纳合并，形成初步清单 31 项。然后，邀请 15 位专家对初步清单中监理企业转型全过程工程咨询服务制约因素进行分析。专家由 3 名高校工程管理专业教授、4 名资深总监理工程师、4 名全过程工程咨询项目经理（总咨询师）、4 名监理企业管理者构成。最终，提炼出监理企业全过程工程咨询业务转型制约因素 18 项，如表 1 所示。

监理企业全过程工程咨询业务转型的制约因素　　表 1

编号	制约因素
1	企业业务范围单一
2	企业资质不全
3	企业发展规划落后
4	服务水平落后
5	企业专业能力不足
6	企业综合实力不足
7	复合型人才短缺
8	专业人才缺乏
9	人员流动性大
10	监理行业认可度低
11	项目管理经验缺乏
12	监理企业权威性较低
13	对全过程工程咨询认识不足
14	全过程工程咨询服务标准不明确
15	全过程工程咨询政策体系不完善
16	全过程工程咨询准入门槛高
17	全过程工程咨询市场恶性竞争
18	传统条块分割工程咨询市场思维惯性

3 监理企业全过程工程咨询业务转型的制约因素分析

根据表 1 中识别出的制约因素设计问卷，采用李克特五点量表法对每一项制约因素进行打分，用 5、4、3、2、1 分别代表该因素对"监理企业转型全过程工程咨询业务的制约程度"为非常大、比较大、一般大、比较小、非常小。本次问卷调查区域选取具有代表性与典型性的浙江省。浙江省下属 11 个地市级全部开展了全过程工程咨询业务，每年发布的全过程工程咨询招标信息为全国之最；此外，不仅在房建和市政领域推广全过程工程咨询模式，还通过省发展改革委的宣贯，在水利、交通等其他领域也都积极试点了全过程工程咨询。采用立意抽样的方法，选取工程监理企业与全过程工程咨询企业相关领域人员、监理企业管理层、行业协会以及科研院校相关领域专家等熟悉本研究主题的专业人士作为调查对象，借助企业、协会与学会有针对性地发放问卷。调查采用网络电子问卷获取数据，本次调查总计回收问卷 320 份，剔除无效问卷 18 份，共获得有效问卷 302 份，问卷有效回收率 94.38%。本次调查受访者男女比例为 4∶1，与建设工程领域从业人员男性居多事实相符；年龄在 30～60 岁之间的受访者占比 78.15%，表明受访者具有足够的工作经验；本科及以上学历受访者占比 66.88%，表明被调查者专业素养较高，分析总结能力较强，所获数据科学性较高。

3.1 问卷信度与效度分析

运用 SPSS23.0 统计软件对问卷 18 个制约因素进行可靠性检验、*KMO* 检验和 Bartlett 球形检验。Cronbach's Alpha 系数 α 值为 0.936，大于 0.9。*KMO* 检验和 Bartlett 球形检验结果如表 2 所示，*KMO* 值为 0.939，大于 0.9，表明各变量间的相关性比较大；Bartlett 球形检验 *Sig* 值为 0.000，小于 0.05，表明数据符合标准，数据间相互独立且呈球形分布。

因素指标 *KMO* 和 Bartlett 的检验结果　表 2

KMO 和巴特利检验		
KMO 取样适切性量数	0.939	
巴特利球形度检验	近似卡方	3104.119
	df	153
	Sig	0.000

3.2 主成分提取

根据总方差的解释结果，如表 3 所示。前四项累计贡献率达 67.449%，结合制约因素的定性分析，以前四项主成分进行因子提取，如表 4 所示。

因子分析总方差解释结果　表 3

成分	初始特征值			提取平方和载入			旋转平方和载入		
	合计	方差/%	累积/%	合计	方差/%	累积/%	合计	方差/%	累积/%
1	8.689	48.270	48.270	8.689	48.270	48.270	4.362	24.235	24.235
2	1.615	8.970	57.240	1.615	8.970	57.240	3.409	18.940	43.175
3	1.007	5.593	62.832	1.007	5.593	62.832	2.396	13.310	56.484
4	0.831	4.617	67.449	0.831	4.617	67.449	1.974	10.965	67.449
5	0.728	4.047	71.496						
6	0.606	3.366	74.862						
7	0.541	3.004	77.865						
8	0.520	2.889	80.754						
9	0.489	2.717	83.471						
10	0.449	2.495	85.966						
11	0.417	2.316	88.282						
12	0.400	2.223	90.505						
13	0.348	1.933	92.438						
14	0.322	1.788	94.226						
15	0.301	1.674	95.900						
16	0.283	1.572	97.472						
17	0.249	1.381	98.853						
18	0.206	1.147	100.000						

主成分命名及其成分矩阵表　　表 4

主成分	制约因素	成分			
		1	2	3	4
监理企业自身因素	企业业务范围单一	0.766	0.304	0.042	0.213
	企业服务水平落后	0.730	0.029	0.325	0.293
	专业人才缺乏	0.721	0.284	0.173	0.177
	项目管理经验缺乏	0.680	0.241	0.374	0.075
	企业发展规划落后	0.659	0.200	0.048	0.441
	专业能力不足	0.651	0.114	0.454	0.251
	企业权威性较低	0.535	0.389	0.405	0.081
	企业综合实力不足	0.529	0.144	0.451	0.420
市场环境因素	全过程工程咨询准入门槛高	−0.010	0.791	−0.024	0.231
	监理市场恶性竞争	0.260	0.747	0.067	0.176
	全过程工程咨询政策体系不完善	0.172	0.704	0.368	0.119
	传统条块分割工程咨询市场思维惯性	0.203	0.621	0.287	0.109
	监理行业认可程度低	0.439	0.573	0.241	0.000
	全过程工程咨询的服务标准不明确	0.426	0.560	0.261	0.131
行业人才因素	人员流动性大	0.199	0.324	0.785	0.176
	复合型人才短缺	0.402	0.209	0.691	0.267
服务准备因素	企业资质不全	0.213	0.267	0.088	0.794
	企业对全过程工程咨询认识不足	0.277	0.154	0.304	0.711

3.3 制约因素分析

根据对样本数据的分析，监理企业全过程工程咨询业务转型的制约因素可归纳为四个主成分，监理企业自身因素、市场环境因素、行业人才因素以及服务准备因素，详见表 4。

（1）监理企业自身因素分析。监理企业自身因素包括 8 个制约因素，企业业务范围单一、企业服务水平落后、专业人才缺乏、项目管理经验缺乏、企业发展规划落后、专业能力不足、企业权威性较低、企业综合实力不足。这些因素反映了我国当前大多数监理企业尤其是中小型企业的现状，是转型全过程工程咨询服务的直接制约因素。

（2）市场环境因素分析。市场环境因素共包括 6 个制约因素，实际上，可概括为两大方面，一是传统监理行业市场环境的制约，包括监理市场恶性竞争、传统条块分割、工程咨询市场思维惯性、监理行业认可程度低 3 个因素；二是全过程工程咨询市场环境的制约，包括全过程工程咨询准入门槛高、全过程工程咨询政策体系不完善、全过程工程咨询的服务标准不明确 3 个因素。传统监理行业市场环境影响了监理行业与企业的发展壮大，导致了监理企业转型面临着市场的不接受与不认可；而全过程工程咨询市场环境不明晰又使得监理企业转型全过程工程咨询服务具有一定的风险。

（3）行业人才因素分析。行业人才因素包括复合型人才短缺与人员流动性大两个制约因素。引进与培养复合型人才是发展全过程工程咨询服务的前提要素之一，而当前监理从业人员的整体学历与素养均不高，复合型人才更加少见。此外，监理从业人员多以项目为依托，人员流动性大，调研发现 20～40 岁区间的从业人员离职率非常高，这导致了监理企业难以稳定发展。

（4）服务准备因素分析。服务准备因素包括企业资质不全与企业对全过程工程咨询认识不足两个制约因素。监理企业资质不全反映了监理企业转型全过程工程咨询服务的硬性约束，全过程工程咨询服务根据其服务内容对企业资质与资信有更多更高的要求；企业对全过程工程咨询认识不足则反映了监理企业发展全过程工程咨询服务的软性约束，是企业战略上对发展全过程工程咨询的意图。

4 监理企业转型全过程工程咨询的对策

分析表明，监理企业自身因素是影响监理企业转型的直接制约因素，市场环境因素、行业人才因素与服务准备因素则进一步对监理企业发展全过程工程咨询有了限制。监理企业转型全过程工程咨询需要企业、政府以及行业协会共同努力。

（1）监理企业应多维度提升核心竞争力。业务维度，开展全过程工程咨询服务需要监理企业在咨询服务内容纵向延伸与服务类型上横向拓展；组织维度，需要企业调整其内部组织结构，建立与全过程工程咨询相适应的内部管理框架和企业服务标准；专业维度，企业需要提升自身综合实力与专业水平，如提升项目管理能力，为开展全过程工程咨询服务做好资质资信等相关要素的准备；人才维度，通过制定人才战略，引进高素质人才、培育专业人才，建立适应全过程工程咨询服务的人才体系。

（2）政府部门应鼓励监理企业服务转型。一方面，完善工程监理制度体系。包括明确监理行业的服务标准，提升监理的平均服务水准；加强市场监管与诚信评价，引导行业健康发展。另一方面，健全全过程工程咨询服务体系。通过健全全过程工程咨询的政策体系，明确全过程工程咨询服务标准与规范，完善相应的监管体系，并进一步加强引导监理企业向全过程工程咨询服务转型。

（3）行业协会通过行业管理提升行业认可度。行业协会是沟通政府、企业与市场的桥梁和纽带，是实现行业自律、规范行业行为、开展行业服务、保障公平竞争的社会组织。监理行业协会应配合政府行政手段，通过行业协会加强行业管理，促进监理行业的正向积极发展，提升行业自信、市场对监理行业的认可度，这将有助于为行业吸引高素质人才、复合型人才。

5 结论

本文综合运用文献研究、专家访谈等方法识别出了18个监理企业开展全过程工程咨询服务的制约因素，包括企业业务范围单一、企业资质不全、企业发展规划落后等。根据主成分分析提取了四个关键制约因素大类，监理企业自身因素、市场环境因素、行业人才因素以及服务准备因素。根据制约因素分析结果，从监理企业、政府以及行业协会提出了监理企业全过程工程咨询转型的对策。

参考文献

[1] 许程洁，田菲菲．阻碍监理企业发展的问题分析和对策研究[J]．工程管理学报，2012，26(6)：96-100.

[2] 曹一峰，刘铭．工程监理行业30年发展及转型探究[J]．建设监理，2019(2)：10-16.

[3] 孙士雅，韩向春．“一带一路”倡议下监理企业国际化发展策略探讨[J]．建设监理．2020(3)：38-41.

[4] 杨学英．监理企业发展全过程工程咨询服务的策略研究[J]．建筑经济，2018，39(3)：9-12.

[5] 许晔，许旼．我国监理行业转型方向与对策研究[J]．建筑经济，2016，37(4)：11-14.

[6] Jingai Liu. Research on Credit Evaluation of Engineering Supervision Enterprises Based on AHP Analysis[P]. Proceedings of the 2019 4th International Conference on Financial Innovation and Economic Development (ICFIED 2019)，2019.

[7] 郭满祥．监理行业的现状与对策浅析[J]. 大陆桥视野，2017(18)：364.

[8] 王探春．工程监理企业开展全过程工程咨询服务的优势与探索[J]. 中国科技投资，2019(20)：63-64.

[9] 史春高，王云波．关于监理企业转型工程建设全过程工程咨询服务的对策研究[J]. 北方建筑，2017，2(4)：73-77.

[10] 王宁．全过程工程咨询背景下监理企业转型策略探讨[J]. 工程经济，2020，30(9)：14-16.

[11] 许景波．发展全过程工程咨询是监理企业转型升级的重要机遇[J]. 建设监理，2020(11)：10-11，26.

[12] 崔伟华，尉艳娟．创新引领未来—全过程工程咨询模式—工程监理企业转型升级的必由之路[J]. 项目管理评论，2019(26)：61-64.

[13] 温丽娟．新时期监理企业向咨询企业转型发展的途径研究[J]. 建设监理，2019(7)：4-5,8.

[14] 李振丽．基于全过程工程咨询服务的监理企业转型模式探讨[J]. 中国房地产业，2020(17)：279.

[15] 杨明宇．监理企业向全过程工程咨询转型发展的思考[J]. 建设监理，2019(7)：6-8.

[16] 张跃峰．关于监理企业转型发展全过程工程咨询服务的探讨[J]. 建设监理，2019(9)：5-7，13.

[17] 李辉山，范相弟．基于 ISM 的监理企业发展全过程工程咨询的能力因素研究[J]. 绿色建筑，2020，12(6)：101-105.

[18] 王亚鹏，吴立军，范宗杰，等．内地监理企业借鉴香港工程管理模式向全过程工程咨询企业转型的研究[J]. 建设监理，2021(1)：14-17.

[19] 周翠．监理企业发展全过程工程咨询业务的关键技术探索[J]. 建筑经济，2020(7)：18-23.

[20] 向鹏成，薛雨桐．全过程工程咨询背景下的监理工程师职业素质提升研究[J]. 建筑经济，2019，40(5)：24-28.

[21] 裴仰，陶升健．监理人才向全过程工程咨询人才转型初探[J]. 建设监理，2020(S1)：133-136＋141.

海外巡览

Overseas Expo

斯德哥尔摩市区域供热清洁热源的高清地图

苏　畅[1]　Johan Dalgren[1]　Bjorn Palm[1]　钟　华[2]　陈　稳[3]

（1. 瑞典皇家理工学院；2. 诺丁汉特伦特大学建筑、设计与环境学院；
3. 华中科技大学土木与水利工程学院，武汉 430000）

【摘　要】 区域供热部门的脱碳是斯德哥尔摩市实现2040年净零排放目标的关键措施。待解决的一个重要问题是找出城市行政区域内所有可用于区域供热的清洁非化石燃料热源的位置，并评估从这些热源中可以提取多少热量。本文利用基于地理信息系统的综合分析方法，对人口密集的斯德哥尔摩市区域的清洁非化石燃料热源的地理位置和技术潜力进行了规划。该绘图实现了1m的高分辨率，并提供了集成的开放数据集，以克服数据可用性问题。测绘结果表明，斯德哥尔摩市有大量清洁的非化石燃料热源可用于区域供热。通过充分挖掘这些热源的潜力，估计每年会开采约7054GW·h的热能，可以满足斯德哥尔摩市现有区域全部供热能源需求。每种热源的潜在份额为：水体48.3%，数据中心45.4%，超市4.5%，地下地铁站0.8%，污水处理厂0.5%，浅层地热0.3%，溜冰场0.2%。共确定了9个热源群，可优先用于清洁热能开发。通过使用高分辨率地图，区域供热设施可以根据本地热源可用性以前瞻性的方式规划容量。本研究开发的方法路径可推荐给其他有区域供热需求的城市，并协助其清洁区域供热过渡路线图设计。

【关键词】 区域供热；热源；地理信息系统；高分辨率

High-resolution Mapping of the Clean Heat Sources for District Heating in Stockholm City

Chang Su[1]　Johan Dalgren[1]　Bjorn Palm[1]　Hua Zhong[2]　Wen Chen[3]

(1. KTH Royal Institute of Technology; 2. School of Architecture, Design and the Built Environment Nottingham Trent University; 3. School of Civil Engineering and Mechanics, Huazhong University of Science and Technology, Wuhan 430000)

【Abstract】 Decarbonizing the district heating sector is a key measure to achieve the 2040 net-zero emissions target for Stockholm City. One significant question to answer is to find out the locations of all the clean non-fossil fuel heat sources that could be used for district heating within the city's administrative boundary, and to evaluate how much heat could be extracted from these heat sources. This paper maps out both the geolocations and the technical potentials of the clean non-fossil fuel heat sources for densely populated Stockholm City region, using Geographical Information System based integrative-analysis method. The mapping achieves 1-meter high-resolution and provides integrated open datasets to overcome the data availability issue. The mapping results show that a great number of clean and non-fossil fuel heat sources are available for district heating in Stockholm City. By fully unlocking the potentials of these heat sources, around 7054 GWh heat energy is estimated to be possibly exploited per year, which could cover 100% of the existing district heating energy requirement in Stockholm City. The potential share of each mapped heat source is: water bodies 48.3%, data centers 45.4%, supermarkets 4.5%, underground subway stations 0.8%, sewage plants 0.5%, shallow geothermal 0.3% and ice rinks 0.2%. A total of 9 heat sources clusters are identified, which could be prioritized for clean heating energy exploitation. By using the high-resolution mapping, the district heating utilities could plan the capacity in a forward looking way according to the local heat source availability. The method pipeline developed in this study could be recommended to other cities with district heating needs and assist their clean district heating transition roadmap design.

【Keywords】 District Heating; Heat Source; Geographical Information System (GIS); High-resolution

1 引言

区域供热（DH）是一项通过配电网和变电站向客户供热的跨学科技术。客户的需求可以是空间供暖、家用热水供应和工业过程供热。在瑞典，区域供热在住宅和服务型建筑中的终端能耗为 46TWh，占住宅和服务型建筑（不包括单户住宅）终端能耗的 32%，仅次于耗电量（51%），排名第二[1]。

在斯德哥尔摩市，超过 80%的建筑都连接到区域供热系统。区域供热系统主要由斯德哥尔摩市 4 个电厂 Vartan、Hogdalen、Hasselby 和 Hammarby 组成，除此之外，一些较小的电厂也连接到管道上，以提供调峰能量，特别是在极端寒冷天气条件下。区域供热系统管道总长约 2800km[2]，年均供热量约为 6000GWh[3]，2018 年区域供热系统提供给斯德哥尔摩市的热量约为 6600GWh。区域供热系统的热源包括湖泊和污水的热量（18%）、生物燃料（32%）、电加热（12%）、废物焚烧

(24%)和化石燃料(14%)[4]，其中化石燃料的供热主要用于极寒天气的调峰供热。

斯德哥尔摩市区域供热占供热部门二氧化碳排放量的84%。不包括区域供热的其他CO_2排放包括：油加热(11%)、电加热(4%)、燃气加热(0.5%)和生物燃料加热(0.2%)[5]。根据斯德哥尔摩气候行动计划，为了在2040年前实现不再使用化石燃料的目标，区域供热使用的化石燃料必须被零排放能源所替代。此外，化石燃料产生的塑料必须分类，同时减少垃圾(含塑料)焚烧，这些措施可减少2.6万t CO_2排放[3]。

如今，区域供热的基本理念已演变成使用本地燃料或热量资源，通过供热网络和变电站来满足本地用户的需求[6]，这意味着区域供热系统必须包含三个基本要素才能具有竞争力：技术和经济上可行的热源、有利可图的热市场和高效的热分配网络。在国际上，联合国宣布了17个可持续发展目标[7]，其中，可负担得起的清洁能源这个目标主张加大基础设施建设和提升技术，以提供更加清洁高效的能源，并鼓励通过提高能源生产率实现化石能源系统到可再生能源系统的转变[8]。为了反映上述国内和国际共识，已建立和新规划的区域供热系统需要调整，以最大限度地为全球能源系统脱碳作出贡献，特别是在供热方面，未来的区域供热系统应整合所有低品位清洁热源和非化石燃料热源，以维持一个可行和有吸引力的技术选择。

智能区域供热系统和相关供热基础设施的数字化导致从生产现场到终端用户产生大量数据，对这些时空数据进行充分汇编和分析，可以为更好地规划新建筑、评估不断扩大的区域供热网络和优化现有系统的运行提供机会。例如，通过使用时间数据，法国的一项研究开发了一种技术经济决策辅助工具，用于利用余热进行建筑供热[9]。与此同时，通过地理信息系统(GIS)利用时空数据对热源供需进行绘图已有先例。早在2003年的瑞典，地理信息系统就已被用于识别工业过程和热电联产中多余热量再利用的热负荷群[10]。2008年，丹麦热计划项目开始建立基于地理信息系统的丹麦热地图[11]，通过该地图可以实现高清空间热规划[12]，使用这样的热图谱，已经进行了几个案例研究，比如评价扩建区域供热系统的技术经济潜力[13]，估算区域供热系统热泵的热源潜力[14]，伦敦[15]和柏林[16]等大城市已经使用GIS构建了自己的城市级建筑热图，基于GIS的分析也被用于寻找利用工业余热的潜在地点[17]。

近年来，世界各国的研究人员越来越重视开发基于GIS的开源能源建模工具，研究空间分析算法的应用，构思城市区域供热系统能源管理的系统优化数学方法。例如，Al-hamwi等人利用开源数据开发了一个基于GIS的能源系统建模工具[18]，该工具已应用于城市能源需求和可再生能源系统设计[19]。采用混合整数线性规划方法对瑞士洛桑地区[20]的区域供热系统进行了地热潜力集成研究。在美国，基于GIS的空间分析已经用于国家级的区域供热潜力评价[21]。在我国，对地源热泵和水源热泵进行了国家和区域两级GIS分析[22~24]。

然而，现有的研究大多只集中在建筑行业，即热需求侧分析，在供应侧的热源潜力地图仍然缺失。此外，由于很多研究只使用了不足1km置信水平的粗分辨率数据，目前还没有高空间分辨率的DH热源地图(如PETA4项目)[25]。为解决上述研究空白，本研究基于GIS综合分析方法为斯德哥尔摩城市建立1~10m高分辨率DH热源地图，比现有项目的1km置信水平提高了100倍。找到清洁非化石燃料热源的地理位置后，本研究将根据其温度水平，评估所绘制热源的技术潜力。最后，本研究将确定可优先开发清洁热源的热源群，并讨论高清热源地图的意义。

2 方法

为了找出斯德哥尔摩市的清洁非化石燃料热源的地理位置，采用基于 GIS 的集成分析方法从大量参考文献中收集热源地理位置数据。在以下章节中，针对每种已识别的热源提供了相应的参考资料，热源数据库中集成的所有地理数据也以补充资料的形式公开提供。数据清理是为了保证数据质量。数据收集、地理编码和地理空间分析是在 QGIS 软件的协助下使用包括 Python 在内的开源工具进行的[26,27]。

建立地理信息数据库后，使用简化经验模型评估可用于区域供热热源的技术潜力，然后将各类热源的能量潜力数据与地理数据库重新集成。最后，利用 QGIS 绘制高清地图实现了热源位置和潜力的可视化，同时采用聚类分析对高热源密度区域进行了研究。方法流程如图 1 所示。

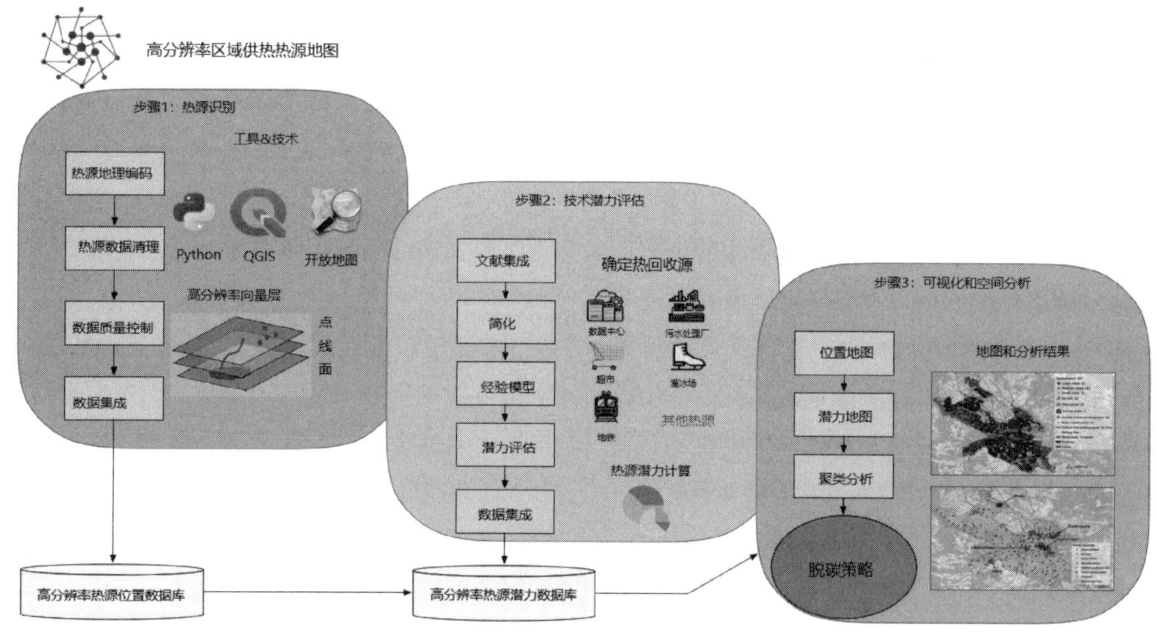

图 1　方法流程示意图

2.1 清洁非化石燃料热源

本研究确定的区域供热候选热源分为可再生热源和热回收热源两大类。可再生热源包括河水、湖水、海水、森林（生物质）和浅层地热，热回收热源包括超市、溜冰场、数据中心、污水处理厂、污水管道、地下地铁站、地下地铁线路以及工业过程的余热。每种类型的热源都属于三种地理特征之一，即点特征、线特征或多边形特征，表 1 列出了分类。

清洁非化石燃料热源及相应形状　　表 1

尺寸类型	点	线	多面体
可再生能源	—	河	湖
	—	—	海
	—	—	浅层地热
	—	—	森林(生物质)
热回收	超市	污水管道	—
	污水处理厂	地铁线路	—
	数据中心	—	—
	溜冰场	—	—
	地铁站	—	—
	工业	—	

2.2 热源地理数据采集及能量潜力评估

针对各种热源，采用综合分析的方法评价了热提取的技术潜力，可提取的热能数据来自相关出版物，在文献综述的基础上，采用热计算的经验模型，热量计算结果与热源的地理位置数据重新集成，形成斯德哥尔摩市的热源数据集。

2.2.1 超市

超市制冷系统的冷凝器有很大回收热量的机会，因为超市中用于食品保鲜的制冷负荷约占超市总耗电量的50%[28]。随着CO_2增压系统的重新出现，热回收尤其有利，该系统旨在逐步淘汰高全球变暖潜势（GWP）氢氟碳化合物（HFC）制冷剂，如R404A[29]。据报道，二氧化碳跨临界循环的可回收热量足以满足超市的空间供暖需求，也可以加入瑞典[30]的DH网络。在寒冷的气候条件下，它也比传统的HFC系统更高效[31]。

在本研究中，斯德哥尔摩市超市的地理位置通过OpenStreetMap（OSM）的API（Application Programming Interface）[32]收集。Alhamwi et al[18]详细描述了获取此类数据的技术。数据点包含一系列特征列，如超市的名称、连锁品牌及其地理位置。对于每个超市点，数据清理过程将舍弃小型便利店，只保留连锁品牌超市。超市又分为小型、中型和大型超市，超市的规模与其可回收热量相关。

为了估计超市回收热量，丹麦的一项研究报告指出，超市可回收的总热量可以根据其冷却系统的耗电量计算出来，经验因子为1.2～1.5，通过将该因子与冷却系统的电力消耗相乘，得到回收热量的近似值[33]。对于瑞典超市，根据经验法则，中等规模超市的总可回收热量与其冷却能力的相关系数为1.3～1.5[34]。热量通常从降温器和冷凝器中回收，用于超市内部空间的加热[35]。为了将回收的热量用于DH，可在冷凝器后增加另一个换热器，并与热泵连接，按照DH供应温度[36]的要求，热泵可以将温度提高到110℃。Arias[37]指出，实际上超市的可回收热量约为冷凝器容量的40%～70%，热源温度（冷凝器和降温器）可以达到20～80℃。

本研究中，瑞典一家中型超市每年的总热量回收约为1.6GWh[38]，小型超市和大型超市贡献给DH的总可回收热量分别设定为中型超市的0.5倍和1.5倍。

2.2.2 溜冰场

溜冰场的运行类似于超市的制冷系统。在瑞典，一个平均大小的溜冰场每年大约消耗1GWh的能量，其中约43%用于制冷系统[39]，从冷却系统中回收热量用于空间供暖和热水供应有很大的潜力。与超市的热回收原理类似，这种热量通常从冷却系统的冷凝器或降温器中获得。瑞典溜冰场最常用的制冷剂是氨（R717），占冰场安装量的85%，其余15%的设施使用R404A、R134a或其他HFC制冷剂[40]。在最近的趋势中，随着越来越多的溜冰场从传统的HFC制冷剂系统改造成CO_2系统，再利用CO_2跨临界系统的热量尤其受益。

斯德哥尔摩市溜冰场的地理位置数据是通过网络抓取和地理编码技术收集的。首先，人造溜冰场的地址来自斯德哥尔摩体育场的网站[41]，然后这些地址被用作谷歌地图服务的输入，以获得溜冰场的地理位置坐标。将采集到的冰场数据集成为点数据集，并分配坐标参考系。

估计从溜冰场回收的热量与超市类似，对于瑞典的一个平均大小的溜冰场，贡献给DH的可回收热量设定为制冷负荷的1.3倍，但是，不同类型溜冰场的冷却需求不同[42]，由于从现有地理数据中获取冰场大小相对困难，现阶段忽略了这个变量。因此，所有溜冰场均假定为平均大小的溜冰场[43]，热源温度（冷凝器和降温器）可以达到 20～80℃[39]。

2.2.3 数据中心

数据中心的处理器、芯片和交换机可以产生 861～16764W/m^2 的热负载[44]，应进行良好的冷却，以保持其最佳运行条件。数据中心可采用风冷系统、水冷系统或两相冷却系统。冷却系统的选择取决于数据中心的大小，通常风冷系统适用于较小的数据中心，水冷和两相冷却系统适用于大中型数据中心[45]。回风、回水或两相流体的温度分别为 45℃、60℃和 75℃[46]。因此，数据中心的余热是非常适合 DH 的热源。在每一种类型的数据中心冷却系统中，可以安装一个热泵来提升余热温度并将其并入 DH 供应或返回回路。热回收热泵可以是电驱动蒸汽压缩型，也可以是吸收式[47]。

在本研究中，斯德哥尔摩数据中心的地理位置来自开源网站[48,49]，以及与当地的交流。首先收集数据中心的地址，然后用坐标进行地理编码，并集成到数据中心数据集中。然而，数据中心可回收热量的估计是具有挑战性的，除了 Rosersberg AB 数据中心（每年 80GWh）[50]和 Bahnhof 数据中心（每年 112GWh）[51]等少数报告外，目前无法获取其他数据中心的热能回收信息。因此，在目前阶段，基于上述两个数据中心的可用信息，本研究假设斯德哥尔摩数据中心的平均可回收热量约为 100GWh/年。

2.2.4 污水处理厂及污水管道

污水处理后，净化废水的温度在 7～20℃之间变化，其中，斯德哥尔摩市内的两家主要污水厂 Bromma avloppsreningsverk[52] 和 Hammarbyverket[53]已经能够从处理过的水中回收大量的热量，分别为 630GWh 和 1200GWh。热回收可使水温降低到 0.5～4℃[54]，这被认为是一个保守的估计，因为一个新的污水处理厂正在斯德哥尔摩建设，具有热回收的潜力。现有的热回收不包括在本文中，因为本文打算调查未开发的热回收潜力，而不是现有的应用。

为了释放未来的热量回收潜力，有可能将未经处理的污水在进入处理厂[55]之前的热量重新利用。Vestberg 估计，在瑞典的一个污水厂[54]，每年可能提取大约 18GWh 的热量。本文还开发了一种新型的换热器用于废水热回收[56]。本文对斯德哥尔摩市现有污水处理厂采用 18GWh 的热回收量值进行研究，但是需要注意的是，降低未经处理的污水水温会给污水管道系统带来问题，例如，水温不足可能会导致管道堵塞，导致水中的油脂凝固，另一个问题是，污水厂的工艺需要大约 10℃的温度。因此，建议在对污水处理厂和污水管道进行热回收之前，进行更深入的技术经济可行性调查。

2.2.5 地铁站和地铁线

当地铁在地下隧道内运行时，会产生大量的热量，列车的发动机是主要的热源，特别是在列车制动、接近站台和加速[57]时，产生的热量很大，地下隧道内空气被加热，热量可以传递到隧道壁面和覆盖隧道的土壤中。例如，对于伦敦地铁，温度可以达到 30℃[57]，类似的现象也可能发生在斯德哥尔摩的地铁系统中，因此，利用热泵[58]回收这些热量并将其作为空间供暖热量是环保的。换热器可以安装在隧道壁上，通过二次流体的流动来带走隧道内的热量，然后使用热泵提高温度以供 DH 使用。

在本研究中，斯德哥尔摩市地铁站的位置从 Storstockholms Lokaltrafik 网站[59]获得，部分数据被清理，只保留地铁车站和地铁线路，根据 Nicholson 等人描述的热回收模型，如果地铁隧道[60]安装 500m^2 的热交换器，则每个车站每年可获得的热量为 1.1GWh/年，热源的温度范围在 10～20℃[61]。

2.2.6 水体

河流、湖泊和海水是可以作为低品位热源的适宜水体，可以安装水源热泵来利用水体中储存的热量。斯德哥尔摩已经成功地在 Ropsten 安装了大型海水热泵，它包含 6 个热泵，每个安装容量为 25MW，使用 R134a 作为制冷剂。冬季，热泵从 14m 深的波罗的海吸收海水，海水温度可达 2℃[62]，夏季，水取自 15℃的地表附近。据估计，海水热泵每年产生的热量为 500GWh。因此，类似的策略可能适用于斯德哥尔摩的其他水体。但需要注意的是，在本研究中，只有水深大于 10m 的水体才被认为是可行的水源热泵，因为地表浅水易受气温的影响。水体数据来自世界野生动物基金会的 HydroSHEDS[63]，地理空间处理用于提取斯德哥尔摩的水体。

取水点在水体多边形中创建，用于热提取。为避免热短路，假设每个取水点之间的距离为 1km。参考 Vartaverket[62] 中已安装的海水热泵，假设每个取水点可安装 30MW 容量的热泵，相应的年产热为 100GWh。

2.2.7 地热能

通过安装地源热泵（GSHP），可以将浅层地热能用于建筑空间采暖。不建议在人口密集的斯德哥尔摩地区安装水平地面热交换器，因为它需要很大的土地空间。通常情况下，可以钻一个 150～250m 的垂直钻孔，在里面放置一个 U 形管，使用盐水循环交换热量。在瑞典，这样一个单孔可以达到 30W/m 的热提取[64]，年运行时间为 4000h，每米钻孔取热 120kW·h。

地源热泵技术在瑞典是比较成熟的，大多数都用于单户住宅[65]，其容量为 10kW。对于地源热泵与 DH 一体化，典型的安装容量应达到 1M～10MW。一些参考资料给出钻孔之间的最小距离应为 6m，但为了保守估计和避免钻孔间的干扰，本研究采用了 10m 的钻孔距离，如果假设安装 200m 深的钻孔（6kW），对应兆瓦级容量的钻孔场地需要 0.5km^2 及以上土地面积。斯德哥尔摩的内城，作为一个人口密集的城市区域，空间非常有限。因此，本研究只考虑了人口相对较少的斯德哥尔摩郊区进行地源热泵钻孔安装，大型安装区域也应该靠近建筑热需求集群。为了确定适合大型钻孔安装的开放空间，斯德哥尔摩的几个地图层被重叠，包括行政边界、建筑、森林和道路，这些图层可以从 OSM 中获得，确定面积超过 0.5km^2 的未重叠部分用于钻孔[66]。

值得注意的是，在最近的研究中，深钻孔系统变得很有前景，因为它可以显著减少浅钻孔所需的陆地面积，提高系统效率，同时也可以作为一种能量存储系统[67]。在将来与 DH 系统集成时，应该考虑这种可能性。

2.2.8 生物质

生物质是斯德哥尔摩 DH 能源输入的重要组成部分。用于热电联产和供热的大部分生物质都是从斯德哥尔摩以外的地方进口的，在斯德哥尔摩，森林实际上是自然保护区，不适合收集生物质。因此，本研究不考虑这些地区的生物质产量。

2.2.9 工业余热

工业余热通常非常适合用于 DH，如钢铁业、混凝土和水泥业、纺织业、食品业等，由于这些产业一般位于斯德哥尔摩市行政边界之外，因此本研究也不考虑它们。

3 结果和讨论

绘制了清洁非化石燃料热源的分辨率为 1m 的高清地图，根据温度等级列出潜在的热提取，并进行空间聚类分析，找出高热源密度区域，研究不同热源之间的协同效应。

3.1 热源位置

图 2（a）中的地图显示了候选清洁非化石燃料热源和相应的数字，包括 197 家超市［图 2（b）］、15 个溜冰场、32 个数据中心、2 个污水处理厂［图 2（c）］、地下地铁站 38 个、地下线路 38.5km［图 2（d）］、平均水深 10m 的水体并设定了 34 个取水点，确定 6 个开放空间安装地埋管［图 2（e）］。建筑和森林也在图 2（e）中显示，以帮助地面热交换器安装的可用开放空间的可视化。

从图 2 可以看出，大部分热源位于斯德哥尔摩市中心，可能存在清洁非化石燃料热源的空间集群。对于属于 Malaren 湖的水体，确定了 34 个位置作为热泵的取水点。为了避免热短路，每个点之间的最小距离为 1 公里。对于大型地热换热器装置，3 个开放空间确定在斯德哥尔摩北部（Bromma，Tensta，Hasselby），1 个在斯德哥尔摩东部（Gardet）和另外 2 个确定在斯德哥尔摩南部（Årsta，Farsta），用白色虚线椭圆表示。

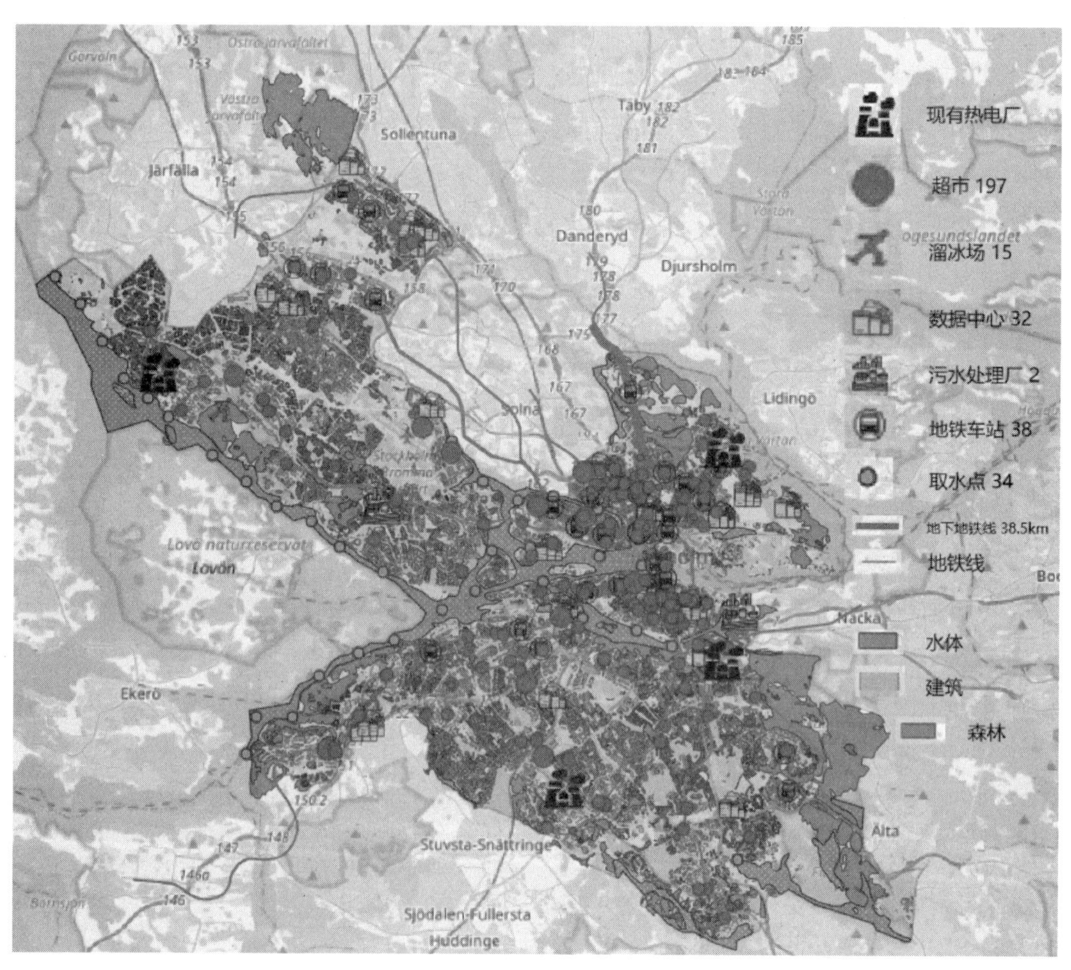

（a）所有热源

图 2　斯德哥尔摩市清洁非化石燃料热源图（一）

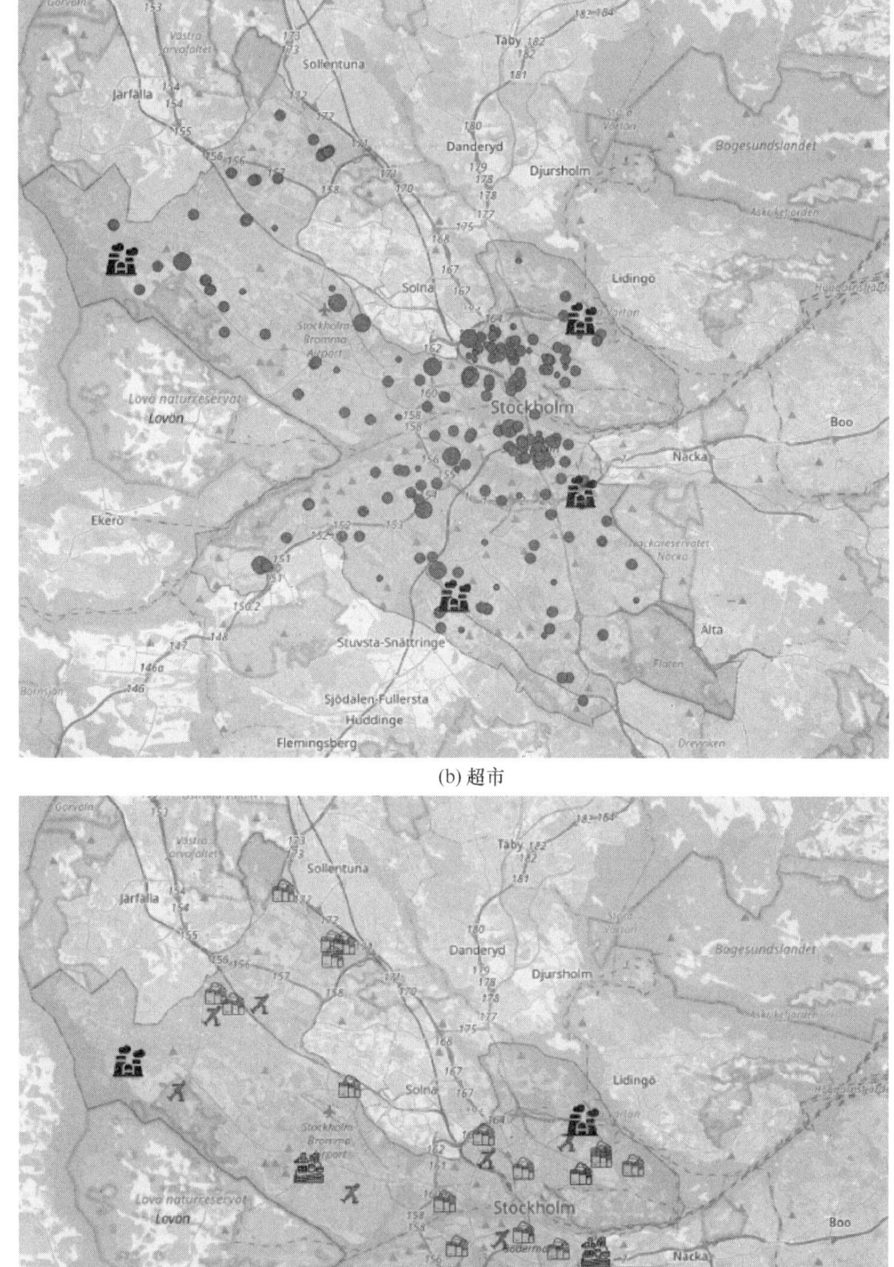

(b) 超市

(c) 溜冰场、数据中心、污水处理厂

图 2　斯德哥尔摩市清洁非化石燃料热源图（二）

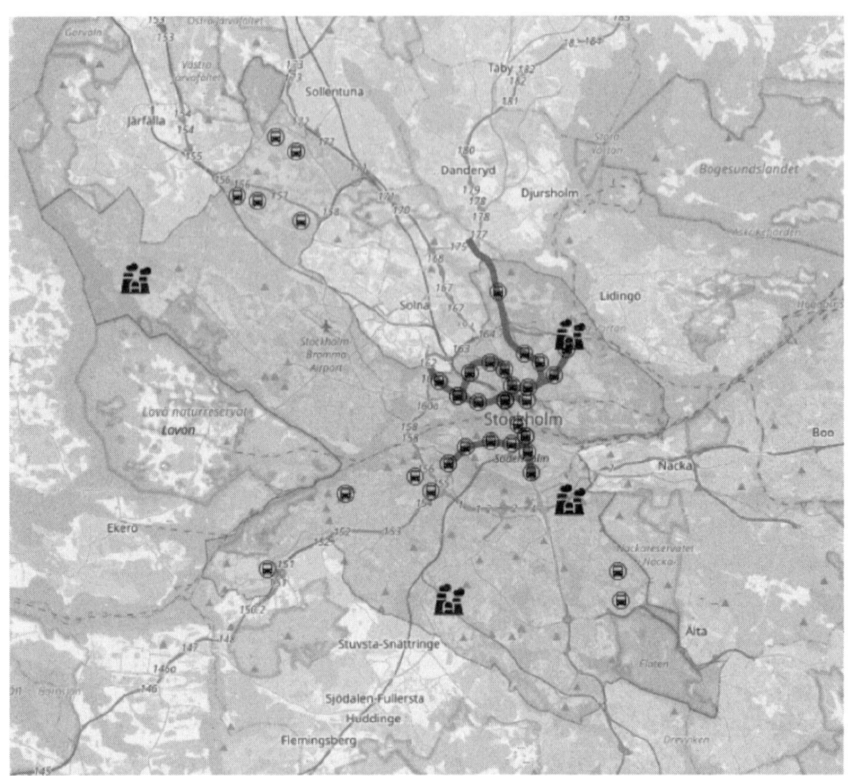

(d) 地铁站

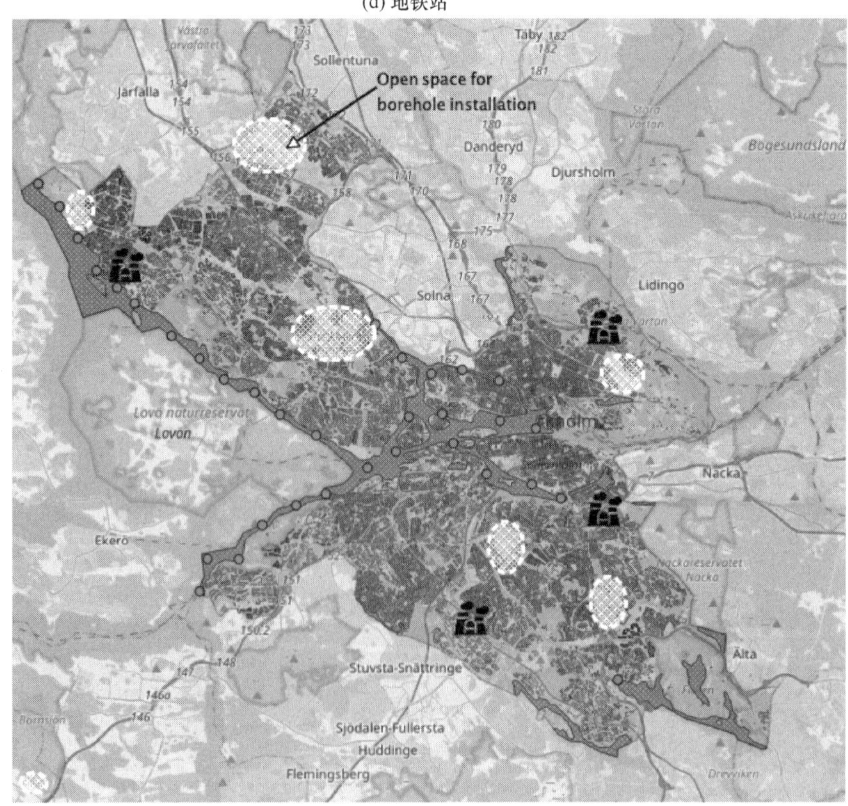

(e) 水体、浅层地热

图 2　斯德哥尔摩市清洁非化石燃料热源图（三）

3.2 热源技术潜力

考虑到基于第 2 节计算的热提取和回收方案，表 2 列出了年可用热容积。每个热源的潜力所占百分比如图 3 所示。

表 2 和图 3 显示，水体和数据中心提取热量的技术潜力最高，其次是超市。据估计，总热技术潜力为 7054GWh，如果充分开发，可以覆盖斯德哥尔摩目前 DH 能源输入的 100%（6000 GWh/年[3]）。所有确定的热源都可以用于零碳排放的 DH 系统。热提取技术的应用也表明，大部分绘制的热源是低品位热源，这意味着可以安装热泵来提高空间供暖和热水供应的温度，这显示了热泵应用的巨大潜力。然而，实际的热量提取是由换热器和热泵的装机容量决定的，每个应用项目的系统设计配置都需要进行现场技术经济计算。

清洁非化石燃料热源能源潜力　　表 2

来源	数量	温度/℃	总热量/(GW·h/年)
超市	197	冷凝器 20～80	316
溜冰场	15	冷凝器 20～80	11
数据中心	32	空气冷却 20～45	3200
		水冷 20～60	
		两相冷却 50～60	
污水处理厂	2	污水 10～15	36
地铁站	38	空气 10～20	58(500m²热交换器)
水体	34 (15km²)	10m 深度平均水温：4	3400(30MW 热泵容量)
地热	6	平均地面温度：7～9	24(100m 钻孔，孔功率为 3kW)
总量			7054

3.3 热源空间聚类分析

利用 k-均值聚类技术对[20]进行空间分析，寻找高热源密度区域进行热协同开发，然后根据热利用位置将所有的清洁非化石燃料热源转换为点。聚类的权重包括空间位置和年热量。

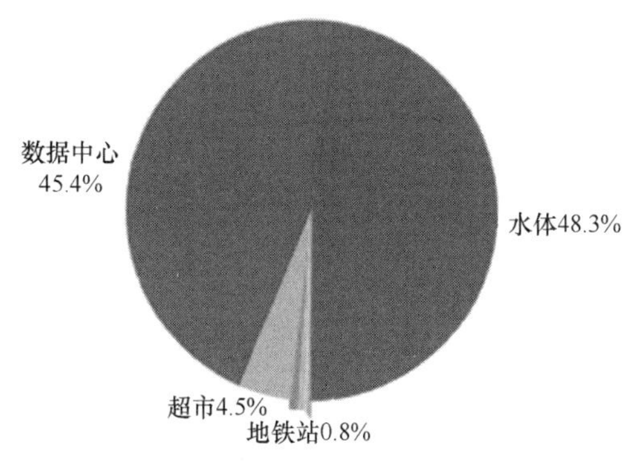

图 3　每个热源潜力所占百分比

图 4（a）为所有热开采位置的集群，它表明，数据中心使能量集群严重偏向于它。Ostermalm、Sodermalm、Kista、Satra 和 Liljeholmen 是确定的协同区域，热量应优先利用。排除数据中心后，二级聚类分析显示［图 4（b）］，Vasagatan、Kungsholmen、Bromma 和 Skarholmen 出现了新的高热密度区域。

图 4 所示区域可视为热密度较高的区域，此区域的热源可优先用于 DH。例如，在热源集群的帮助下，DH 公共部门可以前瞻性地规划 DH 网络的规模，通过了解热源群和它们的热潜力，DH 公共部门可以相应地规划更大的管道，为未来的 DH 容量扩展和清洁供暖过渡做准备。对于非集群地区，如果居民区供热一部分由当地的低温余热提供，则集中式工厂（例如，废物焚化或生物燃料热电联产）提供给该地区的热量可以减少，因为回收的热量可以用于自己利用，这将允许更小的管道尺寸或更低的供应温度，这反过来将减少热损失，关于这些分布式热源和低温网络好处的研究见文献 68。为了尽可能减轻分配系统的压力，从而从剩余热源中获得最高的系统效益，首先将热源连接到远离集中生产的低温区域（即高性能用户）非常重要，这样可以消除许多瓶颈[69]。

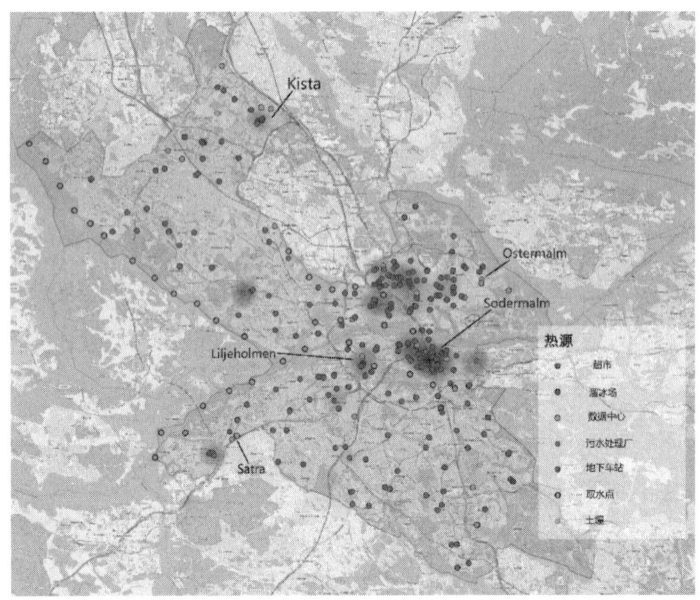

(a) 包括数据中心

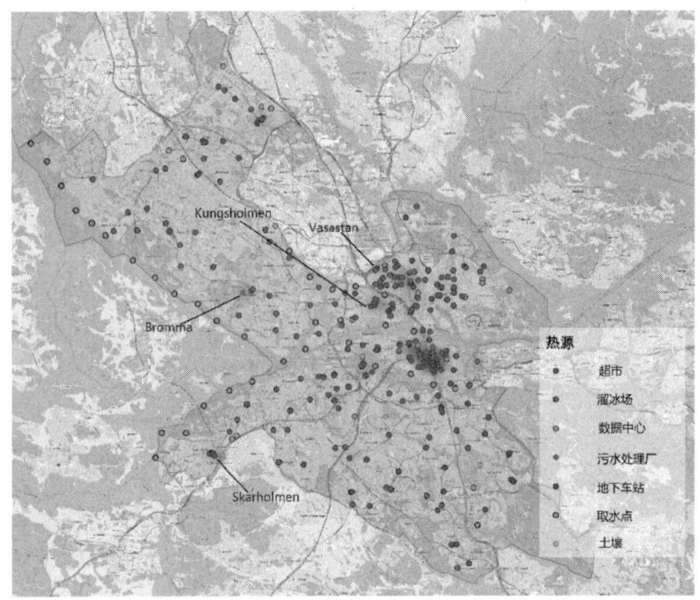

(b) 不包括数据中心

图 4　新出现的高热源密度区域

4　结论、局限性和未来的工作

本研究采用基于 GIS 的集成分析方法，绘制了斯德哥尔摩市区域供热系统清洁非化石燃料热源的地理位置和技术潜力地图，该地图分辨率可达 1m，热源图可以促进 DH 部门的清洁能源转型，因为可以用来替代现有的化石燃料能源或满足 DH 的新能源需求增长。

本文确定了大量的清洁热源，并估算了它们的技术热利用性。热源包括 197 家超市、15 个溜冰场、32 个数据中心、2 个污水处理厂、38 个地下地铁站、约 15km^2 的水体（34 个取水点）和 6 个地热能开放空间。根据简化的经验计算，每年总的热提取估计为 7054 GWh，可以覆盖斯德哥尔摩目前 DH 能源使用的 100%。通过充分释放这些热源的潜力，可以加速城市向净零排放的过渡，实现可持续发展目标。

斯德哥尔摩市的热源群被确定，热源密度最高的地区为：Ostermalm、Sodermalm、Kista、Satra 和 Liljeholmen。此外，Vasagatan、Kungsholmen、Bromma 和 Skarholmen 几个地区也可以考虑作为热源地点。在考虑斯德哥尔摩 DH 的热开发时，可以优先考虑这种高热源密度的地区，因为 DH 公共部门可以根据该地区的热源潜力来确定热网管道的尺寸，以最好的方式利用低等级的热能。

本研究的局限性主要在于所绘制热源的热潜力估算。目前，它是基于相关文献的简化计算，采用经验模型或经验法则，因此，需要对不同热源的热提取潜力进行更准确地模拟或建模，这需要对各种类型的热源有深刻的领域知识，包括超市、溜冰场、数据中心、水体、地热等。最后，决定热源是否会被使用是来自热源的能量成本，这将在未来的工作中继续研究。此外，由于热泵是利用许多热源的关键技术，DH 部门电气化时可能对电网产生重大影响。由于卫生部门电气化对电网的影响，电网在最近 5～10 年内可能无法准备好支持卫生部门的整个电气化。

与此同时，交通部门和一般新兴行业的电气化，以及人口增长等都需要更好的电网。因此，除了 DH 之外，电网升级也需要其他原因。瑞典正在安装大量的风力发电设备，预计今年大部分时间将会出现廉价电力过剩，这些电力可以用于运行热泵。这种解决方案与不同科学出版物的建议一致，如 Østergaard 等[70]。但是，如果 DH 部门彻底电气化是期望的未来路线，那么重新设计电网是非常必要的。现在最好的折中办法也许是以一种成本效益高的方式使 DH 部门电气化，从而带来更大的灵活性。

目前的研究还将热潜力估计集中到以 GWh 表示的年度总量上，然而，为了更好地与热需求曲线匹配，需要进一步的时间分辨率来研究每个热源的小时或日能量波动。下一步，可以提供每个热源热量的高时间分辨率研究。

由于 DH 网络的供水和回水温度已经低于 100℃，绘制的热源地图对于具有第三代或第四代 DH 的城市是有前景的。例如，受益者可以是北欧国家的城市或其他实施 DH 的人口密度高的欧洲城市。

对于世界其他国家来说，这种绘图方法可以很容易地复制到 DH 的清洁热源绘图中。然而，应该注意的是，绘制的清洁非化石燃料热源图通常是低等级的热源，经常需要安装热泵来提升热源的品位，这对热泵来说是一个巨大的机遇，尤其有利于高可再生能源电网。为了保证良好的热泵性能系数，建议将热网温度降低到 100℃以下，以获得更好的热泵效率，并减少网络热损失。

参考文献

[1] Swedish Energy Agency. Energy in Sweden 2019 an Overview. 2019.

[2] Open District Heating. Recover Your Excess Heat with Open District Heating. 2019. [Online]. Available: https://www.opendistrictheating.com/our-offering/. [Accessed: 20-Jan-2020].

[3] Stockholms stad. "Fjarrvarme-åtgarder Perioden 2020-2023 in Klimathandlingsplan 2020-2023, Stockholm, 2019, p. 42.

[4] Stockholms stad. Climate Action Plan 2020-2023. 2020.

[5] Stockholms stad. Uppvarmning-bakgrund, in Klimathandlingsplan 2020-2023. Stockholm, 2019: 39-40.

[6] S. Frederiksen, S. Werner. The fundamental Idea of District Heating, in District Heating and

Cooling, 1st ed. Lund: Studentlitteratur AB, 2017: 21.

[7] United Nations. Sustainable Development Goals. [Online]. Available: https://epsrc.ukri.org/funding/calls/decarbonising-heating-and-cooling-2/. 2020.

[8] United Nations. SDG7, Affordable and Clean Energy.

[9] Goumba A, Chiche S, Guo X, et al. Recov' Heat: An Estimation Tool of Urban Waste Heat Recovery Potential in Sustainable Cities. AIP Conf Proc 2017.

[10] C. Sundlof. Svenska Varmenat-Potential for Utokat Varmeunderlag for Kraftvarme Och Spillvarme Genom Sammanbyggand Av Fjarrvarmenat (Swedish Heat Grids-Potential for More Aggregated Heat Loads for Higher Utilisation of Combined Heat and Power and Industrial Excess. 2003.

[11] A. Dyrelund et al. Heat Plan for Denmark. 2008.

[12] Nielsen S. A Geographic Method for High Resolution Spatial Heat Planning. Energy 2014 (67): 351-62. https://doi.org/10.1016/j.energy.2013.12.011.

[13] Nielsen S, Moller B. GIS based Analysis of Future District Heating Potential in Denmark. Energy, 2013 (57): 458-68. https://doi.org/10.1016/j. energy.2013.05.041.

[14] Lund R, Persson U. Mapping of Potential Heat Sources for Heat Pumps for District Heating in Denmark. Energy, 2016(110): 129-38. https://doi.org/10.1016/j. energy.2015.12.127.

[15] Greater London Authority. London Heat Map.

[16] IFAF. HeatMap-Visualisierung von Heizenergieverschwendungen in Offentlichen Gebauden Durch Eine Heatmap.

[17] F. Bühler, S. Petrovi'c, T. Ommen, et al. Identification and Evaluation of Cases for Excess Heat Utilisation Using GIS. Energies, 2018(11): 4. doi: 10.3390/en11040762.

[18] Alhamwi A, Medjroubi W, Vogt T, et al. GIS-based Urban Energy Systems Models and Tools: Introducing a Model for the Optimisation of Flexibilisation Technologies in Urban Areas. Appl Energy, 2017 (19): 1-9. https://doi.org/10.1016/j. apenergy.2017.01.048.

[19] Alhamwi A, Medjroubi W, Vogt T, et al. Modelling Urban Energy Requirements Using Open Source Data and Models. Appl Energy, 2018 (231) (October): 1100-8. https://doi.org/10.1016/j.apenergy.2018.09.164.

[20] Unternahrer J, Moret S, Joost S, et al. Spatial Clustering For District Heating Integration In Urban Energy Systems: Application to Geothermal Energy. Appl Energy, 2017 (190): 749-63. https://doi.org/10.1016/j. apenergy. 2016. 12. 136.

[21] Gils HC, Cofala J, Wagner F, et al. GIS-based Assessment of the District Heating Potential in the USA. Energy, 2013 (58): 318-29. https://doi.org/10.1016/j. energy.2013.06.028.

[22] C. Su, H. Madani, B. Palm. Heating Solutions for Residential Buildings in China: Current Status and Future Outlook. Energy Convers Manag, 2018 (177): 493-510. doi: 10.1016/j.enconman.2018.10.005.

[23] Su C, Madani H, Palm B. Building Heating Solutions in China: A Spatial Techno-economic and Environmental Analysis. Energy Convers Manag, 2019 (179): 201-18. https://doi.org/10.1016/j.enconman.2018.10.062.

[24] Su C, Madani H, Liu H, et al. Seawater Heat Pumps in China: a Spatial Analysis. Energy Convers Manag, 2020: 203. https://doi.org/10.1016/j. enconman.2019.112240.

[25] Aalborg University, Halmstad University, Europa-Universitat Flensburg. Pan- European Thermal Atlas. Heat Roadmap Europe, 2020. [Online]. Available: https://heatroadmap.eu/pe-

ta4/.

[26] GeoPy. [Online]. Available: http: //geopy. readthedocs. io. [Accessed: 10-Sep- 2020].

[27] QGIS. org. QGIS Geographic Information System. Open Source Geospatial Foundation Project, 2020.

[28] Mylona Z, Kolokotroni M, Tsamos KM, et al. Comparative analysis on the Energy Use and Environmental Impact of Different Refrigeration Systems for Frozen Food Supermarket Application. Energy Procedia, 2017 (123): 121-30. https: //doi. org/ 10. 1016/j. egypro. 2017. 07. 234.

[29] Ge YT, Tassou SA. Control Optimizations for Heat Recovery from CO_2 Refrigeration Systems in Supermarket. Energy Convers Manag, 2014 (78): 245-52. https://doi. org/10. 1016/j. enconman. 2013. 10. 071.

[30] M. Karampour, S. Sawalha. Supermarket Refrigeration and Recovery Using CO_2 as Refrigerant. 2014.

[31] Karampour M, Sawalha S. Energy Effiiency Evaluation of Integrated CO_2 Trans-critical System in Supermarkets: A Field Measurements and Modelling Analysis. Int J Refrig 2017(82): 470-86. https: //doi. org/10. 1016/j. ijrefrig. 2017. 06. 002.

[32] OpenStreetMap. [Online]. Available: https: //www. openstreetmap. org/. [Accessed: 01-Sep-2020].

[33] Sejlbjerg AK, Svenning CA, Madsen KB, et al. Overskudsvarme Fra Dagligvarebutikker. 2015.

[34] Sawalha S. Personal Communication. 2020.

[35] Adrianto LR, Grandjean PA, Sawalha S. Heat Recovery from CO_2 Refrigeration System in Supermarkets to District Heating Network in Refrigeration. Sci Technol, 2018: 1247-54. https: //doi. org/10. 18462/iir. gl. 2018. 1385.

[36] C. Mateu-Royo, S. Sawalha, A. Mota-Babiloni, et al. High Temperature Heat Pump Integration into District Heating Network. Energy Convers Manag, 2019 (210): 112719. doi: 10. 1016/ j. enconman. 2020. 112719.

[37] Arias J. Energy Usage in Supermarkets-Modelling and Field Measurements. KTH Royal Inst Technol 2005.

[38] Karampour M, Sawalha S. State-of-the-art Integrated CO_2 Refrigeration System for Supermarkets: A Comparative Analysis. Int J Refrig 2018 (86): 239-57. https: //doi. org/10. 1016/ j. ijrefrig. 2017. 11. 006.

[39] Mazzotti W. Secondary Fluids Impact on Ice Rink Refrigeration System Performance. KTH Royal Inst Technol 2014.

[40] Makhnatch P. Technology and Energy Inventory of Ice Rinks. KTH Royal Inst Technol 2011.

[41] Stockholm Stad. [Online]. Available: https: // motionera. stockholm/hitt a-oppen-skridskois/. [Accessed: 01-Sep-2020].

[42] Thanasoulas S. Evaluation of CO_2 Ice Rink Heat Recovery System Performance. KTH Royal Inst Technol 2018.

[43] J. Rogstam, M. Dahlberg, J. Hjert. Stoppsladd fas 2 Energianvandning i svenska ishallar. 2011.

[44] N. Rasmussen. Guidelines for Specification of Data Center Power Density. 2011.

[45] Nadjahi C, Louahlia H, Lemasson S. A Review of Thermal Management and Innovative Cooling Strategies for Data Center. Sustain Comput Informatics Syst, 2018, 19(March): 14-28. https: //doi. org/10. 1016/j. suscom. 2018. 05. 002.

[46] Ebrahimi K, Jones GF, Fleischer AS. A Review of Data Center Cooling Technology, Operating Conditions and the Corresponding Low-grade Waste Heat Recovery Opportunities. Renew Sustain Energy Rev, 2014 (31): 622-38. https: //doi. org/ 10. 1016/j. rser. 2013. 12. 007.

[47] Zhang K, Zhang Y, Liu J, et al. Recent Advancements on Thermal Management and Evaluation for Data Centers. Appl Therm Eng 2018

(142): 215-31. https://doi.org/ 10.1016/j.applthermaleng.2018.07.004.

[48] Data Center Map. Colocation Stockholm. 2020. [Online]. Available: https://www.datacenter-map.com/. [Accessed: 01-Sep-2020].

[49] BAXTEL. Data Center Map of Stockholm. 2020. [Online]. Available: https://baxtel.com/map. [Accessed: 01-Sep-2020].

[50] Fortum. Fortum and Ericsson Sign Collaboration Agreement on Utilising Data Centre's Waste Heat for District Heating. 2016. [Online]. Available: https://www.fortum.com/media/2016/11/fortum-and-ericsson-sign-collaboration-agreement-utilising-data-centres-waste-heat-district-heating. [Accessed: 01-Sep-2020].

[51] Open District Heating. Bahnhof Data Centre Pionen-Profitable Recovery with Open District Heating. 2020. [Online]. Available: https://www.opendistrictheating.com/case/bahnhof-data-centre-pionen/. [Accessed: 01-Sep-2020].

[52] Stockholm Vatten. Bromma Avloppsreningsverk. Stockholm, 2028.

[53] Stockholm Exergi. Hammarbyverket. 2019. [Online]. Available: https://www.stockholmexergi.se/om-stockholm-exergi/vara-anlaggningar/hammarbyverket/. [Accessed: 01-Sep-2020].

[54] Vestberg O. Heat Recovery from Untreated Wastewater: A Case Study of Heat Recovery from Sewer Line to District Heating Network. KTH Royal Inst Technol 2017.

[55] Guo X, Hendel M. Urban Water Networks as an Alternative Source for District Heating and Emergency Heat-wave Cooling. Energy 2018(145) 79-87. https://doi.org/10.1016/j.energy.2017.12.108.

[56] Lyu S, Wang C, Zhang C, et al. Experimental Characterization of a Novel Soft Polymer Heat Exchanger for Wastewater Heat Recovery. Int J Heat Mass Transf 2020; 161. https://doi.org/10.1016/j.ijheatmasstransfer.2020.120256.

[57] Botelle M, Payne K, Redhead B. Squeezing the Heat Out of London's Tube. Proc Inst Civ Eng Civ Eng 2010, 163(3): 114-22. https://doi.org/10.1680/cien.2010.163.3.114.

[58] Ninikas K, Hytiris N, Emmanuel R, et al. Heat Recovery from Air in Underground Transport Tunnels. Renew Energy 2016(96): 843-9. https://doi.org/ 10.1016/j.renene.2016.05.015.

[59] Stockholms Lokaltrafik. SL Service Network Maps. 2020. [Online]. Available: https://sl.se/en/in-english/getting-around/sl-service-network-maps/. [Accessed: 01-Sep-2020].

[60] Nicholson DP, Chen Q, De Silva M, et al. The Design of Thermal Tunnel Energy Segments for Crossrail, UK. Proc Inst Civ Sustain, 2014; 167(3): 118-34. https://doi.org/10.1680/ensu.13.00014.

[61] E. Andersson, P. Lukaszewicz. Energy Consumption and Related Air Pollution for Scandinavian Electric Passenger Trains. 2006.

[62] Fortum Varme AB. Vartan Ropsten-The Largest Sea Water Heat Pump Facility Worldwide, with 6 Unitop® 50FY and 180 MW Total Capacity. 2009.

[63] B. Lehner, K. Verdin, A. Jarvis. New Global Hydrography Derived From Spaceborne Elevation Data. Eos (Washington. DC)., 2008, 89(10): 93-94. doi: 10.1029/2008EO100001.

[64] E. Granryd. Ground as Heat Source. REFRIGERATING ENGINEERING Part 2, 2005: 17-20.

[65] P. Johansson. A Silent Revolution: The Swedish Transition Towards Heat Pumps. 1970-2015. KTH Royal Institute of Technology, 2015.

[66] Alhamwi A, Medjroubi W, Vogt T, et al. OpenStreetMap Data in Modelling the Urban Energy Infrastructure: A fist Assessment and Analysis.

Energy Procedia, 2017 (142) 1968-76. https://doi.org/10.1016/j.egypro.2017.12.397.

[67] Mazzotti W, Acuna J, Lazzarotto A, et al. Deep Boreholes for Ground-source Heat Pump. Stockholm, 2018.

[68] Abokersh MH, Saikia K, Cabeza LF, et al. Flexible Heat Pump Integration to Improve Sustainable Transition Toward 4th Generation District Heating. Energy Convers Manag, 2020 (225). https://doi.org/10.1016/j.enconman.2020.113379.

[69] Brange L, Lauenburg P, Sernhed K, et al. Bottlenecks in District Heating Networks and How to Eliminate Them -A Simulation and Cost Study. Energy, 2017(137): 607-16. https://doi.org/10.1016/j.energy.2017.04.097.

[70] P. A. Østergaarda, H. Lunda, B. V. Mathiesenb. Developments in 4th Generation District Heating. Int. J. Sustain. Energy Plan. Manag. 2019, 20(20) 30-33.

低碳供热和制冷：克服世界上最重要的净零碳挑战之一[①]

【简　介】供热和制冷能源，或者热能，应该是脱碳议程的重点，因为与电力和交通相比，它是世界上最大的能源终端使用形式，也是最大的碳排放来源。世界各地的住宅、商业和工业场所为供热和制冷制定了各种低碳解决方案。有些解决方案处于早期采用阶段，需要扩大应用规模，有些处于试验阶段，需要进行集中研发和部署（RD&D）。本文重点介绍了通过提高能源效率、应用可替代化石燃料供热和制冷的技术选择，以及在热能储存和运输方面进行创新来减少排放量的途径。

Low-carbon Heating and Cooling: Overcoming One of World's Most Important Net Zero Challenges

【Abstract】 Heating and cooling, or thermal energy, should be high on the decarbonisation agenda as it is the world's largest form of energy end use and its largest source of carbon emissions when compared with power and transport. Varied low-carbon solutions are available for heating and cooling in residential, commercial and industrial settings in all areas of the world. Some are in early adoptionand require scaling up, others are at the demonstration stage and require concentrated research, development and deployment (RD&D). This briefing looks at routes to reduce emissions through increasing energy efficiency, applying technology options to replace fossil fuel heating and cooling, and innovating in the storage and transport of thermal energy.

1 供热、制冷与气候变化

供热和制冷能源（或热能）为空间、水、烹饪、工业过程、空调和制冷提供热能和冷能。据估计，该领域约占世界最终能源用量的一半，并占能源使用产生的全球二氧化碳

① 本文是对2021年5月发表的皇家学会关于“低碳供暖和制冷”的简报的翻译。原文可参见 https://royalsociety.org/-/media/policy/projects/climate-change-science-solutions/climate-science-solutions-heating-cooling.pdf。本文是一系列文件的一部分，阐述了科学和技术帮助应对气候变化的潜力。

感谢英国伯明翰大学丁玉龙教授，英国诺丁汉特伦特大学建筑、设计与环境学院钟华协助提供中文版。

（CO_2）排放量[1]的40%。化石燃料是供热的主要来源，而生物质以外的可再生能源只能满足全球需求的10%左右[2]。全球约50%的热能用于工业部门。另外46%用于建筑供热，主要用于空间供热和水加热。国际能源署（IEA）预计，到2030年，能源效率的提高、化石燃料被取代以及脱碳发电可将空间供热排放量减少30%[3]。

若"一切如常"，2010～2050年，住宅和商业建筑的供热和制冷预计会增长约80%[4]。气候变化预计将减少对供热的预期需求，增加对制冷的需求[5]，部分预估数据预测，到2060年，空间制冷在全球能源需求中的占比将高于空间供热[6]。

供热和制冷很难实现脱碳，因为它们的产生和使用方式多种多样且高度分散，不像电力有大型集中式发电设施和配电系统。供热和制冷有多种方式，从简单的明火到燃气锅炉和空调机组，丰富多彩。通常将其作为独立的设备安装在住宅或者办公大楼和工厂的大型系统中，但通常会同时采用几种不同的解决方案，例如冬季用燃气供热，夏季用电制冷。从家用锅炉到工业用高温热源，热能的产生和使用往往在同一地点进行。

分区供热是一个例外，它是在某一中心点产生热能并通过管道输送至建筑内部，为北欧家庭提供了大量的热能。在奥地利和丹麦等国，管道输送低温热的距离长达80km[7]。工业用热能产量约占全球CO_2排放量的20%[8]。工业中供热方法的选择取决于多个因素，包括工艺参数（控制、温度、清洁度等）、所需热量和成本。例如，熔化、干燥、烘烤、裂解（分解分子）和再供热。工业运营通常在需要的时间和地点使用电力、化石燃料或生物质来产生热能。因此，将需要各种零碳供热选择。

供热和制冷领域的低碳转型需要对新技术和基础设施进行更新与投资，以扩大规模，以及对数百万家庭和工业单位进行改造。

2 研发和部署所需采取的行动

在实现净零碳的道路上，热能似乎是一个难以逾越的障碍，但世界各地提出了许多解决方案，有些已经成熟，但仍存在挑战，有些则刚刚问世。这些解决方案包括：更高效地利用热能、采用替代的供热和制冷零碳技术以及采用新技术储存热能并从源头输送至使用点。

2.1 不要损失热能——提高能源使用效率

对热能进行脱碳的最简单方法是通过提高能源使用效率、提高隔热性能以及废热回收和利用来减少热能的使用。在许多国家或地区，住宅空间的供热强度或单位建筑面积的能耗已得到显著改善。芬兰、法国、德国和韩国自2000年来减少了30%以上[9]。

到目前为止，大多数工作都集中在住宅和商业建筑上。工业和能量转化过程引起的热损失尚未得到有效解决，是一个重要的研究领域。

2.2 无碳供热和制冷

2.2.1 家庭供热和制冷脱碳

虽然能源效率可以降低能源需求，但需要新的选择来提供住宅仍然需要的零碳供热和制冷。

电供热电阻式供热器在世界许多地方仍在使用，如果由低碳电力供热，则可以实现安装成本低廉的低碳选择。但是，如果更广泛地使用，将需要提高发电能力并对电网进行加固[10]。现代蓄热式供热器使用陶瓷砖（例如Dimplex Quantum供热器）和复合相变材料模块（例如Jinhe PCM供热器）来储存和释放热能，可以提供一种经济高效的选择，该选择采用的是非高峰或过剩电能，并减少了对电网加固的需要[11]。

或者，可以使用由低碳电力驱动的热泵，由于它们主要是移动热量而非产生热量，因此比直接用电供热耗电量低[12]。从本质上讲，它们的工作原理就像冰箱的反转模式（图 1），采用类似的技术来为空间供热而非制冷。蒸发器从建筑外的空气、水或地面收集低温热，然后通过压缩过程将其升级至冷凝器中，为建筑供热。热泵的性能通过一个称为性能系数（*COP*）的参数来衡量，该参数是供热/制冷供应量与电力输入之间的比率。*COP* 通常在 2～5 之间，*COP* 越高，效率越高。可逆热泵也可以为空调提供制冷，如果房主在夏季选择这种方式，用电量可能会增加。

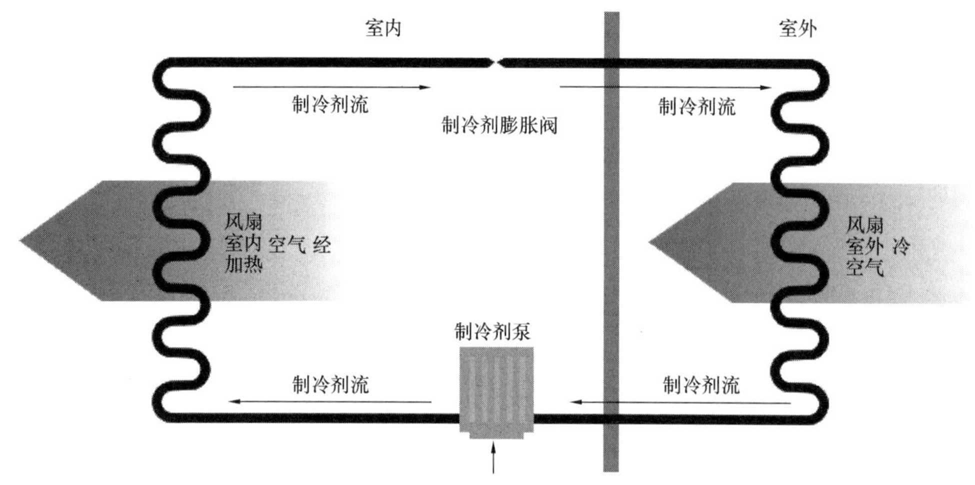

图 1　空气源热泵示意图：用制冷液将热量从建筑外部传递到内部

人们普遍将热泵视为领先的低碳解决方案，例如，到 2030 年，英国热泵的使用量预计将达到 550 万台[13]，2050 年有望达到 2 100 万台[14]。放眼全球，截至 2019 年，热泵仅满足 5%的住宅供热需求，虽然其在某些地区取得了显著增长。例如，美国现在约有 40%的新建住宅配备了热泵[15]，欧盟市场正以每年 12%左右的速度增长[16]。在美国气候较温和且电价较便宜的地区，空气源热泵的成本与燃气锅炉不相上下[17]。相反，在寒冷和潮湿条件下，其使用难度较大，因为供热需求最大时，其效率最低[17]。研究还指出，前期采购成本和电价是主要障碍[17]，同时还需要大幅扩大电网规模。研究人员在研究提高性能的方法，例如设计新型冷凝器[18]以及使用小温差风机盘管[19]作为空气源泵的终端。

天然气替代物从基础设施的角度来看，用低碳或零碳取代天然气管网中的天然气非常具有吸引力。

一种过渡性选择是将天然气与可再生生物甲烷混合，后者由有机废物产生，欧洲是全球领先的生产商。它目前仅占燃气供应结构的一小部分，2019 年为 20 亿 m^3（BCM），市场总量为 5140BCM，但研究表明，到 2030 年，可增长至燃气供应量的 3%[20,21]。

一些国家/地区正在考虑采用一种低碳的燃气供热方式，用通过电解可再生能源生成的“绿色”氢或者由天然气通过碳捕获和储存（CCS）制成的“蓝色”氢来替代网络中的部分或全部天然气。但是，这一选择面临多个挑战。绿色和蓝色氢的成本目前无法与化石燃料衍生氢的成本竞争[22]。锅炉改造成本高昂，比如在英国，每户预计要花费17800～35600元。氢气也会使传统的铁或钢气体网络管道脆化[23]，但可将其改造为适用于氢气的塑料管道[24,25]。还需要考虑公众对其安全性的接受度。2020年代的示范项目应指出是否可以克服这些挑战。在英国，一个名为H21的重大项目正在筹备过程中，将为数百万家庭提供100%的氢气。在荷兰，小型“阿莫兰天然气加氢”项目示范了在管网中混合高达20%的绿色氢[26]。另外，热电联供系统（CHP）中的燃料电池也可以使用氢气。在日本，国家氢能基本战略计划到2030年安装530万台家用CHP机组（称为Ene-Farm家用燃料电池）[27]，既可以供热，也可以分布式发电。

太阳能供热。欧盟和中国等一些地方正在用中温（80～150℃）太阳能供热来替代化石燃料锅炉供热。太阳能系统小至家用的小型热水装置，大至大型太阳能热电厂的集中式系统。在制冷回路中使用太阳能集热板进行的太阳能制冷也越来越受欢迎，因为它们可将耗电量降低30%以上[28]。

集中供热和制冷。许多国家/地区都在采用低碳集中或分区水加热和空间供热或空间制冷，特别是已经安装集中或分区供热或制冷系统并且可以进行脱碳的国家/地区[29]，城市地区的新建住宅也可以采用这种供热或制冷方式。在阿联酋，分区制冷占全国冷负荷的23%[30]。由热电联供机组提供服务的网络正在被低碳“第5代”版本所取代，后者根据热泵的需要升级低温热并匹配供热和制冷，例如用超市制冷为住宅区供热[31]。

集中供热的热能可以来自多个零碳热源。利用地壳热量的地热能在全球供热中只占很小的一部分，但在萨尔瓦多、新西兰、肯尼亚和菲律宾等火山活动频繁且可利用温泉的国家却发挥着重要作用。2016年，冰岛地热能提供了[33]约65%的一次能源，包括约27%的电力。

核电站产生大量热量（通常约为3.4GW），一般用于发电。可将废热（约60%）用于分区供热。也可以将产生的热量（可达到300～800℃）直接用于大规模分区供热或为工业过程提供动力[34]。

一个典型的英国3居室燃气集中供热房屋的零碳家庭供热选择的大致安装成本、能源和优缺点 **表1**

供热类型	大致安装成本/元	能量来源	优势	挑战
热泵	89000	清洁电能和外部热能	电力的 *COP*>1：每千瓦时热量输出的用电量更少，使用现有的供电网络，减少了加固/更新电网的需要	地面/水源热泵占地面积大。空气源热泵在低环境温度下性能不佳。温度输出较低时，需要对家用中央供热系统进行更改
氢气锅炉	26700	化学能（绿色氢）	部分使用现有的燃气输配管网和中央供热系统（需要新建锅炉）	需要大规模绿色氢供应、高压传输/扩大管道规模，材料兼容性问题，安全性和公众接受度问题
蓄热式电供热器	17800	清洁电能	采用公众熟知的技术，使用现有电力网络。可用于时移电力负荷	不太灵活/即时，可能需要更换中央供热系统

续表

供热类型	大致安装成本/元	能量来源	优势	挑战
电供热器（不蓄热）	8900	清洁电能	采用公众熟知的简单技术，使用现有供电网络，对家庭布线的改动最小	对电力供应造成额外负荷，可能需要额外发电和加固电网，造成需求高峰

2.2.2 工业供热脱碳

在工业中替代化石燃料的使用非常依赖于应用的用途，其中，主要的低碳选择如下。由于所需的能源规模巨大，因此，对重工业使用的热量进行脱碳是一项特殊挑战。一种方法是继续使用化石燃料，但通过二氧化碳捕获和储存（CCS）来消除部分 CO_2 排放。

低碳电力。低碳电供热技术发展良好，而化石燃料的其他替代品（见下文）大部分处于非常早期的试验阶段。电供热是一项成熟的技术，控制方便，温度范围广。例如，用于炼钢的电弧炉，其中，用于熔炼废钢的感应炉在1000℃以上运行。但是，与其他选择相比，在水泥、玻璃和陶瓷生产等应用中使用电供热很可能成本高昂。能源价格将一如既往地重要。

氢。低碳氢可能是钢铁、水泥、玻璃和化学品等行业的合适热源，因为它的燃烧温度非常高。但是，尽管拥有消除工业供热排放的二氧化碳的技术潜力，氢仍然是生物能源的昂贵替代品，即使 CO_2 的价格达到约 650 元/t[36]。

生物质。生物质可用于高温供热，但受到资源可用性和成本的限制[37]。生物质已经为全球水泥生产提供了 6%的总热能[38]。它还用于可使用生物质残渣满足热量需求的行业，例如制糖、木材加工、纸浆和造纸。除非采用 CCS，否则生物质最多只能属于低碳，而不是零碳。

替代热源太阳能热技术已经小规模用于纺织、食品和造纸等行业，具有在低于 250℃的温度下进行干燥、洗涤和消毒等功能[39]。然而，虽然涌现了一些早期的商业项目，但太阳能供热工艺在工业中的应用仍主要处于研究和试验阶段[39]。世界各地的研究人员现在正在研究如何将聚光太阳能（CSP）用于超高温工业过程。例如，欧洲一家公司开发了一项技术，使用大约 500 个活动反射镜将陶瓷颗粒加热至 1000℃。意大利的一家面食工厂正在建造一个试验工场[40]。如上文所述，核反应堆产生的热量还可用于直接驱动化学过程，例如制氢。

工业和住宅都可以使用热泵进行相对低温的供热。研究已经表明，可以在造纸、食品和化学品等行业使用热泵[41]。另一种低温选择是直接利用风能进行供热，即采用风力热能系统（WTES）将旋转时产生的能量通过制动机制等方法转化为热量。

2.3 未来的热能储存、运输和分配——通过时间和空间转移热能

虽然未来的空间和工业供热选择主要沿用在使用地点产生供热和制冷的模式，但越来越多的研究开始考虑是否可以将热量或冷量从其产地随时转移至其需求地。工业过程会不可避免地产生废热或多余的热量，可将其回收并用于替代化石燃料供热，这一点尤为重要。

可将废热直接回收利用，也可以通过热泵升级改造后回收利用，世界各地目前在如火如荼地开展工业用热再利用项目[42]。例如，在瑞典，工业废热回收占住宅分区供热所需热量的 9%[43]。一个由英国资助的项目拟采用相变

材料（PCM）将“尖峰负荷”发电厂产生的废热储存起来，用于为当地建筑供热[44]。TataSteel 正与斯旺西大学合作，从其塔尔博特港钢铁厂收集和再利用废能，每年可抵消超过 100 万 t 的 CO_2 排放量[45]。

2.3.1 热能储存

热能储存是指以热量或冷量的形式储存能量，以便日后用于供热、制冷或发电，无论是几小时、几天、几周还是几个月。系统从人们熟悉的家用热水箱或蓄热式加热器到目前处于试验阶段的新型 PCM，再到处于研究阶段的热化学程序，种类繁多[46]。但是，社会和文化障碍可能会影响该技术的采用[47]。热能储存众多方法选择的部分示例如下。

通过化学反应储存热量。可以通过可逆化学反应储存热能。例如，可以运输能量密度与化石燃料差不多的金属铁，然后用空气或水等介质氧化以产生热量，提供潜在的高能量密度低成本解决方案[48]。在将铁进行氧化用于工业用途后，还可使用氢气再次生成铁，实现潜在的无碳循环（图 2）[49]。

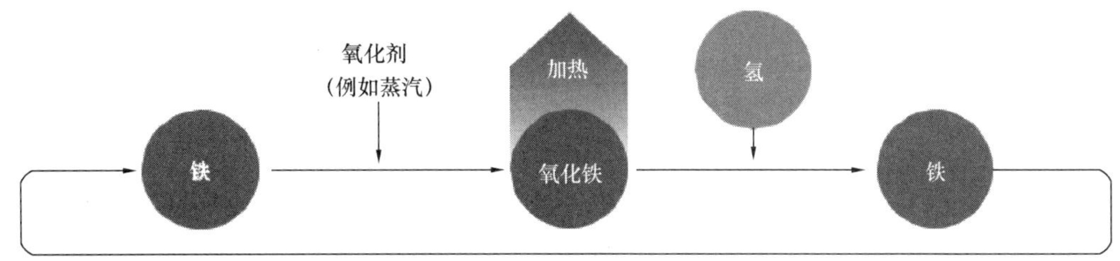

图 2　铁加热循环——氢还原过程的能量输入

储存太阳能热量。近年来出现了一些超大型的聚光太阳能发电装置，它们可以大规模储存热量，也可以发电。例如，亚利桑那州的 280MW Solana 发电厂拥有超过 3000 个约 122m 长的反射镜，可将阳光反射至含有传热流体（HTF）的管道上，进而将管道加热至约 400℃。部分 HTF 用于产生蒸汽及发电，而其余 HTF 则流入熔盐储罐，在没有阳光时，这些储罐会将保留的热量转化为电能[50]。

卡诺电池。“卡诺电池”以岩石、相变材料或熔盐热量的形式储存可再生能源发电产生的余能。该技术有时也称为热泵储电技术或电热储电技术。可在需要时将热量转化回电能，成为在以可再生能源为主的电网中储存电能的一种选择。该系统具有潜在的灵活性，可以使用各种材料和转化方法来储存热量、冷量或电能，并指出所有转化过程都会损失能量。保留的热量可以直接使用，也可以用于供热、制冷和发电。但是，它目前所面临的挑战是，使用热泵将温度提升至较高水平会降低性能系数。几个原型和示范项目已经建成，包括为支持德国汉堡电网而建造的 130MW・h 热量/30MW 电热岩石仓库。

低温能量储存。欧盟的 Cryo Hub 等项目正在研究将可再生能源储存为低温液体，例如液态空气（－194℃），可用于为工业设施提供制冷，同时可以进行储存，也可以通过涡轮机煮沸发电。

冷链新选择。已证明 PCM 可以用于制冷和供热。在一个冷藏“冷链”供应项目中，英国科学家与中国铁路车辆公司——中国中车石家庄车辆有限公司制造了世界上首个使用以盐水储存冷量的 PCM 货运集装箱。该集装箱用于运输新鲜农产品，一次充电约需要两小时，可将温度保持在 5～12℃下长达 190 小时，可实现跨越不同气候区的运输，公路运输里程可达 35000km，铁路运输里程可达 1000km。

冷冻芯货物：运输南极冰样本的绿色解决方案

为了研究气候变化，将通过一种创新的零碳制冷技术使从南极冰中钻取的冰柱在运往欧洲实验室的途中保持冷冻状态。英国南极调查局（BAS）的研究包括钻探、包装、转移、储存从格陵兰岛和南极洲开采的冰芯，并将其运输至英国进行分析（图 3）。

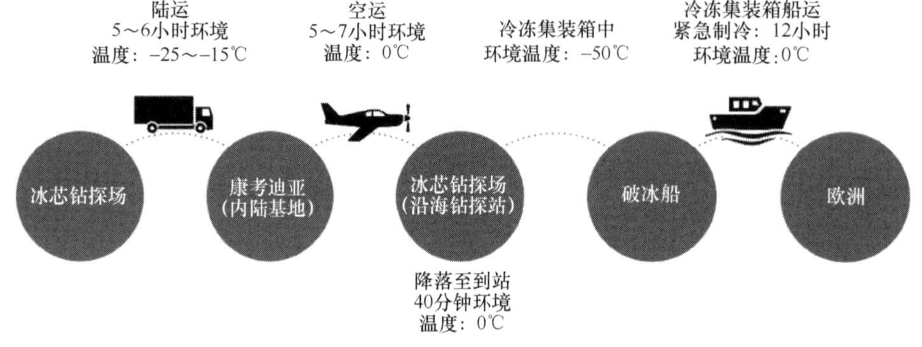

图 3　将冰芯从南极洲运往欧洲

但是，面临的一个主要挑战是必须将货物装在隔热箱中，放在由柴油发动机驱动的冷藏集装箱中进行运输。现在，BAS 与一所英国大学展开合作，开发一种零排放冷链系统，用于运输冰芯。关键技术在于一种复合相变材料（cPCM），结合真空隔热技术，可使冰芯任何部位的温度保持在—45℃以下超过 20 个小时（图 4）。

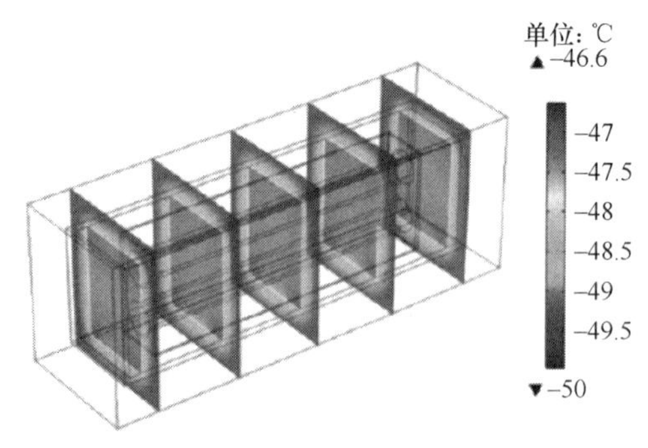

图 4　冰芯储存的热截面

2.3.2　热量分配

在 PCM 和热化学储能材料等材料中储存和运输热量和冷量的能力为获取、储存、运输、贸易和使用低碳热能开辟了一系列新方式。

原则上，未来的服务站不仅可以为电动汽车提供氢气泵、生物燃料和充电点，还可以为汽车或家庭提供热能或冷能电池组。可将此类电池组放置在车上特制的腔室——供热和制冷槽中——在电池充电时也会为其充满电。据估计，在寒冷气候下，轿厢供热所使用的电力会使电动汽车（EV）的续航里程缩短约 50%。空调在低温下将电力转化为热能的 *COP* 较低，并且拥有自己的能量来源比使用 EV 电池能够更好地提供服务。家用时，可使用较大的模块为房屋供热或制冷，每周更换和充电一次。卫生服务也可以采用类似的技术，将疫苗等药物保持在所需的温度。

2.3.3　热量储存和分布的净零碳之路

到 2030 年，世界各地将涌现出新的热能储存行业，主要将加油站等现有能源基础设施转变为多方位能源中心，或者为无电网基础设施的地区提供新的供热和制冷方法。到 2050 年，全新的热能供应链可为净零碳目标的实现提供支持，通过热能储存向当地无法产生热量或冷量的地方供热和制冷。消费者通常可以从当地的能量分配点获取车用和家用的热能和冷能。

3 结论

供热和制冷技术专家指出，有必要以类似于可再生能源和电池等其他领域的方式加强合作，这些领域已经建立了国家和国际合作伙伴关系，旨在加快研发和部署的进度。IEA 建议各个国家/地区和利益相关者应共同采取行动。加大国际协调力度以加快开发全球最大碳排放来源的解决方案，对于将新技术投入大规模使用和打造未来低碳供热和制冷行业至关重要。

参考文献

[1] IEA 2019 年 Energy-related CO_2 emissions 2019，Heat 40%，Power 35%，Transport 25%（2019 年能源使用产生的二氧化碳排放量：供热 40%，发电 35%，运输 25%）（来源：2021 年 4 月 28 日的电子邮件）.

[2] IEA 2019，Renewables2019：Heat（2019 年可再生能源：热能）。参见 https：//www. iea. org/reports/renewables-2019/heat（2021 年 4 月 15 日访问）.

[3] IEA. Heating（供热）. 参见 https：//www. iea. org/reports/heating（2021 年 4 月 15 日访问）.

[4] LuconO，等. 2014. 建筑. 来源：Climate Change 2014：Mitigation of Climate Change（2014 年气候变化：减缓气候变化）。Contribution of Working Group Ⅲ to the Fifth Assessment Report of the Intergovernmental Panelon Climate Change（第三工作组对政府间气候变化专门委员会第五次评估报告的贡献）参见：https：//www. ipcc. ch/site/assets/uploads/2018/02/ipcc _ wg3 _ ar5 _ chapter9. pdf（4 月 15 日访问）.

[5] Arent，D. J. 等. 2014. Key Economic Sectors and Services（关键经济部门和服务）。来源：Climate Change 2014：Impacts，Adaptation，and Vulnerability（2014 年气候变化：影响、适应和脆弱性）。Part A：Global and Sectoral Aspects（A 部分：全球和部门层面）。Contribution of Working Group Ⅱ to the Fifth Assessment Report of the Intergovernmental Panel Climate Change（第二工作组对政府间气候变化专门委员会第五次评估报告的贡献）。参见：https：//www. ipcc. ch/site/assets/uploads/2018/02/WGIIAR5-Chap10 _ FINAL. pdf（2021 年 4 月 15 日访问）.

[6] Isaac M，van Vuuren D. Modeling Global Residential Sector Energy Demand for Heating and Air Conditioning in the Context of Climate change（模拟气候变化背景下全球住宅部门对供热和空调的能源需求）. EnergyPolicy（能源政策），37507-521（https：//doi. org/10. 1016/j. enpol. 2008. 09. 051）.

[7] Euroheat & Power，奥地利国家技术研究院. 2020. The Barriers to Waste Heat Recovery and How to Overcome Them?（废热回收面临的障碍以及如何克服）参见：https：//ec. europa. eu/futurium/en/system/files/ged/20200625_discussion _ paper _ v2 _ final. pdf（2021 年 4 月 15 日访问）.

[8] IEA 2019. Renewables2019：Heat（2019 年可再生能源：热能）。参见 https：//www. iea. org/reports/renewables-2019/heat（2021 年 4 月 15 日访问）.

[9] IEA，2020. Energy Efficiency Indicators（能源效率指标）. 参见 https：//www. iea. org/reports/energy-efficiency-indicators-overview（2021 年 4 月 15 日访问）.

[10] 英国天然气电力市场办公室（Ofgem）. 2016. Future Insights Series：The Decarbonisation of Heat（未来洞察系列：热脱碳）. 参见 https：//www. ofgem. gov. uk/system/files/docs/2016/11/ofgem _ future _ insights _ programme _ - _ the _ decarbonisation _ of _ heat. pdf（2021 年 4 月 15 日访问）.

[11] Darby，S. J. Smart Electric Storage Heating and Potential for Residential Demand Response（智能蓄电供热及满足住宅需求的潜力）. Energy Efficiency（能源效率）2018（11）：67-77. ht-

tps：//doi. org/10. 1007/s12053-017-9550-3.

[12] 能源效率和可再生能源办公室. Heat Pump Systems(热泵系统). 参见 https：//www. energy. gov/energysaver/heat-and-cool/heat-pump- systems(2021 年 4 月 15 日访问).

[13] 气候变化委员会. 2020 Sixth Carbon Budget (2020 年第六次碳预算). 参见 https：//www. theccc. org. uk/publication/sixth-carbon-budget/(2021 年 4 月 15 日访问).

[14] 气候变化委员会. 2021. Development of Trajectories for Residential Heat Decarbonisation to Inform the Sixth Carbon Budget(Element Energy)[住宅热脱碳的发展轨迹，为第六次碳预算提供信息（元素能源）]. 参见 https：//www. theccc. org. uk/publication/development-of-trajectories-for-residential-heat-decarbonisation-to-inform-the-sixth-carbon-budget-element-energy/(2021 年 4 月 15 日访问).

[15] 全国住宅建筑商协会. 2019. Air Conditioning and Heating Systems in New Homes(新住宅空调和供热系统). 参见 https：//eyeonhousing. org/2019/12/air-conditioning-and-heating-systems-in-new-homes-4/(2021 年 4 月 15 日访问).

[16] IEA 2020. Heat Pumps Tracking Report(热泵跟踪报告). 参见 https：//www. iea. org/reports/heat-pumps(2021 年 4 月 15 日访问).

[17] 哥伦比亚大学国际与公共事务学院(SIPA)全球能源政策中心. 2019. Decarbonizing Space Heating with Air Source Heat Pumps(空气源热泵空间供热的脱碳). https：//www. energypolicy. columbia. edu/research/report/decarbonizing-space-heating-air-source-heat- pumps(2021 年 4 月 15 日访问).

[18] Byeongsu Kim，Sang HunLee，Dong Chan Lee，et al. Performance Comparison of Heat Pumps Using Low Globalwarming Potential Refrigerants with Optimized Heat Exchanger Designs(使用低全球变暖潜势制冷剂的热泵与优化设计的热交换器的性能比较). Applied Thermal Engineering(应用热工程)171 (https：//doi. org/10. 1016/j. applthermaleng. 2020. 114990).

[19] Liu D，Li P K，Zhai X Q，et al. (2017) Small Temperature Difference Terminals(小温差终端). Handbook of Energy Systems in Green Buildings(绿色建筑能源系统手册). Springer (https：//doi. org/10. 1007/978-3-662-49088-4 _ 23-2). Lee、Yongchan Kim.

[20] Wood Mackenzie. 2020. Can Biomethane Decarbonise Europe's Gas Market(生物甲烷能使欧洲天然气市场脱碳吗?). 参见 https：//www. woodmac. com/news/opinion/can-biomethane-decarbonise-europes-gas-market/(2021 年 4 月 15 日访问).

[21] 欧洲沼气协会. Biomethane with Bright Opportunities Towards the 2030 Target(生物甲烷拥有光明的前景，可实现 2030 年目标). 参见 https：//www. europeanbiogas. eu/biomethane-bright-opportunities-towards-2030-target/(2021 年 4 月 15 日访问).

[22] 欧盟委员会. 2020. A Hydrogen Strategy for a Climate-neutral Europe(实现欧洲气候零负荷的氢能战略). 参见 https：//ec. europa. eu/energy/sites/ener/files/hydrogen _ strategy. pdf(2021 年 4 月 15 日访问).

[23] 气候变化委员会. 2018. Hydrogen in a Low Carbon Economy(低碳经济中的氢能). 参见 https：//www. theccc. org. uk/wp-content/uploads/2018/11/Hydrogen-in-a-low-carbon-economy-CCC-2018. pdf(2021 年 4 月 15 日访问).

[24] 能源网络协会. 2020. Replacing Britain's Old Gas Pipes and Laying the Foundations of a Zero-carbon Gas Grid(更换英国的旧燃气管道，为零碳燃气管网奠定基础). 参见 https：//www. energynetworks. org/newsroom/replacing-britains-old-gas-pipes-from-safeguarding-the-public-to-laying-the-foundations-of-a-zero-

carbon-gas-grid(2021 年 4 月 15 日访问).

[25] 欧洲塑料管道和配件协会. Plastic Pipe Data around Europe(欧洲各地塑料管道数据). 参见 https://www.teppfa.eu/media/reference-projects/french-gas-company/(2021 年 4 月 15 日访问).

[26] Kiwa Technology. 2012. Management Summary "Hydrogen blending with Natural Gas on Ameland". https://www.netbeheernederland.nl/_upload/Files/Waterstof_56_7c0ff368de.pdf (accessed 15 April 2021).

[27] METI. 2019. The Strategic Road Map for Hydrogen and Fuel Cells. https://www.meti.go.jp/english/press/2019/pdf/0312_002b.pdf (accessed 15 April 2021).

[28] XiaoZhi Lim. How Heat from the Sun can Keep Us All Cool. Nature 542. (http://doi: 10.1038/542023a)

[29] C40 Cities Climate Leadership Group. How to Decarbonise Your City' Sheating and Cooling Systems. https://www.c40knowledgehub.org/s/article/How-to-decarbonise-your-city-s-heating-and-coolingsystems? language=en_US (accessed 15 April 2021).

[30] IRENA. 2017. Renewable Energy in District Heating and Coolinga Sector Roadmap for Remap. https://www.irena.org/publications/2017/Mar/Renewable-energy-in-district-heating-andcooling(accessed 26 April 2021).

[31] Millar, M.-A., Elrick, B., et al. Roadblocks-to Low Temperature District Heating. Energies 2020, 13. (https://doi.org/10.3390/en13225893).

[32] International Renewable Energy Agency. https://www.irena.org/geothermal (accessed 16 April 2021).

[33] Government of Iceland. https://www.government.is/topics/business-and-industry/energy (accessed 16 April 2021).

[34] Royal Society. 2020. Nuclear Cogeneration: Civil Nuclear in a Low-carbonfuture. https://royalsociety.org/topics-policy/projects/low-carbonenergy-programme/nuclear-cogeneration. (accessed 16 April 2021).

[35] Delta Energy and Environment, 2018. The Cost of Installing Heating Measures in Domestic Properties. BEIS Research Paper Number: 2020/028Final.

[36] The IEA. 2019. The Future of Hydrogen. https://www.iea.org/reports/the-future-of-hydrogen (accessed 16 April 2021).

[37] The IEA. 2018. Clean and Efficient Heat for Industry. https://www.iea.org/commentaries/clean-and-efficient-heat-for-industry (accessed16 April 2021).

[38] The Global CCS Institute. 2019. Bioenergy and Carbon Captureand Storage. https://www.globalccsinstitute.com/wp content/uploads/2019/03/BECCSPerspective_FINAL_18-March.pdf (accessed16 April 2021).

[39] IEA-ETSAP and IRENA. 2015. Solar Heat for Industrial Processes. http://www.inship.eu/docs/sh5.pdf (accessed 16 April 2021).

[40] Hiflex project. An Innovative Renewable Energy System. http://hiflex-project.eu/ (accessed 16 April 2021).

[41] Kosmadakis, G. Estimating the Potential of Industrial (hightemperature) Heat Pumps for Exploiting Waste Heat in EU Industries, Applied Thermal Engineering, 156 (https://doi.org/10.1016/j.applthermaleng.2019.04.082).

[42] Van de Bor D, Ferreira, C, Kiss, A. Low Grade Waste Heat Recovery using Heat Pumps and Power Cycles. Energy. 89 (https://doi.org/10.1016/j.energy.2015.06.030).

[43] Euroheat & Power and Austrian Institute of Technology. 2020. The Barriers to Waste Heat Recovery and How to Overcome Them? https://ec.europa.eu/futurium/en/system/files/ged/

20200625 discussion _ paper _ v2 _ final. pdf (accessed 15 April 2021).

[44] Amp Clean Energy. 2019. AMP Clean Energy and The University of Birmingham to Develop Ground-breaking Heat Storage Solution. https: //www. ampcleanenergy. com/news/amp-clean-energyand-the-university-of-birmingham-to-develop-ground-breaking-heatstorage-solution (accessed 15 April 2021).

[45] Swansea University. Decarbonising the Steel Industry. https: //www. swansea. ac. uk/business-and-industry/businesspartnerships/tata steel/research-collaborations/decarbonising-thesteel-making-process/(accessed 30 April 2021).

[46] Dept. Business Energy and Industrial Strategy. 2016. Evidence Gathering: Thermal Energy Storage (TES) Technologies. https: //assets. publishing. service. gov. uk/government/uploads/system/uploads/attachment _ data/file/545249/DELTA _ EE _ DECC _ TES _ Final _ 1 _ . pdf (accessed 16 April 2021).

[47] Simó-Solsona M, Palumbo M, Bosch M, et al. Why it's so hard? Exploring Social Barriers for the Deployment of Thermalenergy Storage in Spanish Buildings. Energy Research & Social Science. 76. 2021 (https: //doi. org/10. 1016/j. erss. 2021. 102057).

[48] Zhongliang Yu et al. Iron-based Oxygen Carriers in Chemical Looping Conversions: A review, Carbon Resources Conversion, 2(https: //doi. org/10. 1016/j. crcon. 2018. 11. 004).

[49] Swinkels Family Brewers. 2020. https: //swinkelsfamilybrewers. com/content/bcorporate/en/media/persberichten/tu-e-demonstrates-ironfuel-at-brewery-bavaria--a-new-circular-a. html (accessed 16 April 2021).

[50] Power Technology. Solana Solar Power Generating Station, Arizona, USA. https: //www. power-technology. com/projects/solana-solarpower-generating-arizona-us/ (accessed 16 April 2021).

[51] Siemens Gamesa Renewable Energy GmbH & Co. https: //www. siemensgamesa. com/en-int/-/media/siemensgamesa/downloads/en/products-and-services/hybrid-power-and-storage/etes/siemens-gamesa-etes-ad-teaser-industrial-decarbonization. pdf(accessed 16 April 2021).

[52] Cryohub. Cryogenic Energy Storage for Renewable Refrigeration and Power Supply. https: //cryohub. info/en-gb/ (accessed 16 April 2021).

[53] University of Birmingham. 2018. UK and China Scientists Develop World-first Cold Storage Road/rail Container. https: //www. birmingham. ac. uk/news/latest/2018/12/scientists-develop-world-first-cold-storage-roadrail-container. aspx (accessed 16 April 2021).

[54] Zhang Ziqi, Wang Dandong, Zhang Chengquan et al. Electric Vehicle Range Extension Strategies Based on Improved AC System in Cold Climate-a Review. International Journal of Refrigeration. 88 (https://doi. org/10. 1016/j. ijrefrig. 2017. 12. 018).

典型案例

Typical Case

铁路信号数据智能化定测控制系统的设计研究

张　望[1]　马　浩[1]　郑　军[2]　袁国堂[2]　林　鹏[2]

（1. 中铁建电气化局集团第三工程有限公司，高碑店　074000；
2. 浙江大学台州研究院，台州　318000）

【摘　要】近几年，中国铁路事业发展迅速，铁路建设智能化成为热门课题。本论文介绍了一种铁路信号工程数据定测及检测装置，利用先进的 RTK 定位系统、车轮里程计结合三维激光扫描建模定位，在指定位置对轨道电路电压、电流、载频和补偿电容进行自动测量，并在要求的设备安装位置区域进行喷码标记，同时进行轨旁信号设备建筑的限界测量并自动保存数据。该装置可以有效提高整体的测量精度、提升作业效率，保证施工安全和施工质量。

【关键词】RTK 定位系统；三维激光扫描；轨道电参数；喷码标记；限界测量

Design and Research of Intelligent Railway Signal Data Measurement Control System

Wang Zhang[1]　Hao Ma[1]　Jun Zheng[2]　Guotang Yuan[2]　Peng Lin[2]

（1. The 3rd Engineering Co. ,ltd. of China Railway Construction Electrification Bureau Group，Gaobeidian　074000；
2. Research Institute of Zhejiang University-Taizhou，Taizhou　318000）

【Abstract】China's railway industry has developed rapidly in recent years，and intelligent railway construction has become a hot topic. This paper introduces a railway signal engineering data measurement and detection device，which using advanced RTK positioning system and wheel odometer combining 3D laser scanning and modeling positioning system to realize three main measurement functions：automatically measure the voltage，current，carrier frequency and compensation capacitance of the railway circuit at the specified position；mark the required equipment installation position area by spraying QR Code；measure the boundary of the railside signal equipment building and automatically saving the data. The device can effectively improve the overall measurement accuracy and operation efficiency, ensure construction safety and construction quality.

【Keywords】 RTK Positioning System; 3D Laser Scanning; Railway Electrical Parameters; Code Spraying; Boundary Measurement

1 引言

当前我国铁路事业迅猛发展，随着铁路的提速及高速铁路客运专线的发展，铁路基建一直是国家的重点建设工程，铁路的建设推动了各个产业发展。因此，随着 5G 技术的落地，铁路信息化、数字化和智能化成为热点课题。其中在铁路建设中加强数字化信息化建设不但可以提高作业效率以及设备稳定性，而且可以实现后期的综合管控和优化调度；并且用智能机器代替人工作业可增强设备的自动化程度，降低施工安全事故风险，让铁路建设的人工投入成本降低，数据精确度提高，进一步提升基建速度，这对高速铁路的快速发展具有重要意义。

在铁路工程建设中，铁路信号施工占据较大比重，且铁路信号系统作为铁路列车的神经中枢，其建设质量直接关系到铁路列车的安全运行。传统的铁路施工，很大程度上依赖人工完成，机械化、自动化、智能化程度仍然较低，极大制约了施工效率的提升。轨道电参数测量维护，过去采用的方法主要是安排铁路信号工人频繁地对沿线信号设备（包括信号点、分割点、计轴、应答器、补偿电容、道岔转辙设备等）逐一进行人工检查，测试项目多，数据记录容易出错。大型信号测量轨道车是线路终验收和日常运行阶段常用装备。但大型信号测量车使用成本高，且在铁路电气化初测时，轨道路基尚未完全定型，无法使用大型信号测量车；常规的信号设备安装位置的定位和标记，铁路工人人工皮尺测量并标记铁路轨旁设备安装位置，定位精准度差且效率低，且需要进行多次校验；轨旁设备限界数据的测量采用人工接触式，从轨顶面起分左、右侧，人工使用皮尺逐一测量设备、建筑物及其他设施每个变化点距线路中心线的水平距离、高度，效率低、测试难度大、数据处理复杂。

基于以上问题设计了一种铁路信号工程数据定测及检测装置（简称“测量小车”），可自动测量铁路电参数和限界参数，并且在设备安装点进行自动标识，代替铁路建设期间的部分人工操作。

2 铁路信号工程数据定测及检测装置的基本功能

测量小车系统框架图如图 1 所示，分为软件设计和硬件设计。其中软件部分，包括了电机驱动、精准定位、自动避障、故障诊断等。硬件结构包含了电机、喷码装置、激光测距仪、电源、摄像头、触控屏等，均与主控制器连接。测量小车还配备了遥控手柄，通过 RF 射频通信可实现远程遥控。

2.1 智能标记

通过预先录入系统的信号点数据，驱使测量小车到达设备安装位置并停车，测量小车可自动在轨枕上喷涂包含需要安装设备信息的二维码或设备名称。

智能标识系统是以里程智能计量为基础的轨旁设备标记和定测系统。为替代人工皮尺测量标记铁路轨旁设备安装位置，系统采用 RTK 和光电编码器结合的自动里程计量和二维码喷码系统的智能标识系统，结合图像识别实现轨旁设备安装后的定测复核。

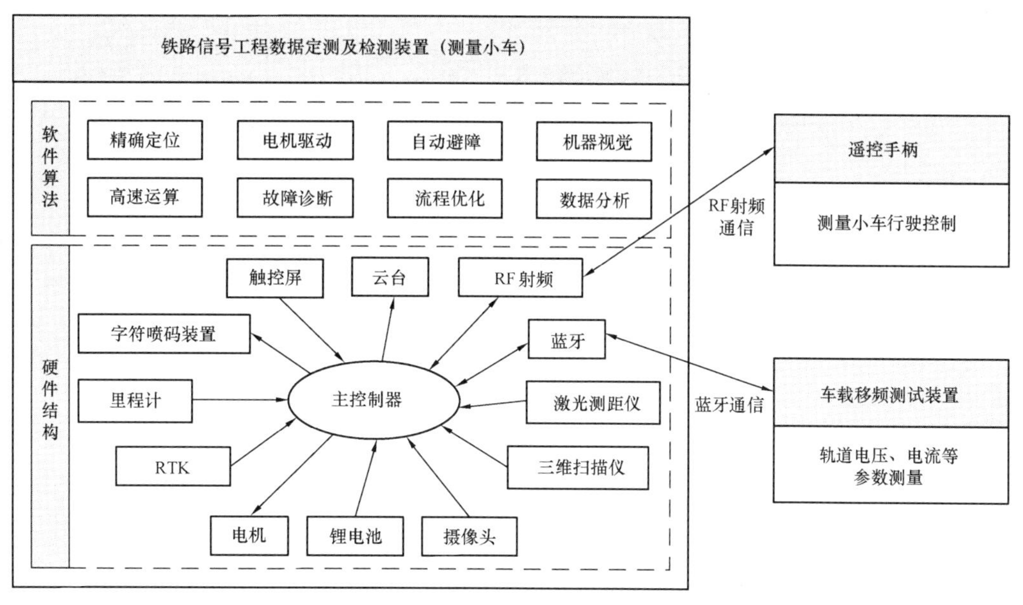

图 1　铁路信号工程数据定测及检测装置系统框架图

2.2　轨道电路参数的测量

轨道电路是列车运行控制信息的传输通道，它对保证列车安全运行起着重要的作用。为保证轨道电路的正常工作，需要对轨道电路的参数进行测量，确保各项电路参数控制在合理的范围之内。

轨道电路参数的测量需要用到移频在线测试表、测量连线自动切换与蓝牙通信装置、现场主机和轨面探针自动顶压装置。

移频在线测试表和测量连线自动切换与蓝牙通信装置以蓝牙的方式进行数据通信，测量连线自动切换与蓝牙通信装置和现场主机则以 RS232 串口通信连接，它们的关系如图 2 所示。测量连线自动切换与蓝牙通信装置在中间起到了数据转换和线路切换控制的重要作用。

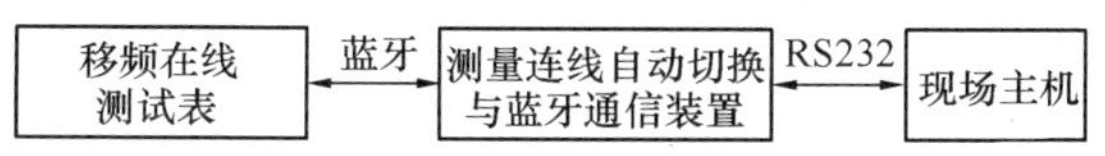

图 2　轨道电路参数测量数据通信系统结构示意图

车载的现场主机以 RS232 串口通信的方式同测量连线自动切换与蓝牙通信装置通信，控制测量连线自动切换和获取来自移频在线测试表的测量数据，计算并保存测量数据。

探头两端测量连线自动切换电路结构示意图如图 3 所示，在两个轨道参数检测探头之间并联了 0.06Ω 和 0.15Ω 的短路电阻，每个短路电阻又串接了继电器，可以根据测试项目自动切换线路的通断。移频在线测试表的电压检测探头连接在轨道参数检测探头上，轨道参数检测探头之间的连线则穿过移频在线测试表的电流钳探头。这样便能实现当继电器断开时测量轨道电压，继电器导通时测量轨道电流的功能。具体的测量工作流程如图 4 所示。

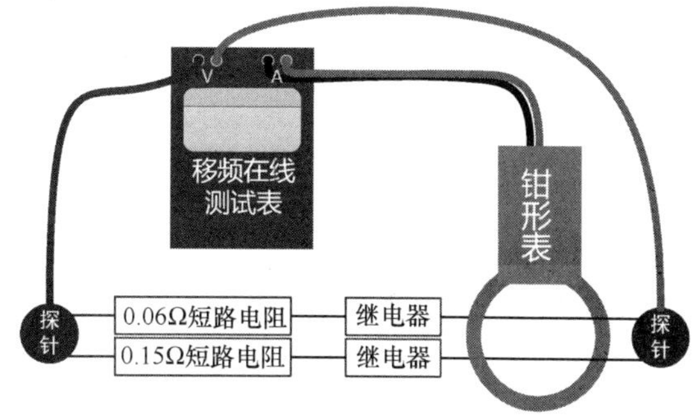

图 3　探头两端测量连线自动切换电路结构示意图

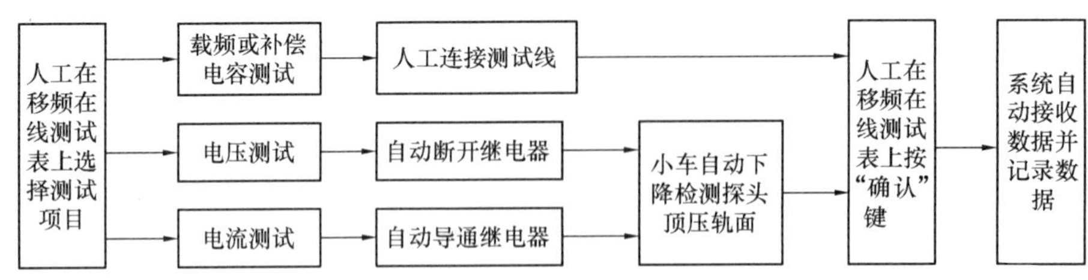

图 4　轨道参数测量工作流程图

2.3　限界数据的自动测量

测量小车可通过三维激光扫描仪感知、计算并记录轨旁信号设备（信号机、箱盒和变压器等）的限界数据。具体的限界数据测量流程如图 5 所示。

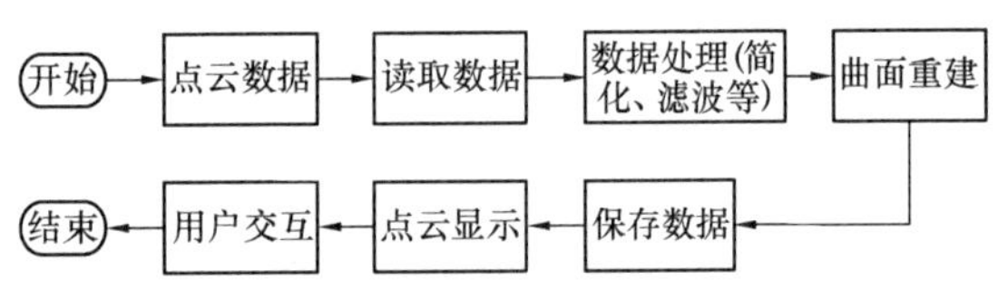

图 5　限界数据自动测量流程图

通过三维激光扫描仪以一定频率发送空间坐标信息给工控机，同时触发相机采集轨旁两边的信号灯及变压箱等设备的图像并发送给工控机，算法检测出测量小车经过每个设备的中心位置，与三维激光扫描仪上传的各数据时间戳做比对、匹配，从而获取当前设备三维数据用于验证每个设备的安装位置是否准确。

对激光扫描仪采集到的点云数据，进行处理、合成三维数据且在用户界面中显示。将点云数据进行处理（简化、滤波等）、曲面重建并保存，下次再执行时，即可直接读取已保存的曲面重建数据，而无需重复进行数据处理。

3　系统关键技术

3.1　测量小车行驶驱动控制系统

3.1.1　系统整理硬件设计

（1）主控制器采用欧姆龙 NX1P2 运动控制器，支持 EtherCat 总线，支持 Ethernet（以太网）通信，支持串口通信，支持 IO 数字信号输入检测及 IO 数字信号输出控制，支持电压等级 DC24V。

（2）驱动电机部分采用 Maxon 直流无刷电机，该电机采用驱动器、电机、减速机、编码器以及抱闸一体式设计，支持 EtherCat 总线，支持 IO 输入输出信号对接，支持电压等级 DC24V。

（3）区域防撞检测采用激光雷达区域扫描传感器，支持多区域检测、多区域预警、IO 区域控制及 IO 区域预警输出。

（4）机械防撞传感器采用接触式机械开关，在测量小车发生轻微碰撞后，触发机械开关装置。

（5）上位机系统采用研华工控机，支持电压等级 DC24V，接口丰富，可对接多种通信方式。

3.1.2　系统软件设计

（1）测量小车自动行驶程序：当上位机下发行车自动行驶指令，主控制器开始执行驱动程序，通过 EtherCat 总线下发执行指令，测量小车开始自动行驶，当视觉检测到轨道转弯时，差速转弯功能块程序开始介入，确保测量小车在轨道上正常转弯行驶。

（2）测量小车状态检测程序：实时检测测量小车现在所处的状态，包括自行行驶、手动行驶、待机、减速、有无障碍物、报警信息、预警信息、故障信息等，与上位机实时对接。

（3）枕木位置检测：当上位机下发准备喷码指令后，测量小车自动行驶到要喷码的对应枕木附近，开始低速接近，当检测到信号上升沿后，测量小车执行位置控制精确指令，确保测量小车停车位置即喷码机构执行位置正好处于枕木中间位置，保证喷码机构能够正常执行喷码流程。

（4）安全检测及保护程序：主控制器根据前进后退判断对应行驶方向的障碍物检测，分三级区域检测预警，当障碍物处于远端，做提示不预警处理；当障碍物处于近端，系统做预警处理；当障碍物进入安全警报区域，系统做警示处理且控制测量小车减速停车。确保前方障碍物移动解除后，系统才解除报警，保证行人以及测量小车安全。

（5）里程计算程序：通过电机自带绝对值编码器，实时检测电机转动编码数据，通过电机减速比与车轮直径等参数进行换算，得出测量小车实时运行里程数据，与上位机实时数据对接。

（6）遥控控制程序：无轨运行或者有轨运行下，人工介入操作后，通过手持式 PDA 软件界面对系统发送控制执行，测量小车根据上位机下发指令执行前进、后退、左转、右转等指令，实现 PDA 远程遥控控制。

3.2 测量小车执行机构控制系统

3.2.1 系统硬件设计

（1）主控制器采用欧姆龙 CP2E 可编程逻辑控制器，支持 Ethernet（以太网）通信，支持高速脉冲输出控制（多轴控制），支持数字量 IO 控制与检测，支持电压等级 DC24V。

（2）喷码执行机构由雷赛科技步进电机、喷码机、气泵、气刀、舵机、视觉扫码装置以及非接触式感应传感器组成，其中步进电机支持脉冲控制，精确定位。

（3）检测机构由多路继电器模组、电动伸缩装置、红外可调距离检测传感器组成。

3.2.2 系统软件设计

（1）初始化自检功能程序：当测量小车上电开机，系统自动进入初始化自检程序，对喷码执行机构，包括两轴电机自动回零功能、舵机（喷码机保护舱盖）自动开关闭检测以及顶针伸缩杆自动伸缩检测，保证测量小车运行时，各部分功能处于可执行状态。

（2）喷码流程执行程序：当上位机下发喷码指令后，接收到测量小车停稳信号后，启动气泵，并且打开气刀电磁阀，将枕木上面的灰尘和小石子吹扫干净。完成清扫后，关闭气泵和气刀电磁阀，同时系统控制舵机打开，达到到位后，喷码机升降轴下降到喷码高度，系统发送喷码指令给喷码机，喷码机水平轴开始水平移动，执行喷码，喷码完成后，喷码机水平轴自动返回到起喷位置。水平轴完成定位后，喷码机升降轴也返回指定位置，喷码流程结束。

（3）二维码识别程序：喷完码后，系统下发二维码确认识别指令，扫描枪执行扫码，将扫码信息发送给上位机进行信息比对，如果二维码识别信息正确，喷码流程结束，关闭舵机舱，系统将执行状态反馈给上位机，上位机执行下一步动作指令。若二维码比对不通过，或者无法识别二维码，则上位机下发重喷指令。

（4）重喷程序：上位机下发重喷指令后，测量小车行驶主控配合行驶到指定位置，主控接收到停车信号后，重新开始执行喷码流程，直至二维码识别通过后，该流程算结束。

（5）手动模式程序：该功能主要用于对系统各个部件的单独控制功能，包含电机 JOG 控制，各个单元点位控制。主要作用为检测功能好坏以及前期功能测试。

（6）轨道参数测量执行程序：上位机下发

轨道参数测量指令后，系统控制切换测量线路，并控制顶针伸缩杆机构下顶，顶针伸顶到位后，发送指令给上位机，上位机开始读取参数测量值并记录。上位机当前参数读取完成后，下发切换线路指令，系统控制完成线路切换，上位机继续读取测量数据，如此循环至测量完成。完成测量后，系统控制顶针收缩，收缩到位后，退出测量流程。

（7）各机构状态检测程序：实时检测测量小车执行机构现在所处的状态，包括清扫、开舱、喷码、扫码检测、轨道参数测量步骤、报警信息、故障信息等，与上位机实时对接。

4 测量小车的应用

铁路信号工程数据定测及检测装置是对铁路铁轨在建设初期使用的设备，他可以根据事先录入系统的铁路信号点数据，驱使小车到达设备安装位置并停车，自动在轨枕上喷涂包含需要安装设备信息的二维码或设备名称；并实现在指定测量点对轨道电压、电流、载频和补偿电容等参数的测量；同时通过三维激光扫描仪感知、计算并记录轨旁信号设备（信号机、箱盒和变压器等）的限界数据。其主要实现以下几大功能：

（1）在轨自动行驶控制，实现方向、速度的参数设定和避障功能；

（2）为标识喷涂和轨道参数测量提供准确的定位和里程点信息；

（3）识别枕木位置、清洁待喷涂区域、喷头自动升降移动和喷涂效果控制；

（4）通过检测探头顶压轨面的机械结构，切换测量线路，自动获取被测轨道电参数；

（5）通过摄像头自动识别轨旁信号设备，使用三维激光扫描仪扫描并计算轨旁信号设备的限界数据。

图 6 是测量小车实验设备在铁路轨道实验现场调试图。经过测试，证明了设计的可行性。

图 6　测量小车在轨实验图

5 结语

本文针对目前铁路建设过程中自动化、智能化水平不足的检测工作，设计了一款铁路信号工程数据定测及检测装置，具有自主运行、自动量测铁路电信号和限界数据、智能标识等功能。其中该装置行驶驱动控制系统以欧姆龙 NX1P2 运动控制器为主，执行机构控制系统以欧姆龙 CP2E 可编程逻辑控制器为主，结合相应的软件硬件设计，实现该装置的运行控制。该装置可减少铁路建设人工参与程度，提高准确性，降低安全事故风险，有助于铁路信息化、数字化、智能化的发展。

参考文献

[1] 毕江海．一种多功能智能测量小车及操作方法．中国，2021101106450.0[P]. 2021-03-22.

[2] 张玮．铁路电务检测车的应用及技术实现[J]. 铁道技术监督，2009，37(1)：18-20.

后疫情时期公共空间座位布局的 BIM 衍生式设计探索

刘 佩[1] 周建亮[1] 欧阳靓洁[1] 冯泽龙[2]

（1. 中国矿业大学力学与土木工程学院，徐州 221116；
2. 中建交通建设集团有限公司，北京 100142）

【摘 要】 我国的疫情防控取得了重大成果，但目前防疫形势仍然严峻复杂，常态化防疫工作仍不可松懈。针对公共区域保持“1m 安全社交距离”的要求，本文利用 BIM 衍生式设计方法，对万豪酒店自助餐区座位布局进行了优化设计，得到了一个具有指导意义的座位布局方案。本研究为疫情防控工作提供了智能化的新思路，具有良好的应用前景。

【关键词】 衍生式设计；后疫情时期；座位布局；疫情防控

Exploration of BIM Generative Design in Public Space Seating Layout during the Post-epidemic Era

Pei Liu[1] Jianliang Zhou[1] Liangjie Ouyang[1] Zelong Feng[2]

(1. School of Mechanics and Civil Engineering, China University of Mining and Technology, Xuzhou 221116;
2. China Construction Communications Engineering Group Corporation Limited, Beijing 100142)

【Abstract】 China's epidemic prevention and control has obtained great achievements, but the current epidemic situation is still severe and complex, and normalized epidemic prevention work cannot be slackened. In response to the requirement of maintaining "1 meter safe social distance" in public areas, this study uses the BIM generative design method to optimize the seating layout of Marriott Hotel buffet area, and obtains a guiding seat layout plan. The study provides an intelligent idea for epidemic prevention and control work, and has good application prospects.

【Keywords】 Generative Design; Post-epidemic Era; Seating Layout; Epidemic Prevention

1 引言

2019 年 12 月，新冠疫情的暴发和蔓延不仅严重威胁着全球公共健康，同时对世界的经济发展造成了巨大的冲击。近年来我国的经济主要依靠第三产业的推动，此次疫情对住宿餐饮业、体育娱乐业、交通运输业及教育业等行业的冲击直接阻碍了我国的经济增长[1]。如今我国的疫情防控取得了重大成果，各行业的经营逐渐恢复，但目前防控形势仍然严峻复杂，尤其对公共空间要做好常态化的防疫工作，保证人与人之间至少 1m 的安全社交距离[2]。因此，对于公共空间的座位布局必须重新设计，以降低传染的风险。

建筑信息模型技术（BIM）以三维模型为基础，集成从建筑生命周期各阶段收集的数字化信息，包含建筑几何与空间信息及与管理相关的各种非几何信息等[3]，衍生式设计是在 BIM 模型的基础上，提出的一种目标驱动的人工智能设计方法[4]。BIM 衍生式设计作为人与计算机协同设计的设计方法[5]，在建筑设计领域已经受到越来越多的重视。张柏洲等[6]基于多智能体算法解决了住宅区规划中地块划分等建筑空间布局问题；谢晓晔等[7]通过类比计算机领域的对偶图与建筑空间关系，探索了空间组织逻辑转译成计算机代码进行生成设计的可能性；Jani 等[8]开发了适用于住宅区衍生式设计的通用框架。以上研究对衍生式设计在实际设计应用中提供了指导和参考。本文对万豪酒店自助餐区进行了 BIM 建模，利用衍生式设计方法，科学研究了在疫情防控角度下的公共空间座位布局，并最终得到了一个具有指导意义的座位布局方案，为后疫情时期下的餐区座位布局优化和引导顾客按照疫情要求落座就餐提供了参考。

2 衍生式设计的逻辑和生成方法

2.1 衍生式设计的逻辑

衍生式设计的兴起使建筑方案设计思维从归纳推理型向演绎推理型转变。基于 BIM 模型，其人机协作设计的基本设计逻辑（图 1）分为以下步骤：

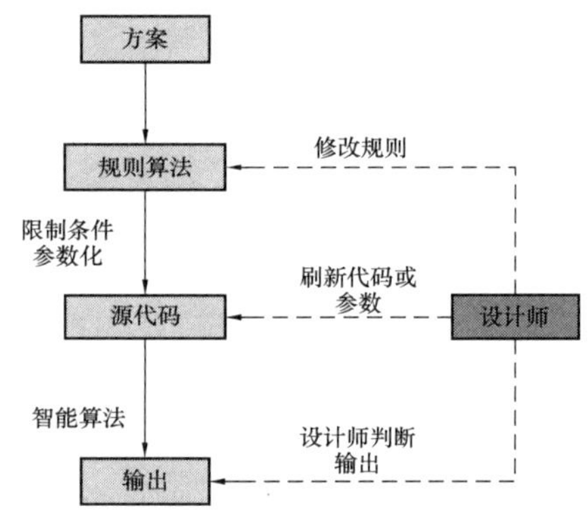

图 1 衍生式设计逻辑

（1）抽象化设计任务并提炼设计规则建立生成算法程序，包括设计参数的量化、约束条件和优化目标的设定等内容。

（2）结合人工智能算法，以优化目标为导向，自动生成满足约束条件的一组潜在解决方案，并对方案进行评估。

（3）设计师根据评估，调整设计参数和约束条件并重复步骤（2）。如此反复循环迭代生成的方案将朝着设计师的理念演化，最后由设计师筛选出一个最优的设计方案。

（4）导出文件并生成模型。根据不同的目标受众，可以选择 3D 视觉效果、数据表格、图片等展示方式表达设计结果。

2.2 衍生式设计的生成方法

目前，衍生式设计实践主要通过 Rhino+Grasshopper 和 Revit+Dynamo 参数化设计平台来实现。本研究选择 Revit+Dynamo 平台来进行衍生式设计探索。在 Dynamo 插件的 Generative Design 功能中提供了四种衍生式设计方法，分别是随机化生成、优化生成、向量叉乘生成以及类似生成方法，用户可以根据期望的生成目标需求分别选用相应方法。

1）随机化生成方法

随机化生成方法（图 2）适用于优化目标数值范围未知的初步设计探索阶段，使用该方法将生成设定数量的潜在的随机方案集合。

2）向量叉乘生成方法

向量叉乘生成方法（图 3）是指对输入变量的数值变化区间进行等间距分割，再对不同的输入变量进行向量乘法组合的生成方法。

3）优化生成方法

优化生成方法（图 4）是以优化目标为导向，自组织地调整设计参数，从而生成一组较优方案的生成方法。优化目标可以是单个或者多个，在实际设计过程中常涉及多个优化目标，优化目标之间的竞争与权衡最终会导向更贴近实际的设计结果。

4）类似生成方法

类似生成方法（图 5）是对已生成方案的设计变量进行细微调整，寻找类似于基准方案的其他方案的方法。

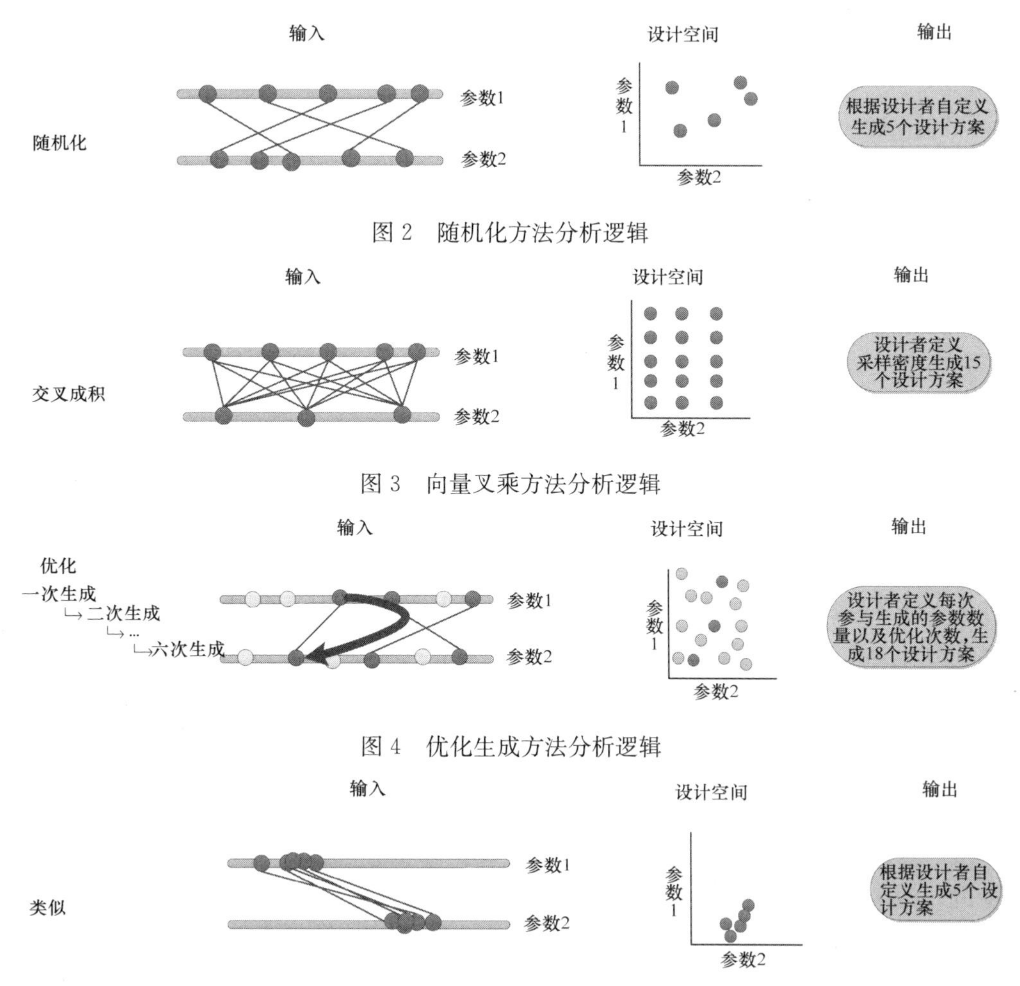

图 2　随机化方法分析逻辑

图 3　向量叉乘方法分析逻辑

图 4　优化生成方法分析逻辑

图 5　类似生成方法分析逻辑

3 后疫情时期公共空间座位布局约束因素分析

3.1 几何约束分析

几何约束描述的是平面内物体之间的位置约束关系，平面内各物体的布置是相互联系制约的，在设计中的几何约束条件是设计师保证设计质量的有效方法。根据几何约束分析，本研究提出人员临近程度指标，即满足安全距离的可坐座位间的临近程度。依照国内疫情防控的要求，顾客之间应保持至少 1m 的安全距离。在万豪自助餐区案例中，考虑到在就餐时感染风险较大，设置安全距离不小于 1.2m，当超过了定义的安全距离时，将会产生传染的风险。

3.2 人体工程学约束分析

人体工程学是将人、物体、环境三大要素整合成一个系统，研究其要素间相互协调关系的学科。人体工程学约束要求室内空间布局设计要以人为本，满足人们在安全、健康、高效能和舒适等方面的需求。在公共空间座位布局设计中以人体尺度、“人－物－环境”对人心理和生理造成的影响等为依据考虑座椅空间位置布局，使设计更为科学、有依可循。通过人体工程学约束分析，在本研究中提出走道拥挤程度指标，即顾客进出公共餐区就餐时走道的拥挤程度。公共餐区餐桌椅主要采用长排餐桌椅等间距布置的形式，就餐时中间过道的人流较大可能造成拥挤。而过道拥挤在心理上会给正在就餐人员不安的就餐体验，在生理上也增加了正在就餐人员的感染风险，因此，应严格控制在中间走道旁相邻两排座位的就餐人数。对于较为宽敞开阔的走道也应将人流密度控制在一定范围内。

3.3 拓扑约束分析

拓扑就是把研究对象看成一个与其形状、大小均无关的点，将相互关联的点用线连接，形成点与线间的网络关系。无论对象的几何形状或空间位置如何改变，点与线之间的性质不变。而拓扑关系则是指点、线、多边形之间的邻接、关联、包含和连通关系。在公共空间座位布局中的拓扑约束则是指将在公共空间的人简化成点，人的活动路线简化成线，满足安全距离的范围简化成面来分析空间内座位布置关系，如相邻关系、相对方位关系等。本研究提出顾客曝光度指标，是指综合顾客临近程度和走道拥挤程度两项指标，对在公共餐区就餐的每一个顾客的感染风险做出的评估。如在相同的临近程度指标下，越靠近走道的顾客受感染的风险越大，即顾客曝光度越大。

3.4 其他约束分析

除了以上几个约束条件以外，在公共空间座位布局设计中还有多种其他的约束，如业主提出的个性化设计要求、符合视觉审美的美学约束等。在本研究中提出顾客就餐率指标，指满足安全距离的可坐餐位占原有座位布局方案中所有座位的比率。该项指标可以根据企业经营条件进行调整，如在疫情期间应尽量减少在公共餐区内就餐的顾客人数，鼓励顾客打包就餐、错峰就餐，因此在本案例中设置最大就餐率不超过 50%。

4 多约束条件下公共空间布局方案的评价实证

4.1 设置优化目标

万豪酒店为徐州地标性的五星级酒店，其公共餐区可接待人数最大为 264 位。在后疫情时期，为保证顾客不受感染的社会效益和公共餐区平稳运营降低亏损的经济效益，需找到一个最佳的顾客就餐率和顾客就餐落座指导方法。然而各项指标并不是单纯的此消彼长的关系，单一参数的最优并不能代表全局的最优结果。在本案例中，随着顾客就餐率的增加，顾客临近程度、走道拥挤程度、顾客曝光程度这三个参数也在增加。本研究期望得到在顾客临近程度、走道拥挤程度、顾客曝光度这三个指标的约束下，最大限度地增加顾客就餐率的座位布局方案。因此，以该三个参数作为约束条件，使顾客就餐率最大作为优化目标来设计程序模型。

4.2 方案生成与评价

明晰了约束条件及优化目标后，选择 Revit 建模软件中的 Dynamo 插件作为编程平台，将相关规则转化成清晰的逻辑关系，利用 Dynamo 节点获取 Revit 模型中的数据并进行编程，完成逻辑关系到计算机可识别的编程语言的转译。程序编写无误后运行程序生成结果，为使生成的结果更加直观可视，将满足约束条件的座椅在 Revit 模型中标绿（图 6）。在该初始方案中，顾客就餐率为 40.9%，从运行结果中看出，一些满足安全距离且距离走道较远的椅子未被标绿，说明该方案可以被进一步优化。

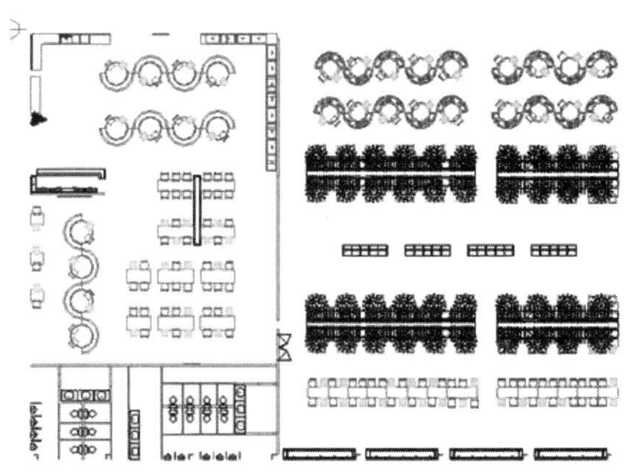

图 6　初始运行结果

启用 Dynamo 插件中 Generative Design 功能，将 Dynamo 程序导入其中。第一次运行使用随机化生成方法，设置随机生成数量为 200，计算机将随机自动生成 200 个设计方案（图 7～图 9）。从生成的方案中找出可坐座位数量较多的方案，分析其对应变量所属的数值区间，使用这一区间继续生成并优化方案。

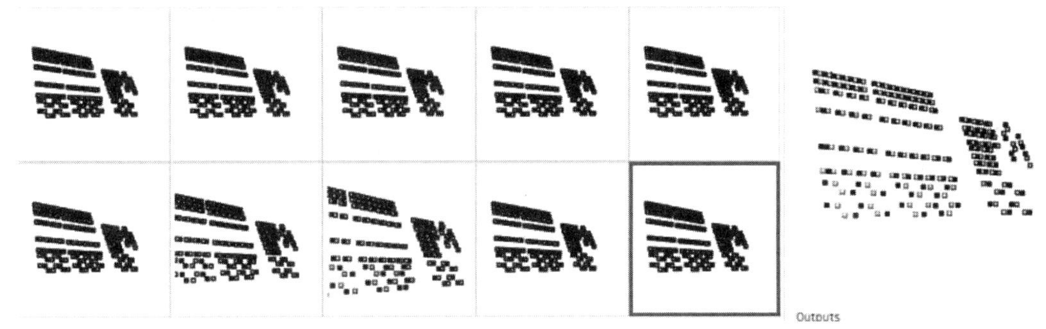

图 7　部分生成方案预览图

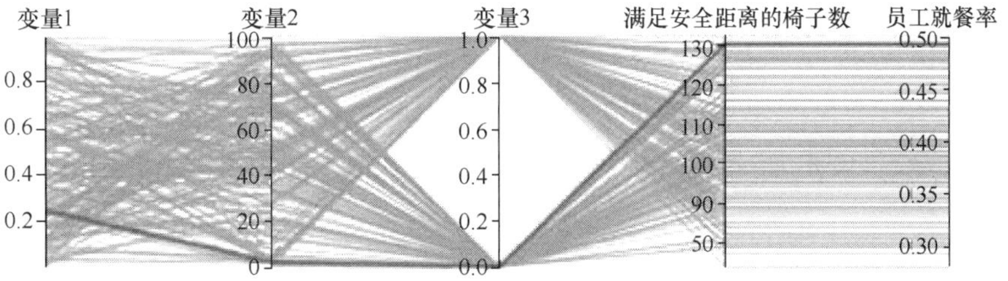

图 8　折线分析图

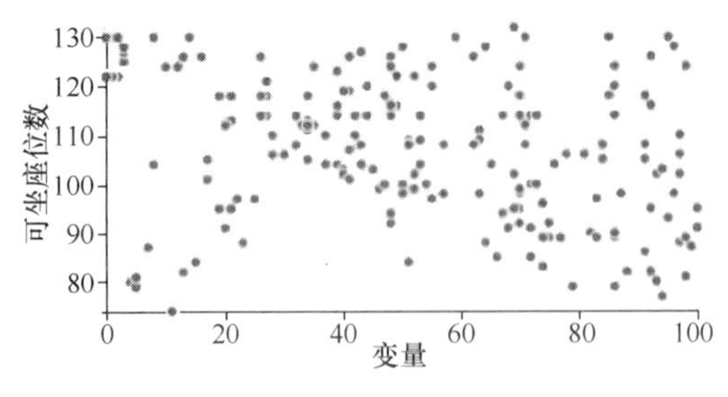

图 9　散点分析图

第二次运行改用优化生成方法，根据第一次运行生成的结果可知，有小部分方案可以达到 45%以上的就餐率，因此，将顾客就餐率指标设置为大于等于 0.45，继续以顾客就餐率为优化目标生成满足约束条件的座位布局方案。通过优化生成，最终获得了三个最优方案，其中综合来说较好的座位布局方案能满足 47.1%的就餐率。

最后一次运行，以该方案为基准使用类似生成方法，寻找其他接近该方案的布局。筛选后并未找到优于该基准方案的结果，因此选择该方案作为最终的设计结果（图 10）。

图 10　最终计算得出的布局方案模型
（标黑为满足约束条件的座椅）

5　结论

本文首先对万豪酒店自助餐区进行了 BIM 建模，通过对公共空间座位布局的各类约束进行分析，提出了约束条件和优化目标。其次在 Dynamo 衍生式设计平台编写程序并导入 BIM 模型，再运行程序生成一组潜在的布局方案，并在此基础上不断优化迭代，最终得到了一个最优的座位布局方案。利用衍生式设计方法对座位布局进行优化设计具有良好的效果。在本研究中，基于顾客临近程度、走道拥挤程度和顾客曝光度三个约束条件，以最大化就餐率为优化目标得到了一个就餐率为 47.1%的座位布局方案，对公共区域常态化防疫工作提供了新的思路和方法。

参考文献

[1] 何诚颖，等．新冠病毒肺炎疫情对中国经济影响的测度分析[J]．数量经济技术经济研究，2020，37(5)：3-22.

[2] 国务院应对新型冠状病毒感染肺炎疫情联防联控机制关于做好新冠肺炎疫情常态化防控工作的指导意见[EB/OL]. http：//www. gov. cn.

[3] 邓朗妮．基于文献计量可视化的中外“建筑信息模型＋大数据”研究现状对比[J]．科学技术与工程，2021.

[4] 朱姝妍，马辰龙，向科．优化算法驱动的建筑生成设计实践研究[J]．南方建筑，2021(1)：7-14.

[5] 李飚．建筑生成设计[M]．南京：东南大学出版社，2012.

[6] 张柏洲，李飚．基于多智能体与最短路径算法的建筑空间布局初探——以住区生成设计为例[J]．城市建筑，2020，17(27)：7-10＋20.

[7] 谢晓晔，丁沃沃．从形状语法逻辑到建筑空间生成设计[J]．建筑学报，2021(2)：42-49.

[8] Mukkavaara，J. and M. Sandberg. Architectural Design Exploration Using Generative Design：Framework Development and Case Study of a Residential Block[J]. Buildings，2020，10(11).

深圳市药检所动物实验室工艺设计探讨

徐兆颖[1]　宋俊国[2]　徐　剑[2]　钟　睿[2]

（1. 深圳市建筑工务署，深圳　518028；
2. 中船第九设计研究院工程有限公司，上海　200090）

【摘　要】 动物实验室是食品、药品、医疗器械检验检测必不可少的组成部分，工艺复杂、环境要求苛刻，设计难度高。本文对全国规模最大的动物实验设施之一——深圳市药检所动物实验室的工艺设计进行了全面总结和分析，重点阐述了其设计思路、垂直交通、平面布局、工艺流线、SPF（无特定病原体）级屏障环境、负压感染实验室、先进工艺设备等内容，对饲养量较大的多层/高层小动物实验建筑提出了“集中清洗，分层灭菌”的设计理念。

【关键词】 动物实验室；工艺设计；平面布局；工艺流线；感染实验室；压差设计

Discussion on Process Design of Animal Laboratory in Shenzhen Institute for Drug Control

Zhaoying Xu[1]　Junguo Song[2]　Jian Xu[2]　Rui Zhong[2]

(1. Bureau Public Works of Shenzhen Municipality, Shenzhen　518000;
2. China Shipbuilding NDRI Engineering Co. ,Ltd, Shanghai　200090)

【Abstract】 Animal laboratory is an essential part of food/drug/medical device inspection and testing. It has complex technology, demanding environment and high design difficulty. In this paper, the process design of the animal laboratory in Shenzhen Institute for Drug Control, one of the largest animal laboratory facilities in China, was summarized and analyzed comprehensively. The design idea, vertical traffic, plane layout, process flow, specific pathogen free barrier environment, negative pressure infection laboratory, advanced process equipment and so on were emphasized. The design concept of "centralized cleaning and layered sterilization" was put forward for the multi-storey/high-rise small animal experiment building with large feeding capacity.

【Keywords】 Animal Laboratory; Process Design; Plane Layout; Process Flow; Infection Laboratory; Pressure Difference Design

1 项目简介

深圳市医疗器械检测与生物医药安全评价中心建设项目位于南山区科技园中区，深圳市药品检验研究院基地内。项目为一栋 19 层科学实验楼，总建筑面积 48259.19m²，其中地上建筑面积 38410.79m²，建筑占地面积约 2200m²，建筑高度 94.8m。

该项目地下 3 层主要功能为停车库及设备用房，地上 1～7 层为医疗器械检测实验室，8～11 层为微生物和药理毒理实验室，13～15 层为大动物饲养层，16、17 层为小动物饲养层，18、19 层为 SPF 级大小鼠饲养层。

2 项目特点

2.1 动物实验室与其他实验室共存

该项目包含医疗器械检测、GLP 安全性评价、微生物检测、保化毒理检测、实验动物用房等各类功能复杂的实验室，各类型实验室集中布置在同一栋建筑中，是目前全国药检系统中单体规模最大、工艺最复杂、涉及使用领域最广的专业高层实验大楼。

2.2 动物实验室面积大

本项目地上 12～19 层为动物实验室及其附属用房，建筑面积约 16000m²，是广东省乃至全国规模最大的动物实验室之一。

3 动物实验室工艺设计

3.1 工艺设计难点及思路

动物实验室设计的关键在于整个动物房中的流线设计。让污染的笼具高效地从动物房进入清洗场所而尽量少地污染整个动物实验区，让未被检疫的动物进入动物实验区，在检疫不合格时又能顺利离开而不影响现有动物实验室的运行[1]。具体包括人流、物流、动物流、污物流、气流等，不同流线必须严格区分，互不干扰。

本项目动物实验室与其他物理实验室、化学实验室、生物实验室布置在同一栋建筑内，对垂直交通、平面布局都提出了更高要求。

为充分发挥各楼层的实验功能，提高建筑面积利用率，本项目对实验数量众多的小动物按照“集中清洗，分层灭菌”进行设计，并设动物实验“专用设备层”，集中设置各类站房、饲料仓库、垫料仓库、小动物清洗区等，充分提高设备利用率，最大程度发挥动物实验室的专业功能。

3.2 动物实验室垂直交通

由于动物实验室与其他类别实验室共存于同一栋高层建筑内，需设置专用的动物入口与污物出口[2]，以避免与其他实验区产生互相干扰。

本项目动物实验室竖向交通较 1～11 层增设了两部动物实验室专用电梯，一部为动物实验室专用洁梯 DT6（将干净的笼具由 12 层运至各层），一部为动物实验室专用污物梯 DT5（将小动物饲养层的脏笼具运至 12 层）。其余各层人员则通过人梯（DT1/DT2）进入，动物通过货梯（DT3）进入，污物由污物梯（DT4）运至一层运出（图 1、表 1）。

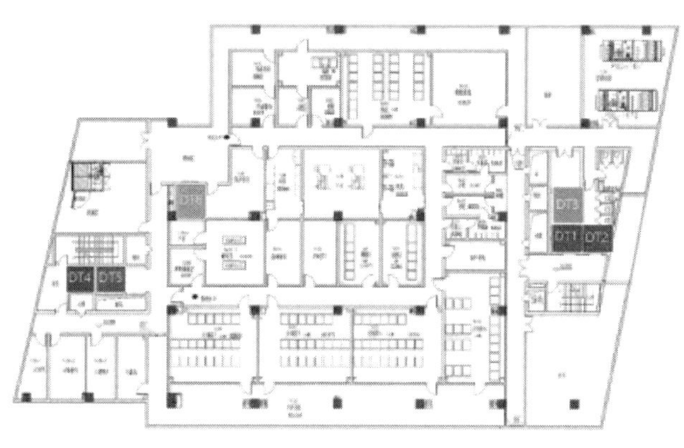

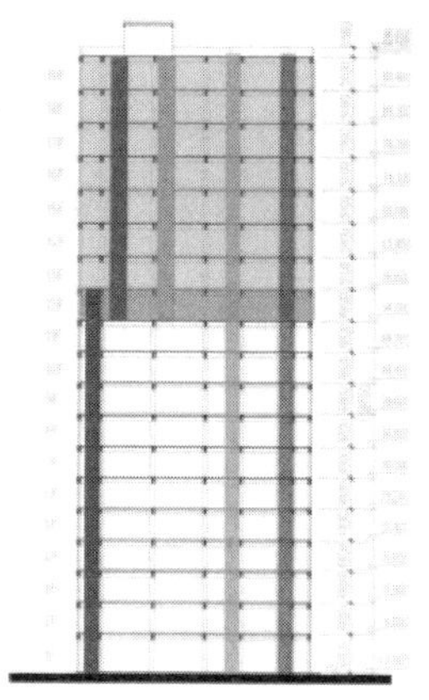

图 1 本项目电梯布置图

动物实验室电梯功能分析表 **表 1**

	服务范围	服务楼层	使用频率
共用人梯（DT1/DT2）	人流主要竖向通道	1～19 层	频繁
共用货梯（DT3）	货物主要竖向通道	1～19 层	1～11 层频繁，12～19 层不频繁
共用污梯（DT4）	污物主要竖向通道	1 ～19 层	频繁
动物实验室专用污物梯（DT5）	动物实验室专用污物梯	12 ～19 层	频繁
动物实验室专用清洁梯（DT6）	动物实验室专用清洁梯	12 ～19 层	频繁

3.3 动物实验室工艺平面布置

3.3.1 设备层

12 层为设备层，包括动物笼具清洁区、垫料仓库、饲料仓库、制水间、空调机房、废弃物暂存区等。除一般设备用房外，主要为动物实验室提供集中仓储、清洗等功能。

3.3.2 大动物饲养区

13～15 层为大动物饲养层，均为普通饲养环境，用于实验用大动物（猴、犬、猪类）的饲养和实验，设置动物饲养、笼具洗消、实验专用场所及更衣、物品存放等辅助用房[3]。13～15 层的大动物饲养标准平面布局如图 2 所示。

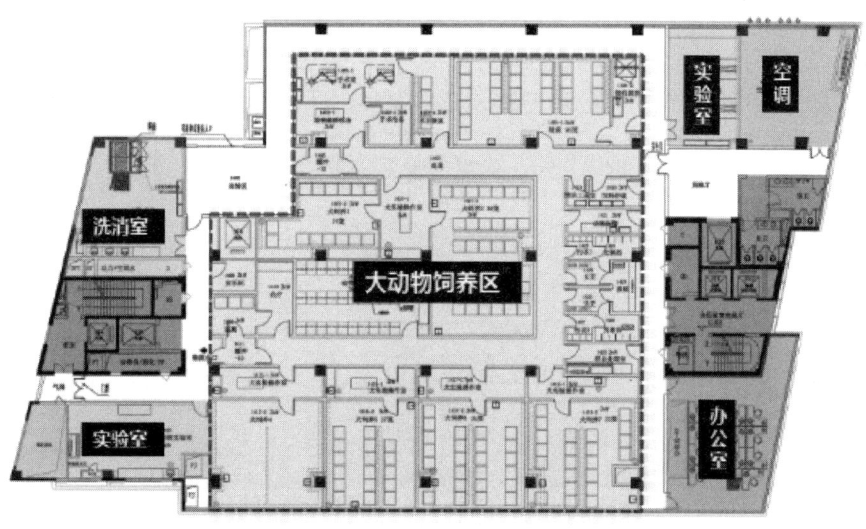

图 2 大动物饲养层标准平面布局

3.3.3 小动物饲养区

16～19 层为小动物饲养层，包括普通兔饲养区、SPF 级豚鼠/大鼠/小鼠饲养区，设置动物饲养、实验专用场所以及缓冲、更衣、物品存放等辅助用房[3]，16～19 层小动物饲养的标准平面布局如图 3 所示。

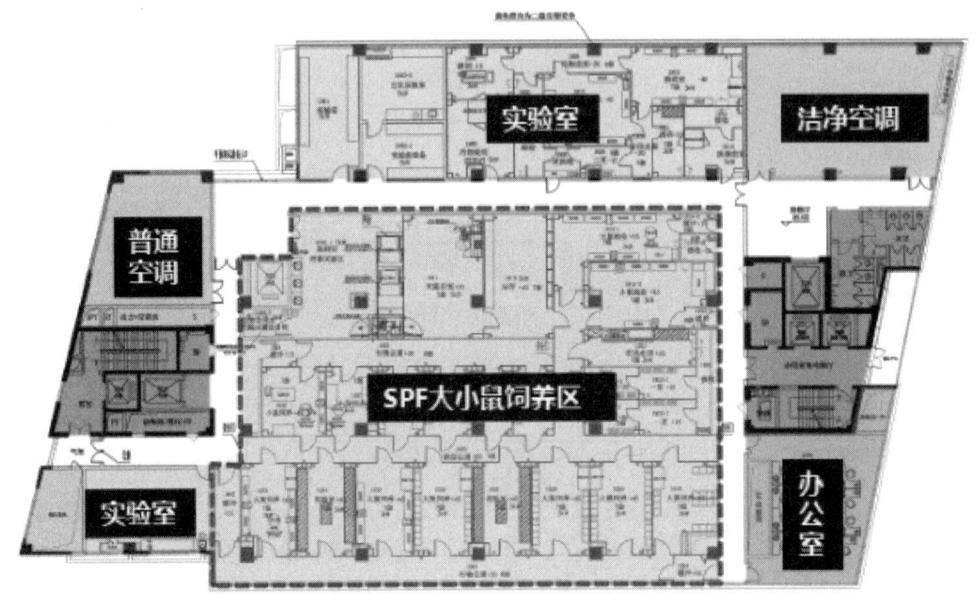

图 3 小动物饲养层标准平面布局

其中，SPF 级屏障实验区需分设洁污走廊，保证饲养环境的清洁，人、样品、笼具、动物等均需经过消毒灭菌处理后进入，污物通过污物走廊运出[2]。本项目 SPF 级屏障实验区主要采用三走廊设计（1 个清洁走廊＋2 个污物走廊），压差由高到低分别为洁净走廊、饲养室/实验室、污物走廊。SPF 级屏障实验区典型的人流、物流、动物流、污物流的基本流线如图 4 所示。

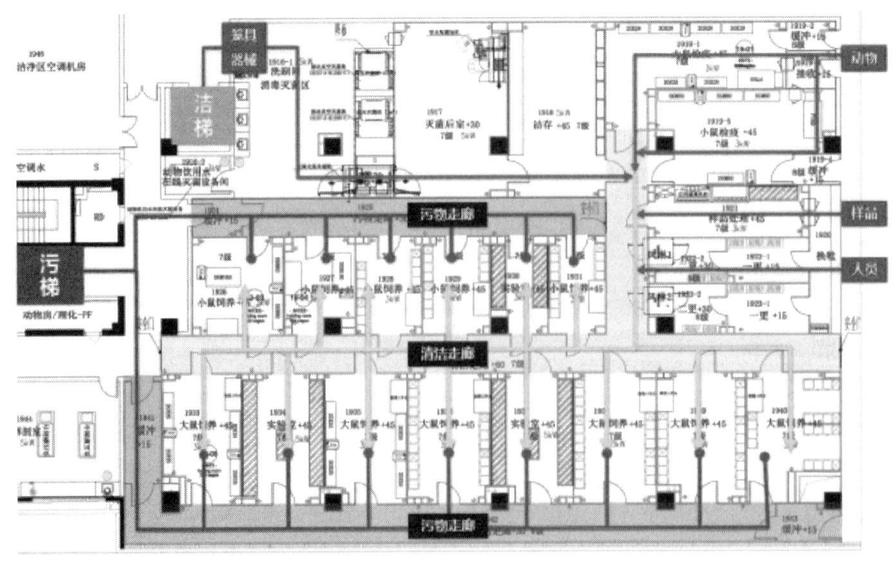

图 4 SPF 级屏障实验区典型工艺流线

3.4 流线分析

3.4.1 人流

实验人员从门厅进入，经电梯（DT1/DT2）至各楼层，更衣后，进入工作区。屏障区工作人员经一更、二更、风淋后，经洁净走廊进入工作区。

具体人员流线为：一更→二更(风淋)→洁净走廊→动物生存区→污物走廊→二更→淋浴(必要时)→一更。

3.4.2 动物流

外购动物由大楼进入，大动物先经开箱预处理后，由货梯（DT3）送至各层，经清洗、检疫合格后进入饲养间。小动物由货梯（DT3）运至相应楼层，通过接收、检疫合格后进入饲养间。

具体动物流线为：动物接收（检验隔离区）→传递窗（消毒通道、动物洗浴吹干）→洁净走廊→动物生存区→污物走廊→安乐死室→无害化消毒→尸体暂存。

3.4.3 饲料/垫料路线

饲料/垫料由大楼进入，经货梯（DT3）送至设备层，存放于干净垫料库房、小动物饲料仓库、大动物饲料仓库待用。

13～19 层动物饲养区的饲料通过货梯（DT3），由 12 层送至各层，经由各层饲料暂存间，进入饲养区后，经走廊、送入各饲养室；SPF 级饲养区的饲料，需先经传递窗紫外灭菌后送入灭菌后室待用。

16～19 层 SPF 级豚鼠/大鼠/小鼠饲养区的垫料先在 12 层通过干净垫料分装系统，装入已清洗的笼具中，由洁梯(DT6)送至各层洗消室，经脉动真空灭菌器灭菌后送入灭菌后室待用。

3.4.4 笼具及废弃物路线

（1）13～15 层大动物饲养区的污物通过每层的污物梯（DT4）直抵一层处理运出。

（2）16～19 层小动物饲养区的脏垫料与笼具通过污物走道，经缓冲、由动物实验室专用污物梯（DT5）运到 12 层处理，脏笼具在 12 层集中清洗，脏垫料经专用负压管道运至一层脏垫料处理系统，处理后打包运出。

（3）动物实验室的动物尸体经污梯运至 12 层医疗废弃物暂存间，存放在冰柜中定期外送。小动物尸体也可在同层解剖室中暂存，存放在冰柜中定期外送。

3.4.5 动物清洗策略

（1）13～15 层大动物采取同层清洗

13～15 层大动物采取湿养法，动物粪便从排水沟排至动物专用化粪池。由于大动物笼具体积较大，竖向电梯周转不便，笼具采用同层清洗，实验室脏笼具运至同层洗消室后，通过大型多功能清洗机进行清洗。

（2）16～19 层小动物采取集中清洗

兔、豚鼠均为干养法，SPF 级大小鼠采用 IVC 笼具饲养。小动物笼具采取在 12 层集中清洗、集中灌装垫料后，由动物实验室专用洁梯（DT6）运回 16～19 层洗消室，消毒灭菌后，进入屏障区。

3.5 屏障实验室压差设计

根据规范要求：“正压屏障环境的单走廊设施应保证动物生产区、动物实验区压力最高，正压屏障环境的双走廊或多走廊设施应保证洁净走廊的压力高于动物生产区、动物实验区；动物生产区、动物实验区的压力高于污物走廊”[3]，屏障环境相邻房间的压差梯度最小为 10Pa，但在设计过程中，最好设计为 15Pa，用于保证压差长时间的稳定性。

本项目屏障环境的压差设置如下所示：

一更(＋15Pa)→二更(＋30Pa)→洁净走廊(＋60Pa)→动物区(＋45Pa)→污物走廊(＋30Pa)→缓冲区(＋15Pa)。

动物流：接收（+15Pa）→检疫（+30Pa）→洁净走廊（+60Pa）→动物生存区（+45Pa）。

物品流：消毒灭菌区（−10Pa）→灭菌后室（+30Pa）→洁存（+45Pa）。

3.6 负压感染实验室工艺设计

本项目在 19 层设有一间负压感染实验室，用以从事对人体、动植物或环境具有中等危害或具有潜在危险的致病因子，设计时按照二级生物安全实验室（加强型）进行设计[4]，该负压感染实验室的工艺平面布局及压差设置如图 5 所示。

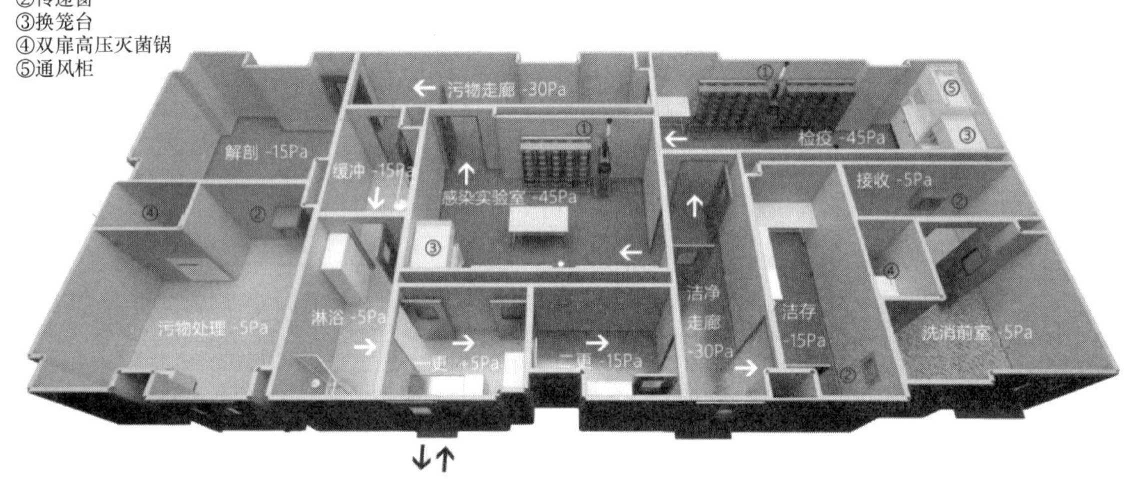

图 5 负压感染实验室工艺平面布局及压差设置

该负压感染实验室布局中，核心实验室位于中央，实验人员分别从实验室两侧进入、退出，进、出实现了完全分离；洁物的消毒灭菌、脏物的消毒灭菌分别设在核心实验室两侧，且各为独立的系统，在布局上也实现了完全分离[5]。

该负压感染实验室的平面布置及压差设置见图 5，通过严格区分的平面布局和层层递进的压差设置，可最大程度地防止危险生物因子泄漏。

3.7 大型工艺设备简介及计算

本项目由于饲养动物数量较多，根据实际使用需求，选用了脉动真空灭菌器、大型多功能清洗机、IVC 笼具、隧道式洗笼机、脏垫料处理系统等大型工艺设备。

3.7.1 脉动真空灭菌器

该设备主要分布在 16～19 层的消毒灭菌区，用于对笼盒、饮水瓶进行蒸汽灭菌。

以 18 层为例：18 层共有小鼠 1068 笼，大鼠 1000 笼。按照小鼠每周更换 2 次，大鼠每周更换 2 次，每周 5 个工作日进行计算。

灭菌器每天的处理量：小鼠 1068×2÷5≈428 笼/天，大鼠 1000×2÷5=400 笼/天。

脉动真空灭菌器容积为 1.2m^3，每锅次可处理小鼠笼约 160 个，大鼠笼约 60 个，则每天需要 428÷160+400÷60≈6.7 锅次。

笼盒与饮水瓶处理比例约为 4∶1，每锅次可处理饮水瓶约 90 个，则每天需要（428+400）÷4÷90≈2.3 锅次。

笼盒与饮水瓶每天共需约 6.7+2.3=9 锅次，脉动真空灭菌器每台每天 8 小时内最多 6

锅次，故需要配备 2 台。

3.7.2 大型多功能清洗机

该设备主要分布在 13～15 层的洗消室，用于清洗大动物笼具，笼具的高度约 2200mm，所以清洗机内室高度应＞2200mm，故选用 BWS-C-S8000，内室尺寸：2300mm×1200mm×2500mm，可满足使用。

3.7.3 IVC 笼具

本项目在 16～19 层的 SPF 级豚鼠及 SPF 级大小鼠屏障饲养区内采用了 IVC（独立通风笼）笼具，该笼具是目前国际上最先进的动物饲养设备，为动物提供了一个相对密封的生活环境，主要用于小型啮齿类动物 SPF 级环境饲养。

IVC 笼具由笼盒系统、笼架系统、主机系统组成，可防止交叉感染，有效保护实验动物。与一般笼具相比，它的最大特点是可调整正负压，负压可用于感染实验；进气和排气均有高效过滤控制，既保证了空气洁净度，又避免了环境被污染；笼内换气既能改善动物的生存条件，又可节约能源。

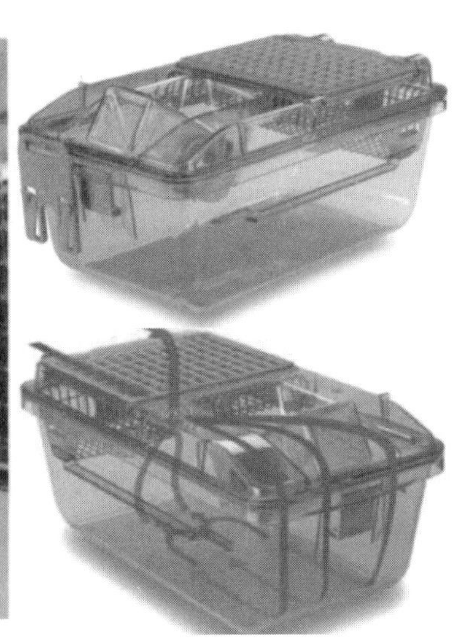

图 6 IVC 笼具

3.7.4 隧道式洗笼机

该设备位于 12 层设备层，为不间断大容量实验动物用清洗设备，可实现联机人工装载、自动化清洗、漂洗和人工卸载流程，用于清洗大小鼠笼具、水瓶等物品。

隧道式洗笼机的运用，是本项目的亮点之一，该设施具有如下优点：

（1）超高吞吐量，专为大型动物实验室量身打造；

（2）超低能耗，节水设计；

（3）2 bar 水压可保证良好的清洗效果；

（4）干燥效果可达 99.9%；

（5）符合动物实验室的认证要求；

（6）清洗效果可通过微生物挑战测试。

设备负荷计算如下：

豚鼠笼总笼数（16～17 层）1176 笼，兔笼总笼数（16～17 层）1176 笼，按照每 2 周清洗 1 次，每周 5 个工作日进行计算。

洗笼机每天的处理量：（1176＋1176）÷10≈235 笼/天。

该洗笼机每小时可处理豚鼠/兔笼盒约 75 个，则 16～17 层笼具每天对洗笼机的占用时间为 235÷75≈3.1h。

小鼠总笼位（18～19 层）2136 笼，大鼠总笼位（18～19 层）2000 笼，按照小鼠每周更换 2 次，大鼠更换 2 次计算，每周 5 个工作日进行计算。

洗笼机每天的处理量：小鼠 2136×2÷5≈854 笼/天，大鼠 2000×2÷5=800 笼/天。

该洗笼机每小时可处理小鼠笼盒约 600 个，每小时可处理大鼠笼盒约 400 个，则18～19 层笼具每天对洗笼机的占用时间为 854÷600+800÷400≈3.4h。

笼盒与饮水瓶每天共需约 6.7+2.3=9 锅次，脉动真空灭菌器每台每天 8h 内最多 6 锅次，故需要配备 2 台。

大小鼠+豚鼠+兔笼每天对洗笼机的总需要时间为 3.1+3.4=6.5h<每天工作时间 8h，故 1 台设备可满足使用。

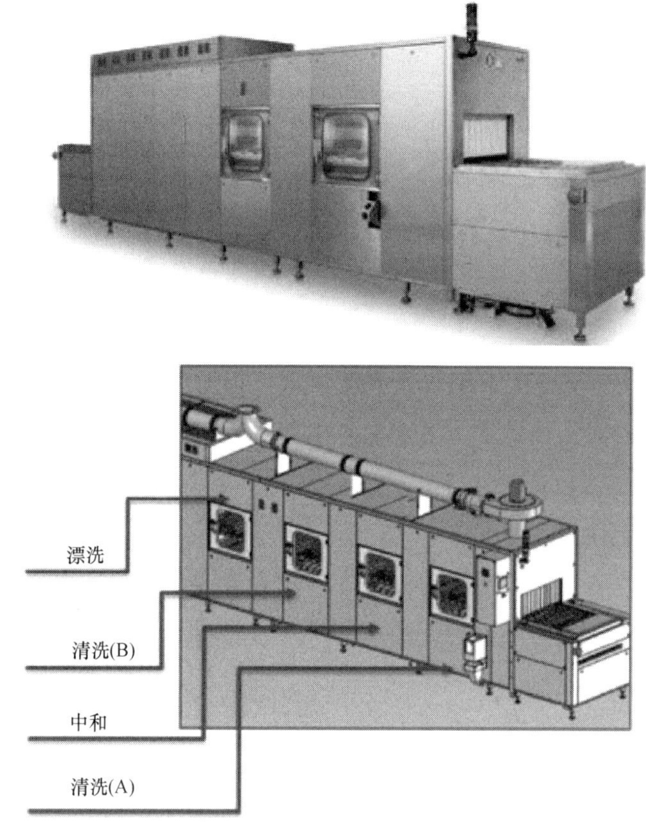

图 7　隧道式洗笼机

3.7.5　脏垫料处理系统

本项目中，动物实验室的脏垫料在 12 层集中倾倒后，通过专用负压管道运至 1 层脏垫料处理系统，对脏垫料处理后，运至相应外协单位。

脏垫料处理系统的基本组成如图 8 所示。

脏垫料处理设施的运用，是本项目的亮点之一，该设施具有如下优点：

（1）污染源控制

系统呈负压状态，在脏垫料倾倒点提供环形吸风回路，从而形成一道气流屏障，防止污染源对操作人员及周边区域产生危害。

（2）可靠性

均匀粉碎技术可处理超大尺寸污染物；

可以对湿垫料进行实时烘干；

可以处理各种干湿垫料，无需提前分拣。

（3）节能

采用变频技术，可降低系统的空转能耗。

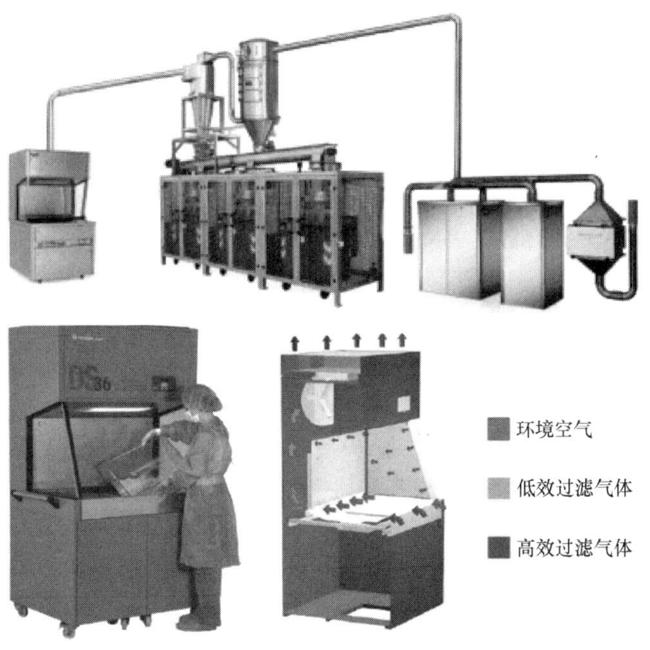

图 8 脏垫料处理系统

（4）方便操作

集料器的收集口呈漏斗形，有助于操作人员快速、方便地移除废弃垫料。

（5）双层预过滤网设计，提高高效滤网的寿命。

采用该系统，可大大降低人员成本和零备件、垫料的仓储费用，适用于动物数量较多的大型实验室。

4 结语

动物实验室工艺设计必须严格区分人流、物流、动物流、污物流、气流等各种流线，合理设置工艺平面布局及竖向交通，严格控制各区域的压力梯度，采用先进的工艺设备，对饲养量较大的小动物实验设施采用“集中清洗，分层灭菌”的设计理念，充分提高设备利用率，最大程度地发挥动物实验室的专业功能。

参考文献

[1] 李陈江. 猴、犬类实验动物房布置的一些要点[J]. 医药工程设计，2012，33(5).

[2] 中华人民共和国国家标准. 实验动物设施建筑技术规范 GB 50447—2008[S]. 北京：中国标准出版社，2008.

[3] 中华人民共和国国家标准. 实验动物环境及设施 GB 14925—2010[S]. 北京：中国标准出版社，2011.

[4] 中华人民共和国国家标准. 实验室生物安全通用要求 GB 19489—2008[S]. 北京：中国标准出版社，2008.

[5] 中华人民共和国国家标准. 生物安全实验室建筑技术规范 GB 50346—2011[S]. 北京：中国标准出版社，2011.

雷神山医院设计信息管理研究

章　明　董金华

（中南建筑设计院股份有限公司，武汉　430061）

【摘　要】 本文从雷神山医院工程概况出发，分析了项目面临的挑战，其中包括项目信息准确性、设计优化、各参与方信息交流等。并详细讲解了使用需求的区域划分、流线组织优化、室内外环境营造的方法。为了在BIM中更好地构建用于质量管理目标数据间的相互关系，提出了基于POP（产品Product、组织Organization、流程Process）技术的BIM建模方法，用流程和组织模型来补充3D产品模型，以支持设计和建造。最后通过雷神山实例分析了信息管理模型在设计和施工阶段的应用效果。研究结果表明，通过构建POP与BIM模型，可以有效地提高建造过程中的信息交互，大大提高工程效率，缩短工程时间，从而为改进项目规划、协调和可视化建立更具互动性的模型，保证了雷神山医院快速建成和交付。

【关键词】 信息管理；建筑信息模型；POP模型；应急医院

Study on Design Information Management of Leishenshan Hospital

Ming Zhang　Jinhua Dong

(Central-South Architectural Design Institute Co.,Ltd., Wuhan　430061)

【Abstract】 Starting from the general situation of the Leishenshan Hospital Project, the challenges for this project were analyzed in this paper, including the accuracy of project information, design optimization, information exchange among participants. The methods of area division, streamline organization optimization, and indoor and outdoor environment construction are also explained in detail. In order to build interrelationships between data used for quality management objectives in BIM, a BIM modeling method based on POP (Product, Organization and Process) technology is proposed. Process and organizational models are used to complement 3D product models to support design and construction. Finally, the application effect of the information management model in the design and construction stage is analyzed by taking Leishenshan Hospital as an example. The research results show that build the POP and BIM model can effectively improve the information interaction in the construction process, significantly improve the engineering efficiency and shorten the engineering time. Thus, a more interactive model was developed to improve project planning, coordination, and visualization to guarantee the rapid construction and delivery of Leishenshan Hospital.

【Keywords】 Information Management; BIM; POP Model; Emergency Hospital

1 引言

随着新型冠状病毒（COVID-19）感染的肺炎疫情以武汉为中心迅速蔓延，武汉抗疫防控指挥部迅速决定在火神山医院之外建立武汉雷神山医院，对确诊感染的病人进行隔离和治疗。由于需要快速建成并投入使用，雷神山医院要求在10天内建成[1]，其建设工期成为本项目的主要矛盾，而医院建设项目由于其本身的复杂性和各类不确定因素的影响，管理和技术要求比一般建设项目更高。

首先，项目各参与方如设计方、总承包商之间需要无缝协作且资源应在短时间内有效分配；其次，一万多名现场施工人员要在规定工期内有序完成施工；再者，为促成雷神山医院的快速建成，本项目需采用预制装配式技术以避免耗时的现场施工。这一系列建造过程中的重难点都与信息的收集、管理和沟通息息相关，因此，以BIM技术为基础的信息管理技术的实施是不容忽视的。

BIM技术以基于对象的数据模型为起点，为雷神山医院建设项目提供了丰富有效的数字表达[2]。随着BIM的应用越来越广泛，且医院建设项目的复杂程度高，行业研究人员和从业者认识到，如果模型只包含物理和功能产品信息，BIM对项目快速交付的作用将不能得到有效发挥[3]。因此，将产品、组织和流程（POP）建模（用流程和组织信息补充产品模型）与BIM技术结合起来应用就会使得BIM实施的效果更加显著[4]。在雷神山医院的建设过程中，遵循产品、组织和流程（POP）建模方法，实现了利用BIM模型将组织和流程信息整合为一个信息创造、管理和交流的共享平台，在很大程度上促成了雷神山医院快速建成交付。

目前国内关于应急医院建设管理的研究相对较少，本文以雷神山医院建设项目为例，建立BIM与POP模型，讲述了雷神山医院的设计和施工经验，阐述了如何利用BIM和POP实现应急医院短期内快速建成交付，考虑到新冠肺炎在全球的蔓延以及许多国家和地区医院床位和医疗用品的严重短缺，武汉雷神山医院的建设经验有望为其他国家和地区抗击新冠肺炎疫情提供有价值的信息。

2 应急医院设计及信息

应急医院的建设最大的困难是时间，在短时间内按正常的设计流程是很难完成任务的。这就需要制定一套满足应急医院的工作流程。设计阶段要遵循动态控制的原则，动态控制的主要步骤是，首先制定设计各阶段的里程碑计划，根据里程碑计划对设计进度进行跟踪管理；其次是对设计进度计划的执行与完成情况进行监督检查，确保其满足进度要求；然后是对设计工作完成情况进行检查，并对设计过程中的问题沟通协调，及时汇报上级组织；最后当发现设计进度偏离设计进度计划时，需要采取合理的进度纠偏措施，保证项目的总进度不落后。

应急医院设计的阶段大体上可以分为决策阶段、出图阶段、后期配合阶段。其中，①决策阶段：是整个设计过程的开端。主要是明确安全第一、制定设计进度、确定模块化和装配式制定，以及各专业、团队、层级平行推进等原则。②出图阶段：根据详细的设计进度把设计任务落实到具体的设计人员，制定好设计的工作组织、流程，以保证设计出图的进度满足业主的要求，项目负责人对设计进度进行把控，一旦出图阶段的设计进度偏离原来的计划，及时采取纠偏措施，实现对设计进度的有效把控。③后期配合阶段：施工全面铺开后，设计人员应与施工方随时沟通，深化图纸的细节，并通过审核确认，问题当场解决，保证施工的顺利推进。

在应急医院设计之前要建立一个工程项目库基本信息，实现对工程项目类别的分类管理，在设计施工过程中，不断补充、更新项目信息，根据项目的信息，实时地、动态地反映雷神山医院各阶段的执行情况，需要考虑建筑设计信息、结构设计信息、给水排水设计信息、暖通设计等信息。

3 应急医院设计信息建模

为了在 BIM 中更好地构建用于质量管理目标数据间的相互关系，人们提出了产品（Product）、组织（Organization）和流程（Process）建模（POP 建模）方法，即用流程和组织模型来补充 3D 产品模型，以支持设计和建造。POP 模型用于在项目的不同阶段构建和模拟团队和组织之间的交互以及它们相关的责任[3]，相比传统方法能够更好地实现协调、可视化和规划。

POP 模型由三个子模型组成，即：①产品模型，包含物理对象的几何和非几何属性，能够实现工程量计算、通风模拟和其他必要的分析；②产品—流程模型，将产品模型与施工进度相结合，实现无缝施工协调和进度管理；③组织—流程模型，它将特定的项目交付任务与不同项目阶段的组织责任联系起来[3, 5,6]。

3.1 产品建模

产品建模工具可对设计的物理组件或特征进行虚拟建模，产品模型包含对象的几何属性和非几何属性，工程师利用 3D 产品模型智能地完成诸如工程量计算、通风模拟和其他必要的分析。同时，产品模型中明确的三维信息有助于不同专业之间的空间协调和施工规划。在建模过程中，团队能够识别建筑、结构和建筑系统组件之间的空间冲突，这些冲突在二维图形中无法识别。此外，产品模型向客户生动地展示了现有建筑、结构、机械、电气和管道协调的复杂性和价值。这些模型帮助项目团队成员向客户解释了看似很小的空间重新配置时发生的连锁反应[3]。根据雷神山医院项目要求，使用 BIM 技术建议和设计验证为设计和施工提供支持，采用传染病医院的标准设计，分为三区两通道。由于过程的复杂性，为了促进对设计意图的理解，BIM 技术用于模拟医院空间，即生成雷神山医院的产品模型，如图 1 所示。整个雷神山医院分为：清洁区—卫生通道—半污染区—缓冲区—医疗通道—缓冲区隔离区。

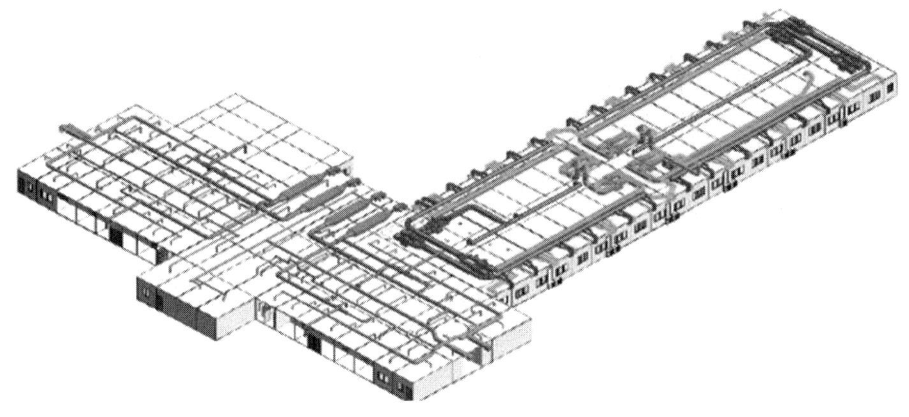

图 1 雷神山医院产品模型

3.2 产品—流程建模

4D 建模就是产品—流程建模的一个示例，将 3D 产品模型与进度表集成在一起。通过与施工进度表的链接对 3D 产品模型进行动画处理，4D 模型能够可视化呈现计划工作的顺序，帮助规划人员识别进度表冲突并及时发现安全隐患。

在雷神山医院建设过程中，为了促进使用 BIM 进行进度管理过程，以便可以与实际施工过程一起动态安排和调整检查计划，应将进度信息与 3D 模型集成在一起。通过进度计划（图 2）与 3D 产品模型链接，将开始和结束时间附加到每个施工活动中，得到 4D BIM 模型，即产品—流程模型，可以按时间顺序虚拟显示施工过程，对施工工序进行数字化模拟，如图 3所示的 4D 模型，显示了建筑活动与产品之间的关系，为项目的逻辑分析提供了基础，从而对项目的施工形象进度实现动态的可视化掌控，及时纠偏保证快速建造和交付的实现。

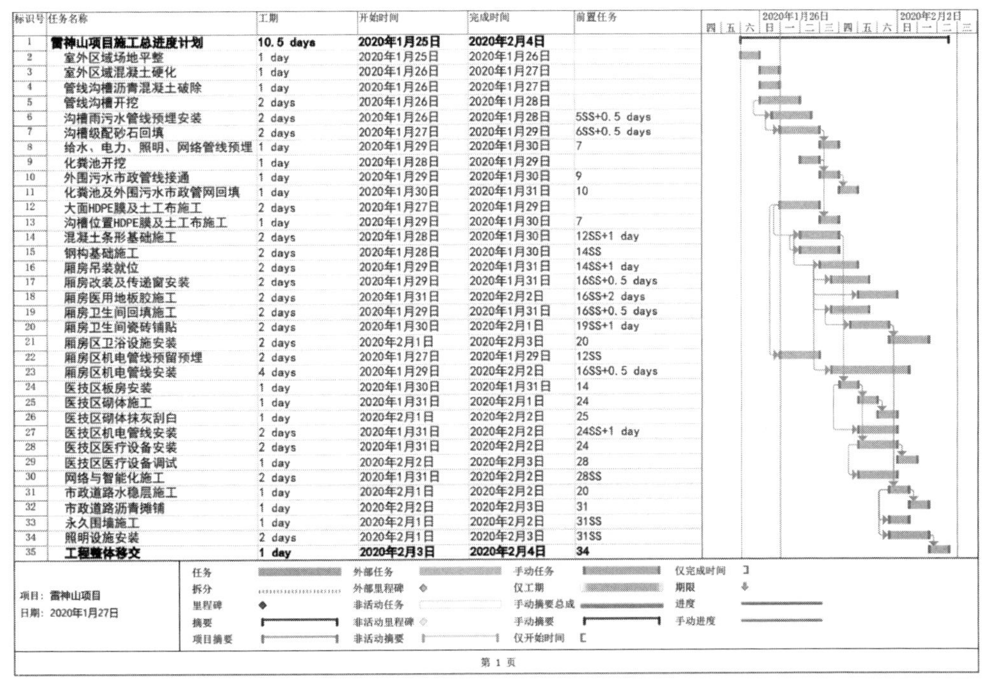

标识号	任务名称	工期	开始时间	完成时间	前置任务
1	**雷神山项目施工总进度计划**	**10.5 days**	**2020年1月25日**	**2020年2月4日**	
2	室外区域场地平整	1 day	2020年1月25日	2020年1月26日	
3	室外区域混凝土硬化	1 day	2020年1月26日	2020年1月27日	
4	管线沟槽沥青混凝土破除	1 day	2020年1月26日	2020年1月27日	
5	管线沟槽开挖	2 days	2020年1月26日	2020年1月28日	
6	沟槽雨污水管线预埋安装	2 days	2020年1月26日	2020年1月28日	5SS+0.5 days
7	沟槽级配砂石回填	2 days	2020年1月27日	2020年1月29日	6SS+0.5 days
8	给水、电力、照明、网络管线预埋	1 day	2020年1月29日	2020年1月30日	7
9	化粪池开挖	1 day	2020年1月28日	2020年1月29日	
10	外围污水市政管线接通	1 day	2020年1月29日	2020年1月30日	9
11	化粪池及外围污水市政管网回填	1 day	2020年1月30日	2020年1月31日	10
12	大面HDPE膜及土工布施工	2 days	2020年1月27日	2020年1月29日	
13	沟槽位置HDPE膜及土工布施工	1 day	2020年1月29日	2020年1月30日	7
14	混凝土条形基础施工	2 days	2020年1月28日	2020年1月30日	12SS+1 day
15	钢构基础施工	2 days	2020年1月28日	2020年1月30日	14SS
16	厢房吊装就位	2 days	2020年1月29日	2020年1月31日	14SS+1 day
17	厢房改装及传递窗安装	2 days	2020年1月29日	2020年1月31日	16SS+0.5 days
18	厢房医用地板胶施工	2 days	2020年1月31日	2020年2月2日	16SS+2 days
19	厢房卫生间回填施工	2 days	2020年1月29日	2020年1月31日	16SS+0.5 days
20	厢房卫生间瓷砖铺贴	2 days	2020年1月30日	2020年2月1日	19SS+1 day
21	厢房区卫浴设施安装	2 days	2020年2月1日	2020年2月3日	20
22	厢房区机电管线预留预埋	2 days	2020年1月27日	2020年1月29日	12SS
23	厢房区机电管线安装	4 days	2020年1月29日	2020年2月2日	16SS+0.5 days
24	医技区板房安装	1 day	2020年1月30日	2020年1月31日	14
25	医技区砌体施工	1 day	2020年1月31日	2020年2月1日	24
26	医技区砌体抹灰刮白	1 day	2020年2月1日	2020年2月2日	25
27	医技区机电管线安装	2 days	2020年1月31日	2020年2月2日	24SS+1 day
28	医技区医疗设备安装	2 days	2020年1月31日	2020年2月2日	24
29	医技区医疗设备调试	1 day	2020年2月2日	2020年2月3日	28
30	网络与智能化施工	2 days	2020年1月31日	2020年2月2日	28SS
31	市政道路水稳层施工	1 day	2020年2月1日	2020年2月2日	20
32	市政道路沥青摊铺	1 day	2020年2月2日	2020年2月3日	31
33	永久围墙施工	1 day	2020年2月1日	2020年2月2日	31SS
34	照明设施安装	2 days	2020年2月1日	2020年2月3日	31SS
35	**工程整体移交**	**1 day**	**2020年2月3日**	**2020年2月4日**	**34**

项目：雷神山项目
日期：2020年1月27日

任务 外部任务 手动任务 仅完成时间
拆分 外部里程碑 仅工期 期限
里程碑 非活动任务 手动摘要总成 进度
摘要 非活动里程碑 手动摘要 手动进度
项目摘要 非活动摘要 仅开始时间

第 1 页

图 2 施工总进度计划表

图 3 隔离病房区施工模拟

3.3 组织一流程建模

组织一流程建模即在项目的不同阶段，利用建模工具对团队、组织及其相关职责之间的交互进行建模和仿真。这种组织过程使建模用户可以预测在不同的人员配备和团队计划下的协调瓶颈，团队积压以及隐藏的工作。Calvin Kam 等人[3]在一个博物馆项目中，采访各项目团队成员并收集各方信息，利用 ePM SimVision 工具中对项目团队的工作流程以及层次和人员进行了建模。模拟提供了定性和定量的证据，例如进度风险、职位积压和沟通风险，项目总监可以使用这些证据评估用于不同的设计和施工方案。

4 案例研究

4.1 工程背景

雷神山医院位于武汉市江夏区武汉军运村的停车场，总用地面积约 22hm^2，总建筑面积约 7.99 万 m^2，具体标准参考了目前传染病医院的要求进行整体设计，主要工作内容是治疗感染新冠肺炎的患者。雷神山医院根据使用的情况被划分为东、西两区，东区为隔离医疗区，西区为医护生活区，雷神山医院的总床位数为 1500，可容纳医护人员 2000 多人。雷神山医院由三个主要区域组成，包括医务人员生活区、后勤区（如供应仓库、废水处理站、垃圾焚烧站和救护车去污区）和医疗区域（如图 4 所示）。

雷神山医院医疗区的设计采用鱼骨式布局，整个隔离医疗区呈鱼骨状分布，目的是尽可能多地设置床位。医护生活区包含 10 栋建筑，每间房可供 6 人居住；生活区后侧设有 1 栋专家楼、2 栋后勤保障楼。隔离医疗区和医护生活区相对独立，其布局严格按照医患分流、洁污分流、互不交叉的原则，对医护、病患、物流、污物排放等严格区分，符合“三区两通道”原则和国家传染病医院设计规范（图 5）。三区包括清洁区、半污染区和污染区；两通道包括医务人员通道和病人通道。

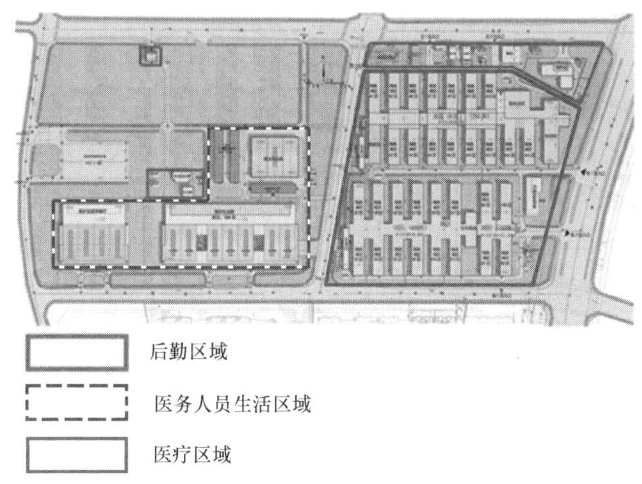

图 4　雷神山医院总平面图

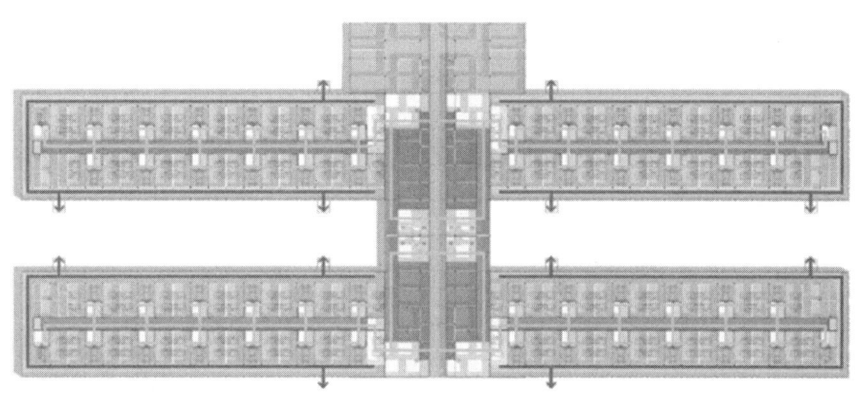

图 5　“三个区两个通道”的局部图解

4.2　雷神山医院建造项目交付挑战分析

4.2.1　保持项目信息的准确性挑战

保持项目信息尤其是设计信息的准确性非常重要，但也极具挑战性。雷神山医院由不同的区域组成，每个区域都有自己的功能，因此应遵循相应的设计规范。例如，病房的墙壁需要增加额外厚度防止病毒传播。另外，这个项目的时间紧迫性给创造准确的信息带来了巨大的压力。与一个可能需要一年到几年时间才能建设完成的全面运转的传染病医院相比，雷神山医院的建设需要在 10 天内完成。在这短短的时间里，设计被修改了三次以给病人尽可能多地提供床位。例如，一个病区由四个功能模块组成（图 6），利用基于 BIM 的数字化建造技术，将建筑和结构构件、机电设备在数字模型中进行集成和归类，直接指导工厂制作，同时对现场施工工序进行数字化模拟，寻找最佳拼装方案，并对模块根据功能和拼装顺序进行数字编号，现场像堆积木一样进行施工建设，在保证信息准确性的同时，极大地缩短了项目建设工期。

4.2.2　项目设计优化挑战

本项目复杂程度高，建设时间有限，因而设计优化难以实现。小汤山医院的设计为雷神山医院的设计提供了有价值的参考，但在满足传染病医院所有技术和功能要求的同时，还需要进行很大程度上的设计优化，以缩短建设时间。例如，雷神山医院的优化设计不能仅仅依靠设计师的经验来完成。通过分析，在图 7 所示的送排风布局下，病房内形成了“U 形”通风环境，气流从送风管流出，碰到对侧墙壁后改变方向，最后流经两位病人后到达下部回流区，经排风口过滤后排出，这种通风环境能有效改善病房内的污染空气浓度，降低医护人员感染的风险。又比如室外管网的优化，室外管网主要由雨水管、污水管、给水管、废水管组成，埋设在原停车场面层下 0.5～3m。原设计室外管网布置在每个护理单元之间，如此施工将造成场外大面积开挖，对于厢房吊装影响极大，对此进行设计优化，将管道按照“隔一设一”方式处理，确保吊装场地，其优化后的效果如图 8 所示。

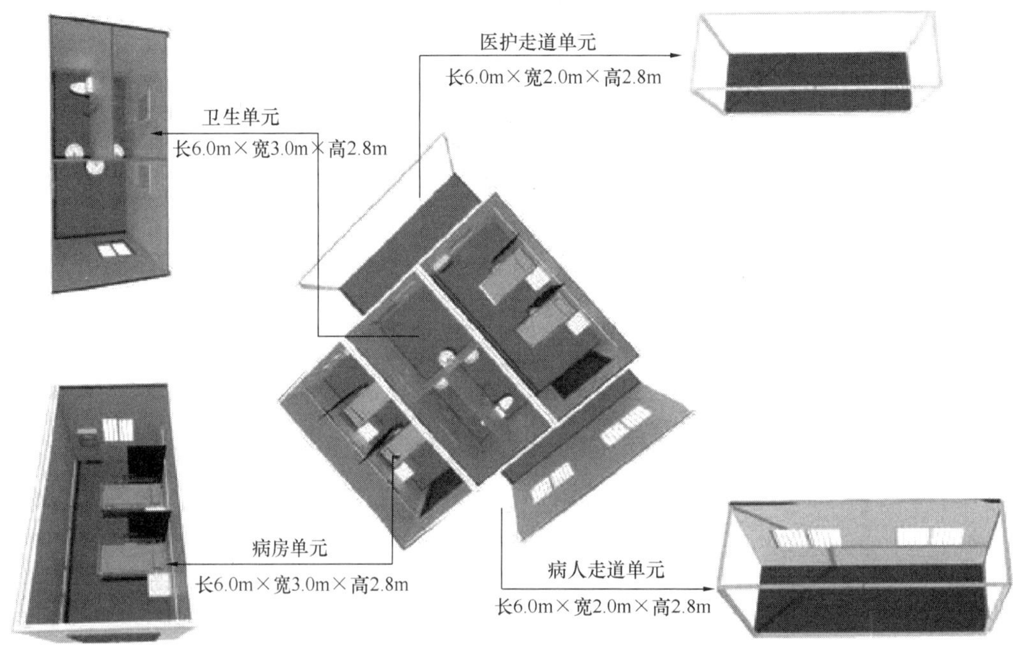

图 6 隔离病房区模块化结构解析图

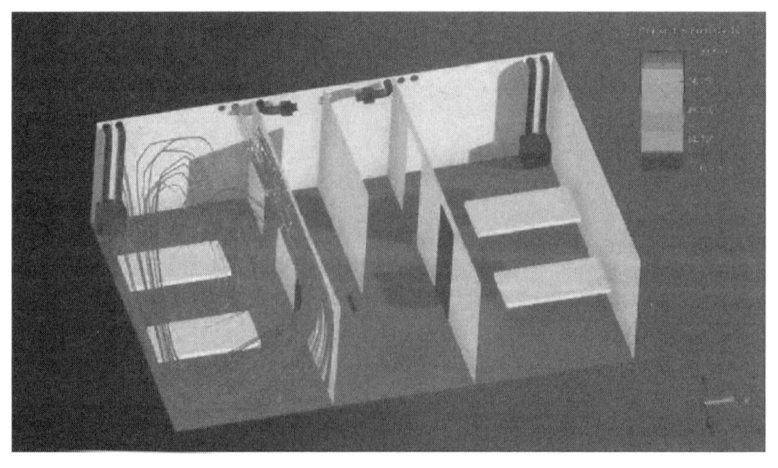

图 7 隔离病房通风环境流动轨迹

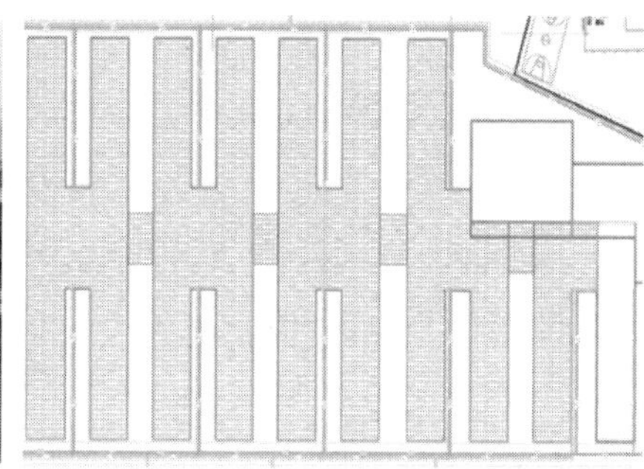

图 8 管网优化设计后效果

4.2.3 项目各参与方信息交流挑战

由于涉及大量的利益相关者和固有的组织分散性，在项目各参与方之间交流信息可能是一项挑战。雷神山医院的部分设计和施工是同时进行的，施工工作包括十多个跨专业的工序，如主体拼装时，医疗工艺布置、空调管线安装、给水排水管线安装、强弱电安装、屋顶抗风施工、设备调试、监测设施安装等全线交叉作业。在最繁忙的施工日，有 15000 多名工人和 800 多台施工机械在施工现场工作，根据设计、施工进度安排及施工部署要求，本工程各类人员需求高峰期出现在 2020 年 1 月 31 日，最高峰约 15000 人，处于箱房大面吊装后安装、装饰及医技工艺穿插施工阶段；具体人员配置计划详见图 9。总承包商必须协调不同专业的分包商，以最大限度地提高他们的生产率，并根据计划保持进度。

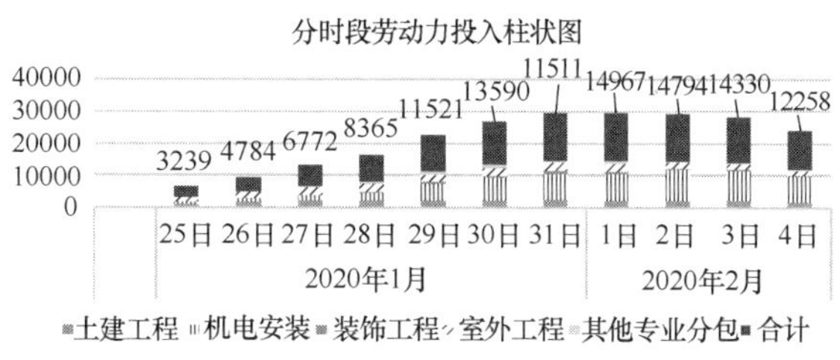

图 9 人员配置计划图

4.3 设计阶段应用效果分析

4.3.1 为患者和医务人员优化路径安排

严格区分病人和医务人员的路径是雷神山医院的基本要求。为了满足这一要求，患者和医务人员的路径在 BIM 模型中被可视化（图 10）。利用鱼骨形布局，病人通过鱼骨分支进入隔离病房，并可以通过病人通道进入浴室。病人通道也用于临时储存设施的废物处理。中间内走道是供医务人员使用的专用通道，他们使用单侧门从缓冲区进出隔离病房。通过模拟病人和医务人员的路线，清洁用品和废物流被分开，并且缓冲区被精确地分配在医疗区内。因此，最大限度地减少了交叉感染医疗人员的机会。

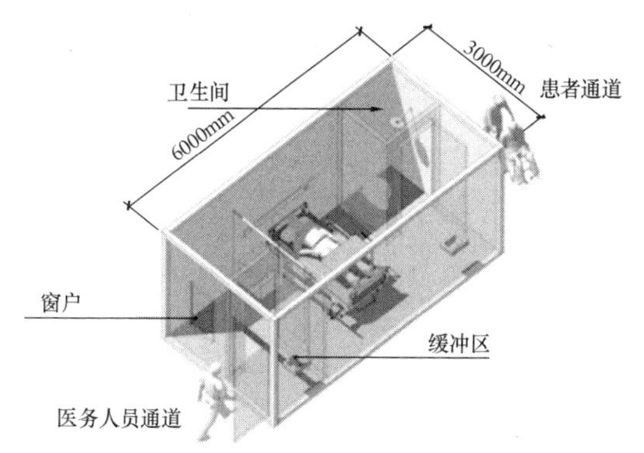

图 10 病人和医务人员的路径图

4.3.2 医疗区建筑服务系统的优化设计

雷神山医院拥有复杂的建筑服务系统，有近十个子系统，包括供暖、通风和空调系统、供水和排水系统、照明系统、弱电系统以及其他电气和机械系统。在 BIM 环境中对这些系统进行建模和可视化，与传统的 2D 绘图相比，可以发现两个明显的优势。首先，可以预先检测到不同专业的各种建筑服务系统之间的瓶颈。设计阶段解决这些瓶颈减少了施工阶段的变更，这有助于雷神山医院的按时交付。其次，这些系统在合并的BIM 模型中的可视化有助于设计师和总承包商最大限度地利用内部空间，为并行安装任务建立有效的进度计划。

4.3.3 模拟分析对环境影响

在设计过程中，为了充分评估污染区域的废气排放是否对周围的项目环境有影响，清华大学的陆新征教授及其团队提出了一种支持设计的方法，可以快速模拟医院临时排烟对环境的影响。该方法基于开放源代码的 FDS 流体力学计算软件，该软件可以对临时医院建筑进行快速建模，并且基于云计算平台分布计算。如图 11～图 14 所示。

图 11　有害气体轨迹及浓度等值面

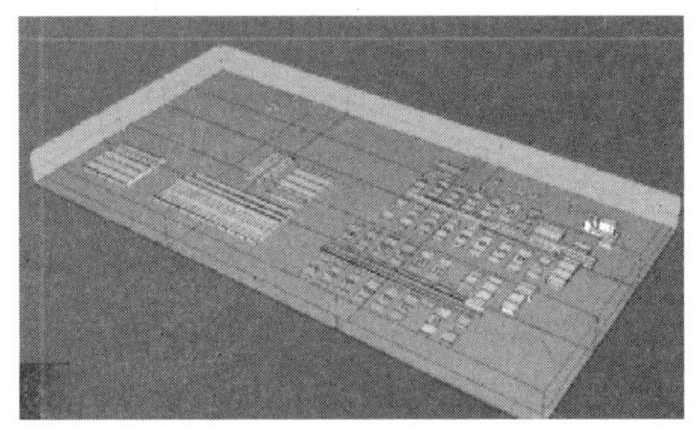

图 12　雷神山医院三维 FDS 模型

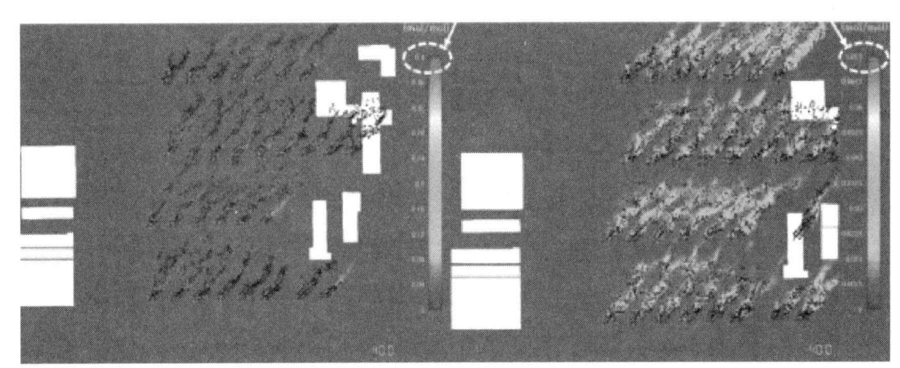

图 13　不同排风口高度下有害气体相对浓度分布图（东北风）

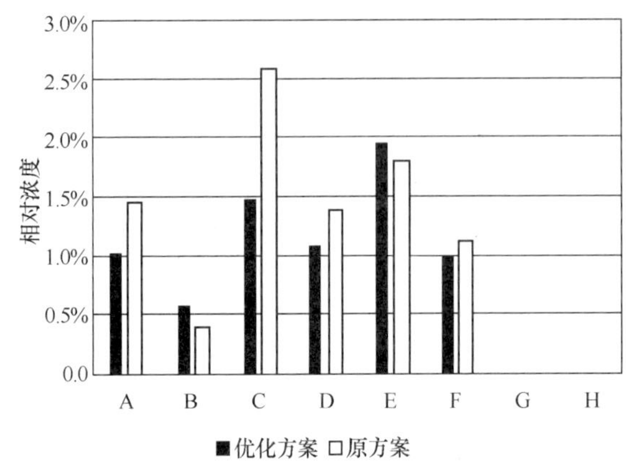

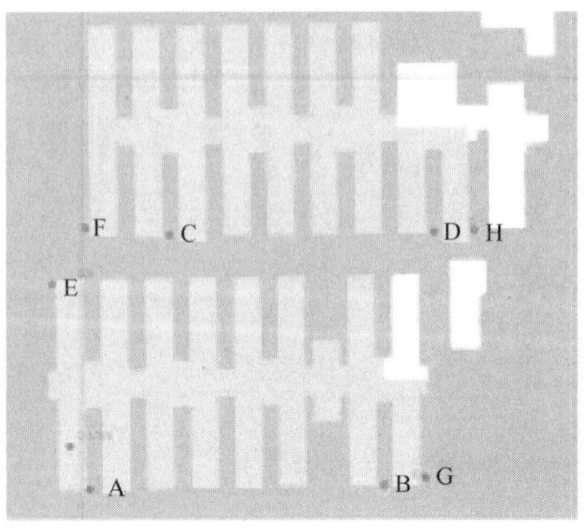

图 14　有害气体在监测点的相对浓度对比

5 结论

应急医院作为建设项目，除了具有医院项目本身的复杂性，其快速建造并投入使用的要求也是建造过程中的主要矛盾和重难点。本文基于 POP 与 BIM 模型，研究了应急医院建设过程中的信息管理，结合雷神山医院设计和施工阶段中信息管理的实施，分析了信息管理模型在各阶段应用的效果。发现 BIM 模型和 POP 模型的结合应用对雷神山医院的快速建成和投入使用起到了重要的作用，且此模式下设计阶段和施工阶段的信息管理都得到了良好有效的实施。POP 建模方法与 BIM 技术相结合，可以大大提高工程效率，缩短工程时间，为抗击疫情提供宝贵的时间。通过 POP 建模，可以构建 BIM 中的综合数据相互关系，从而为改进项目规划、协调和可视化建立更具互动性的模型，这促成了雷神山医院快速建成和交付。本研究为后续相关研究和项目提供了具有一定借鉴意义。

参考文献

[1] 范华冰，李文滔，魏欣等．数字孪生医院——雷神山医院 BIM 技术应用与思考[J]．华中建筑，2020，38(4)：68-71.

[2] Sacks R，Eastman C，Lee G，et al. BIM Handbook：a Guide to Building Information Modeling for Owners，Designers，Engineers，Contractors，and Facility Managers [M]. John Wiley & Sons，2018.

[3] Kam C，Fischer M. Capitalizing on Early Project Decision-making Opportunities to Improve Facility Design，Construction，and Life-cycle Performance—POP，PM4D，and Decision Dashboard Approaches. Automation in construction，2004，13 (1)：53-65.

[4] Chen L，Shi P，Tang Q，et al. Development and Application of a Specification-compliant Highway Tunnel Facility Management System based on BIM[J]. Tunnelling and Underground Space Technology，2020(97)：103262.

[5] Chen L，H Luo，A BIM-based Construction Quality Management Model and its Applications. Automation in Construction，2014(46)：64-73.

[6] 陈丽娟．基于 BIM 的工程施工质量管理研究[D]．武汉：华中科技大学，2015.

基于 BIM 的机电深化设计出图方式及流程策划探讨

李　明　王英博　胡新赞

（浙江江南工程管理股份有限公司，杭州　310013）

【摘　要】 本文分析了基于 BIM 模型的机电安装工程深化设计出图的优势及存在的问题，结合存在的问题及现有的规范政策，提出了全过程工程咨询 BIM 技术咨询前期策划中有关通过 BIM 出图流程的策划方案，分析了该策划方案的合理性并提出了出图方式中的合理化建议，并以深圳某儿童医院为例，为后续全过程工程咨询 BIM 技术咨询前期策划提供思路。

【关键字】 BIM 模型；全过程工程咨询；机电深化设计；出图

Discussion on Drawing Method and Process Planning of Mechatronics Deepening Design based on BIM

Ming Li　Yingbo Wang　Xinzan Hu

（Zhejiang Jiangnan Project Management CO.，LTD.，Hangzhou　310013）

【Abstract】 This paper analyzes the advantages and problems of BIM model-based mechanical and electrical installation engineering deepening design drawing, combined with existing problems and existing regulatory policies, this paper puts forward the scheme of drawing flow through BIM in the prophase planning of the whole process engineering consultation BIM technical consultation, analyzes the rationality of the scheme, and advances some reasonable suggestions in the drawing method, and a children's Hospital in Shenzhen as an example, for the follow-up of the whole process of engineering consulting BIM technology consulting early planning to provide ideas.

【Keywords】 BIM Model; Whole Process Engineering Consulting; Mechanical and Electrical Design; Drawing

1 引言

深化设计是指承包方在业主或施工图设计方提供的基本设计成果的基础上，结合施工现场实际情况、工艺特点和企业标准等，对设计成果进行细化、补充和完善。深化设计后的设计文件满足业主或原设计方的技术要求，能够直接指导现场施工。随着BIM技术的推广应用，利用BIM技术进行深化设计是目前深化设计最主要的技术手段之一，尤其是机电安装深化设计。BIM深化设计成果最终需要通过图纸表达出来，现行有关规范或标准对BIM出图均有所表述，例如《建筑信息模型应用统一标准》GB/T 51212—2016规定：交付的模型、图纸、文档等相互之间应保持一致，并及时保存；《建筑信息模型设计交付标准》GB/T 51301—2018规定：工程图纸应基于建筑信息模型的视图和表格加工而成，工程图纸的制图应符合现行国家标准《房屋建筑制图统一标准》GB/T 50001—2017的相关规定。

针对基于BIM模型的平面图纸表达，国内诸多学者及BIM实践人员均进行了研究。杨远丰[1]研究了BIM深化设计软件与国家制图标准的对接问题，分别从建筑、结构及机电三个专业分析了BIM模型出图过程中的障碍，提出了BIM软件的完善方向及现行制图规范如何适应BIM出图的相关建议；宋世龙[2]利用BIM技术在建筑给水排水设计中，提出了设计阶段的Revit MEP的出图流程，并给出了较为合理的图元显示设置，提出了BIM软件本土化开发以适应现行制图标准对接问题；葛鹏[3]基于ECVS设计法，在BIM出图模式分析中指出，目前BIM信息标准化管理缺乏统一标准，ECVS设计法集成了元素库及规范设计流程，大大提高了BIM设计效率和出图质量，保证了BIM模型信息传递至建造和运营阶段。

综上分析，目前BIM出图存在着BIM软件与现有制图标准冲突的现实，且目前研究大多是在BIM实施方单独某一阶段的BIM出图研究。此外，当前的政策及相关规范并未明确BIM所出图纸的法律地位及出图方式，导致具体实施过程中责任不清、流程不明。作为全过程工程咨询BIM管理方，在承包方招标采购阶段需要策划好全阶段的BIM出图方式及出图流程，规避实施过程中可能出现的各种风险。

2 基于BIM的机电安装工程深化设计出图优势及存在问题分析

随着项目体量的急剧扩大，机电安装工程日益复杂，传统的二维深化设计已很难满足实际需求，基于BIM技术的机电安装深化设计是目前最主要的技术手段。在成果输出方面，相较于传统的二维深化设计，基于BIM技术的深化设计出图具有显著优势：

（1）对各专业深化设计成果高度集成、协调，任意区域修改均会联动调整，最终形成综合平面、立面、剖面、系统、节点大样等多样化图纸，避免了因图纸错误导致的返工；

（2）机电管线出图可以根据建筑现场一米线标高线进行自动标注，便于现场施工，极大地避免了传统二维手算引起的错误；

（3）基于BIM技术的出图方式还可以与VR等技术相结合，将复杂区域通过二维码的方式打印在图纸中，施工人员现场通过手机等移动工具查看复杂节点。图1为某机房BIM技术与VR结合的出图案例。

然而，由于国家及行业目前对于BIM模型成果的质量管理，还没有出具相关的评价标准和验收要求，基于BIM模型的机电安装工程深化设计出图，还存在以下问题：

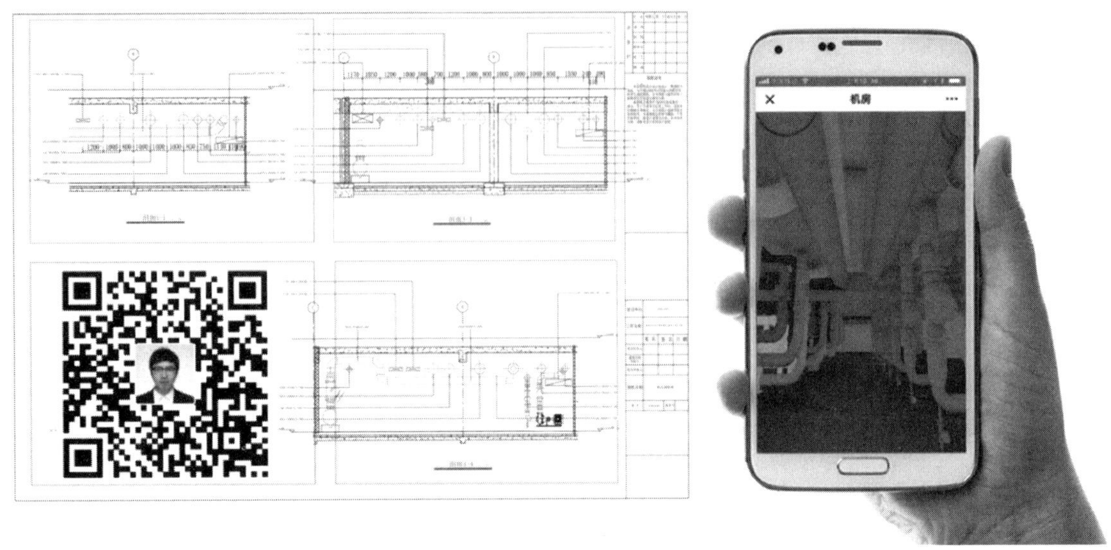

图 1　某机房 BIM 技术与 VR 相结合的出图方式

（1）BIM 深化设计成果输出的组织结构及各方职责不清。传统的二维机电深化设计，一般仅为施工单位对局部复杂的节点进行深化，成果甚至未通过设计方确认，便指导现场实施。随着 BIM 深化设计的推广，设计方、施工方、BIM 第三方等均开展机电系统深化设计并出具图纸，图纸类型五花八门。此外，随着 EPC 总承包及全过程工程咨询的逐渐实施，使 BIM 深化设计成果输出的组织结构及各方职责更为多样化，且少数建设单位又下达 BIM 深化设计图纸取代蓝图进行现场施工的不当指令，致使现场施工人员对各类图纸产生困惑，严重影响项目实施及 BIM 技术的应用。

（2）深化设计成果质量不高。由于机电安装工程深化设计没有专门的规范及标准图集参照或约束，部分深化设计需要把控的要点基本分散在各类设计与施工验收规范中，BIM 机电安装工程深化设计人员专业知识储备不足或不具备施工经验或对全专业内容缺乏贯通，致使 BIM 机电安装工程深化设计的成果质量不高，甚至存在 BIM 深化设计成果和施工现场的需求不一致。基于 BIM 深化设计模型导出的深化图纸质量，达不到指导现场工程施工的深度要求。

（3）族文件制约。BIM 模型中的各类构件均由族构成，BIM 中的族是制约 BIM 机电深化出图的一大瓶颈。族文件的制作繁琐、工作量大等特点，是 Revit 建模占用时间较长的一个环节。另一方面，由于深化设计过程中使用的各类族库没有统一的标准，导致深化设计图纸中图例各异、描述方式不统一，严重影响原施工图设计单位确认深化设计成果的时间进度。以图 2 为例，500mm×250mm 水平排风管道连接风管立管，常规做法需设置 FVD（70℃防火阀）、NRD（止回阀），施工图图例有统一的标准图集，如图 2 左图所示。然而在 BIM 出图中，由于族文件没有统一的标准，不同的项目最终表现出的出图形式各异，图 2 右图中为不同项目风管上防火阀与止回阀的不同形式。

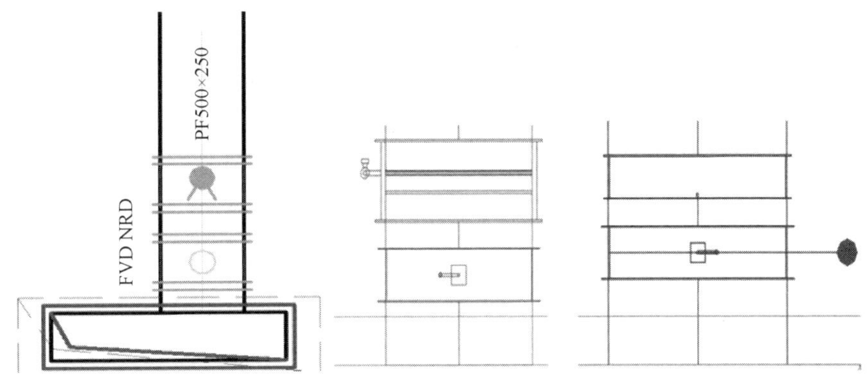

图 2　不同项目防火阀与止回阀的不同形式

3　基于 BIM 的机电安装工程深化设计出图方式及流程策划建议

3.1　明确基于 BIM 的机电安装工程深化出图组织协调原则

机电安装工程深化设计涉及建设单位、全过程咨询单位、施工图设计单位、工程总承包单位等诸多项目参与方，基于 BIM 技术的机电安装工程深化设计出图分工建议遵循“谁施工，谁深化出图”的原则进行。工程总承包单位就项目全部深化出图工作对建设单位负总责，机电安装工程承包单位负责其所承包范围内的机电安装工程专业深化设计工作，输出预留、预埋图和安装工艺、综合管线等相关图纸，并承担其深化设计内容相关联的全部技术责任；施工图设计单位负责向深化设计单位进行设计交底，配合深化设计单位完成基于 BIM 技术的机电安装工程深化设计出图工作，负责深化设计图纸及其他成果的确认或审核；全过程咨询单位负责督促机电安装工程深化设计出图工作的进度，复核设计或施工单位提交的深化成果任务书或指导书，组织参建单位间的交流沟通，协调解决相关问题；建设单位负责督促各参建单位认真履行基于 BIM 技术的机电安装工程深化设计出图工作中的职责，负责最终深化设计成果的审批与确认。

3.2　策划基于 BIM 技术的机电安装工程深化设计出图管理流程

《房屋建筑工程全过程工程咨询实践与案例》中指出，全过程工程咨询的前期策划，应遵循一定的程序，对未来工作进行全面的构思和安排，制定和选择合理可行的方案，并根据目标要求及环境变化对方案进行修改及调整[4]。基于上述分析，在项目前期，全过程咨询单位要结合项目特点，策划 BIM 技术机电安装工程深化设计出图的管理流程，该流程要融合项目已有的项目管理流程，同时要符合 BIM 技术的特征，对于流程中的每一个环节涉及 BIM 的数据要尽可能详尽规定。

目前，采用全过程工程咨询的项目，全过程工程咨询单位统筹 BIM 技术与成果的管理；具体的 BIM 实施方，一般可分为 EPC 总承包、设计＋施工总承包方、第三方 BIM 公司三类，本文以最常见的设计＋施工总承包方具体负责 BIM 技术实施为例，设计了基于 BIM 技术的机电安装工程深化设计出图管理流程，如图 3 所示。

该流程的主要特点如下：

（1）首先制定了各方均认可的机电深化设计出图实施细则，避免实施后期的扯皮现象

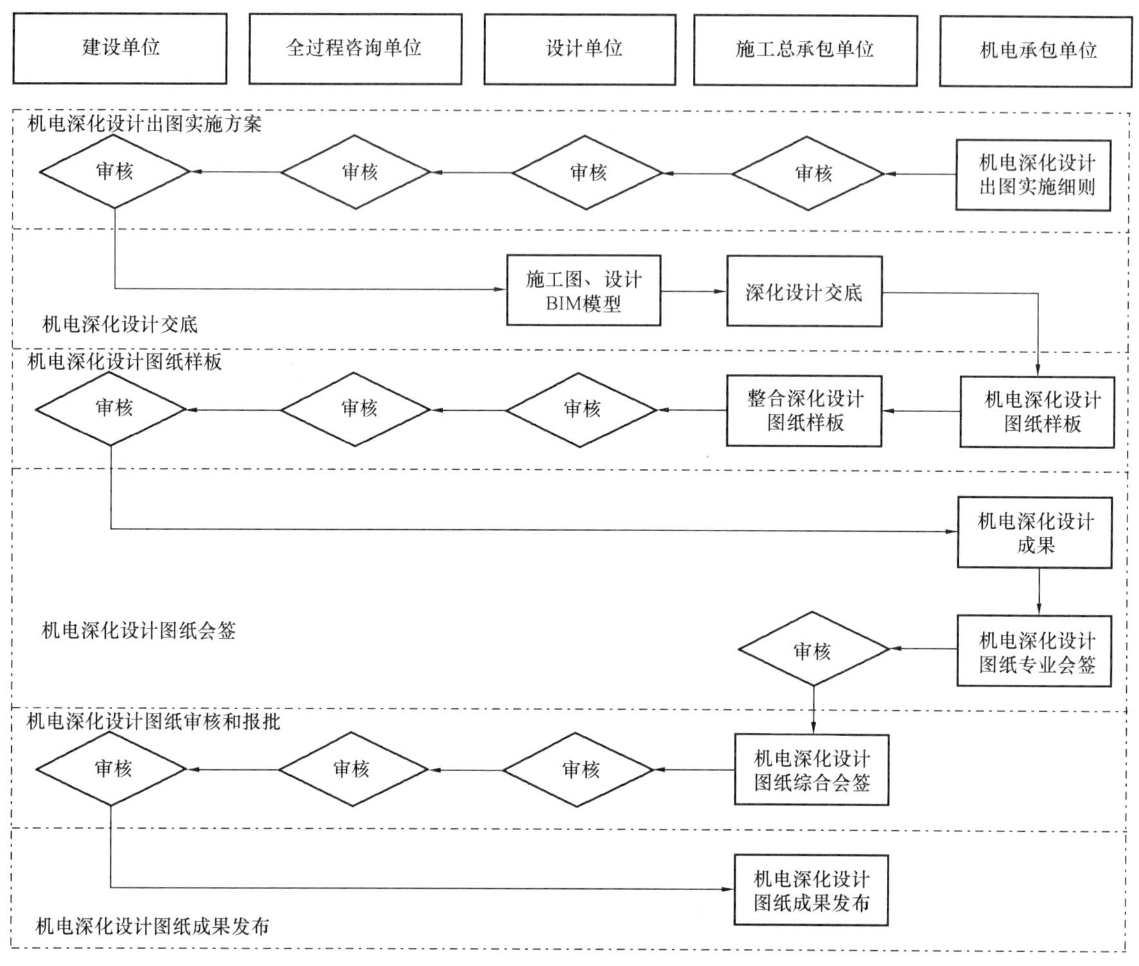

图 3　基于 BIM 技术的机电安装工程深化设计出图管理流程

发生；

（2）实现了设计模型与施工模型的“一模到底”，保证了 BIM 模型在各阶段信息的完整性；

（3）明确了图纸样板，即以施工总承包单位的图框作为深化设计图纸图框；

（4）明确了成果审查机制及各方职责，保证了深化设计成果质量。

3.3　基于 BIM 技术的机电安装工程深化设计出图方式的建议

《2016—2020 年建筑业信息化发展纲要》指出探索基于 BIM 的数字化成果交付、审查和存档管理，开展白图代蓝图和数字化审图试点、示范工作，为 BIM 深化设计以白图的形式出图提供了依据。因此，笔者建议机电安装工程应以施工图蓝图为施工依据，机电安装工程深化设计以白图的形式表达，即采用“以蓝图为施工依据，以白图辅助施工”的出图方式，白图施工深化设计单位图框，深化设计人员、施工单位技术负责人、设计单位各专业负责人均需签字确认，并由设计单位加盖确认章。此外，考虑到机电安装工程深化设计工作主要解决管线的标高、尺寸、空间位置关系，建议在白图上标注“本图仅表示管线标高、尺寸、空间位置关系，其余信息以蓝图为准”，因为阀门、风口等管道附件蓝图中均有统一表示，且不存在深化设计图纸中图例各异的问题。

对于白图，则需要由工程承包单位及施工图设计单位严格的审查。工程承包单位主要审核内容包括：白图中的管线位置关系、标高能否满足施工及验收规范要求、是否便于施工、是否便于设置支架及抗震支吊架、是否便于检修；施工图设计单位主要审核内容包括：白图中的管线走向是否满足设计规范要求，是否改变了原来的设计意图等。

基于出台的《建筑工程设计信息模型交付标准》GB/T 51301—2018，鼓励 BIM 技术在设计阶段由“伴随式 BIM 设计”向 BIM 正向设计转变，设计单位借助具体的项目积累企业级的 BIM 正向设计建模标准及出图标准，保障设计 BIM 和施工深化 BIM 的有效衔接，可适度减少 BIM 施工深化出图阶段的工作量，提升深化成果的质量。

4 深圳市某儿童医院项目应用案例介绍

4.1 项目概况

深圳市某儿童医院项目位于深圳市龙华区民治大道东，民康路北，紧邻民治地铁口和公交接驳站，用地面积约 4 万 m^2，总建筑面积约 30.9 万 m^2，规划床位 1500 张，总建设投资 26 亿元，地下 3 层，地上 16 层，是集医疗、科研、教学、预防保健功能于一体的市属三级甲等儿童专科性医院，项目效果如图 4 所示。

图 4 深圳某儿童医院效果图

4.2 基于 BIM 的机电深化设计出图方式及应用流程

医院建筑的机电系统一般复杂于传统项目，除了传统的水暖电等系统外，还涉及医用气体、物流系统、纯水系统等机电系统。施工总承包单位进场后，全过程工程咨询单位即组织建设单位、设计单位、施工总承包单位、监理单位召开了 BIM 深化专项会议。明确采用“以蓝图为施工依据，以 BIM 白图辅助施工”的深化出图方式，白图使用施工总承包单位设计的图框，施工总承包单位 BIM 深化设计人员、施工总承包单位技术负责人、设计单位各专业负责人、全过程咨询单位设计管理负责人、专业监理工程师均需签字确认，并加盖施工总承包单位、全过程咨询单位、监理单位、设计单位技术确认章。由全过程工程咨询单位策划提出，各参建单位协商制定了基于 BIM 技术的机电深化设计出图流程（类似于图 2，不再赘述）。

4.3 基于 BIM 的机电深化设计出图成效分析评价

项目采用“以蓝图为施工依据，以 BIM 白图辅助施工”的深化出图方式及制定的流程，结合 BIM 技术优势，应用成效如下：

（1）已累计解决 300 多条设计图纸问题，减少了施工过程中的被动变更问题，有效提升了设计成果质量，避免了后期的返工和浪费。

（2）已累计出图及完成审核的深化设计图纸 100 余份，其中预留预埋图纸用于指导土建预留施工，其他系统图纸已完成施工交底工作。

（3）基于 BIM 的机电深化设计出图，软件操作快捷，较之二维深化设计工作效率大幅提升。三维模型更为直观地表现建筑各专业情况，降低了二维图纸的理解难度，复杂节点图纸信息一目了然，数据分析准确，有效保证深化设计的准确性和可靠性。

（4）基于 BIM 的机电深化设计出图，降低成本，提高经济效益。使用 BIM 模型进行深化设计，在模型中对设计、施工方案进行优化调整，不需浪费大量的人力进行实际计算，有效节约了人力资源成本，避免了后期施工存在的返工，节约了机械、材料成本。

（5）基于 BIM 的机电深化设计出图流程设置合理，大大提高了沟通及管理效率，加速项目决策层对重大技术问题进行决策，后续因深化设计问题的协调会议大幅减少。

本项目秉承“BIM 先行”的落地实施理念，发挥 BIM 技术优势，通过各参建单位的努力和配合，摸索形成了可实施、可推广、可增效的 BIM 深化出图指导现场施工的实施路径。过程中形成的 BIM 深化出图成果如图 5 所示。

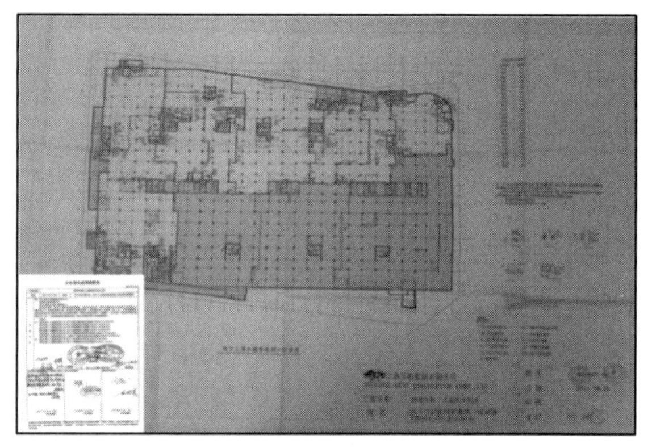

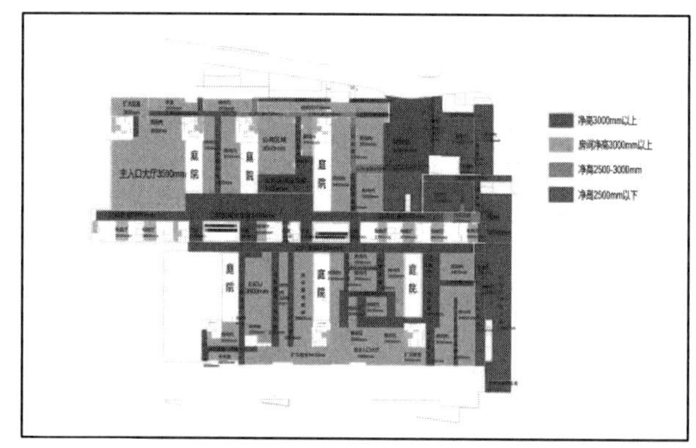

图 5　深化设计图纸确签及净高分析色标图

5　结语

随着建筑行业信息技术应用水平的不断提升，BIM 技术在工程项目管理方面的应用越发广泛，BIM 技术聚焦解决项目建设过程中的重难点问题的优势也逐渐凸显，利用 BIM 技术出图是建筑行业信息化的必然趋势，随着软件的本土化深度开发、模型验收标准等问题的逐步解决，BIM 技术应用经验的积累必然驱动基于 BIM 技术的机电安装工程深化出图质量和效率的提升，实现信息技术的应用创新。

参考文献

［1］ 杨远丰．BIM 时代设计软件与制图标准的相互对接[J]．建筑技艺，2013(1)：202-205.

［2］ 宋世龙，吴真．BIM 技术在建筑给排水设计中的出图应用[J]．建筑技术，2017(48)：69-70.

［3］ 葛鹏，杜鹃等．基于 ECVS 设计法的 BIM 出图模式分析研究[J]．建筑技术，2017(12)：1286-1289.

［4］ 李冬，胡新赞，陶升健．房屋建筑工程全过程工程咨询实践与案例[M]．北京：中国建筑工业出版社，2020.

项目实施全过程建筑从业人员工作压力的变化研究

——以江苏省泰州市为例

徐浩然　张　尚　仲启庆

（苏州科技大学，苏州　215011）

【摘　要】国内关于建筑从业人员工作压力的研究较少，而且缺少针对建筑从业人员工作压力在项目全过程中变化规律的研究成果。本文基于文献综述成果，采用问卷调查法和访谈法，探索建筑从业人员的工作压力源和工作压力水平在项目全过程中的变化规律。研究结果表明：项目实施全过程中的主要工作压力源是工作任务压力源，施工阶段的工作任务压力源水平最高；建筑从业人员的工作压力水平在项目全过程呈先升后降的趋势，工程施工阶段（3.14）工作压力水平最高，前期策划阶段（2.74）的工作压力水平最低。研究成果对建筑从业人员和建筑企业进行工作压力管理具有一定的参考价值。

【关键词】建筑从业人员；工作压力；工作压力水平；工作压力源

Research on the Change of Job Stress of Construction Professionals in the Whole Process of the Construction Project: A Case Study in Taizhou in Jiangsu Provice

Haoran Xu　Shang Zhang　Qiqing Zhong

(Suzhou University of Science and Technology, Suzhou　215011)

【Abstract】Few studies focusing on investigation of the job stress of construction professionals in China, and there is no research on the change of job stress of construction professionals in the whole process of the construction project. Based on literature review, questionnaire survey and interview, this paper explores the change trend of job stressor and job stress level of construction professionals in the whole process of the construction project. The results show that the main job stressor is job task stressor, and job task stressor reaches the highest level in the construction stage. During the whole process of the project, the job stress level of the construction professionals increases firstly and then decreases, and the job stress level is the highest in the construction stage (3.14), and the lowest in the early planning stage (2.74). The research results are valuable for construction professionals and construction enterprises to manage job stress.

【Keywords】 Construction Professionals; Job Stress; Job Stress Level; Job Stressor

1 引言

近年来，我国建筑行业快速发展，截至2020年底，建筑从业人员数量达到5366.92万（国家统计局），建筑从业人员在全社会的从业人员中占据了相当大的份额（约7%）。根据国家统计局的数据，建筑业总产值从2016年的193566.78亿元到2020年的263947.04亿元，年增长速度稳定在7%左右。现代工程项目具有高要求、高风险和难以控制等特点（王华 2005），激烈的行业竞争和高强度的工作使建筑从业人员承受一定的工作压力。

工作压力是指个体在工作中对各种刺激所做出的各种反应的综合（刘勇陟 2005）。现有的研究表明过高的工作压力会对个人的心理、生理和行为等产生不良影响：心理影响如焦虑抑郁和紧张（朱红强 2014）、沮丧和失去工作热情（许小东 2004）；生理影响如心悸和胸闷胸痛（邸鸿喜 2017）、睡眠障碍（刘俊松 2014）；行为影响如逃避或拖延工作（邸鸿喜 2017）、工作效率降低（徐富明 2003）。因此，研究建筑从业人员的工作压力，对从业人员本身和整个建筑行业的健康发展都有重要意义。

基于现有研究成果综述发现，国内现有的工作压力研究中，研究对象主要为企业员工和教师等，对于建筑行业人员的研究很少。大部分建筑从业人员工作压力的研究都集中于工作压力和结果变量之间的关系，如建筑员工工作压力和离职倾向的关系（吕琳 2014），建筑从业人员工作压力与工程项目绩效的关系（吕婉晖 2016），还没有关于建筑从业人员工作压力在项目全过程中动态变化规律的研究。因此，本文将以建筑从业人员为研究对象，基于文献综述成果，采用问卷调查法和访谈分析法，研究建筑从业人员工作压力源和压力水平在项目各阶段的变化规律。研究成果不仅能够丰富工作压力管理理论，而且对建筑从业人员和建筑企业进行工作压力管理具有一定的参考意义。

2 文献综述

2.1 工作压力与工作压力源

工作压力也称工作应激，指个体在工作过程中对于外界环境的各种刺激所产生的多种反应的综合（刘勇陟 2005）。工作压力来源于工作压力源，朱红强（2014）在研究医务人员的工作压力时，把工作压力源定义为导致工作压力的刺激、事件或环境，可以是外界物质环境、个体的心理环境及社会环境。Leung 等（2010）在研究工程管理领域的工作压力时，把工作压力源划分为任务压力源、组织压力源和个人压力源，本文也将基于这三个工作压力源进一步研究建筑从业人员的工作压力。

（1）任务压力源。Cooperand Marshall（1978）认为引起任务压力源的主要因素有工作负荷、时间压力、缺少自由等。工作负荷指在单位时间内个体所要完成的工作量，对于建筑从业人员而言，由于建筑行业的快速发展，他们要承受着高强度的工作，建筑行业普遍的加班现象让建筑从业人员的工作处于超负荷的状态；时间压力指在规定的时间内无法完成工作任务带来的压力。现代工程项目工期紧张、要求高，赶工已经成为常态，建筑从业人员在工作过程中普遍能感受到工程期限所带来的时间压迫感；缺少自由指由于工作的条件个体可以自我支配的空间受限（Cooperand Marshall 1978），建筑行业从业人员长期处于工程现场和办公场所中，工作的地点也会随着项目地点的变化而相应变化，凭自身意志行动的空间受到一定的限制。

（2）组织压力源。员工在企业组织中受到组织结构和风格的影响而产生的压力就是组织压力（刘勇陟 2005）。主要包括建筑从业人员在企业内部由于组织结构不合理、对任务的掌控能力以及决策机会等源头而产生的工作压力。组织结构不合理指组织冗长、指令不及时，在实际工程中，项目的决策权往往由高层层层下达，到达项目部时间过长，导致错失有利的时机；任务掌控能力是工作控制力的重要体现，工作需求-控制模式中工作控制力和压力水平呈负相关关系（Karasek 1979），任务掌控能力强的建筑从业人员压力水平也相对更低。

（3）个人压力源。个人压力指员工由于个人因素而产生的压力。建筑业员工个人因素主要包括个人性格、个人能力和家庭因素等（李道胜 2017），由于个人因素不同，不同的员工所感受到的工作压力也不同。由于个体的性格不同，不同建筑从业人员对于压力的感知也不同，金维新和梁美容等学者曾研究了 A 型性格的个体受到的组织支持和压力源的关系，结果表明 A 型个体受到组织支持时压力源会扩展（金维兴等 2005）；个人能力对于工作压力的影响可以用个体-环境匹配理论（French 1982）来解释，当个人能力（个人特征）与环境因素不匹配时，压力就会产生；家庭因素也是不可忽视的，李道胜（2017）研究了员工的家庭因素对于工作压力和离职倾向的影响，结果表明家庭矛盾和离职倾向存在一定的正相关关系。

2.2 项目实施全过程的划分

根据项目实施不同阶段的建设特点与建设程序，将项目全过程划分为：前期策划阶段、设计和计划阶段、施工准备阶段、工程施工阶段、竣工交付阶段（张春廷 2014）。

前期策划阶段的主要工作包括项目构思的产生、提出项目建议书和可行性研究等；设计和计划阶段的主要工作包括委托设计单位设计、方案送审和领取建设规划许可证等；施工准备阶段的主要工作包括工程报建、招标投标、熟悉合同、工程预算、现场勘察、办理各种手续和许可证等；工程施工阶段的主要工作包括土建基础和主体施工、装饰装修工程、质量进度成本控制等；竣工交付阶段的主要工作包括分项工程和总体工程验收、竣工结算资料整理、编制工程验收报告等（成虎等 2015）。

3 问卷调查与统计分析

3.1 调查问卷的设计

本文基于文献综述成果，参考 ROBO（Rustout-Burnout）量表，根据建筑从业人员的特征和建筑业的背景编制了调查问卷。问卷主要包括两个部分：基本信息和专业问题。专业问题包括：工作压力源的调查（共计 14 个问题）、工作压力水平的调查（共计 5 个问题）、工作压力源和工作压力水平变化的调查（共计 10 个问题）。有关工作压力源和压力水平的调查，采用 Likert5 级量表（1 表示“完全不同意”，3 表示“中立”，5 表示“完全同意”）。在正式的问卷调查之前，针对工程领域的 3 位专业人员开展了问卷预调查，根据预调查的意见反馈，对调查问卷的语言、结构、排版等方面进行了修改。

3.2 调查问卷的发放与回收

为了收集建筑从业人员在项目全过程工作压力变化的数据，在 2020 年 5 月 5～11 日期间，在江苏省泰州市内，以建筑从业人员为调查对象进行了问卷调查。本次调查遵循了随机抽样的原则，对调查对象发放纸质问卷并分两次回收，共回收纸质问卷 101 份，剔除无效问卷 22 份后，实际回收的有效问卷共 79 份，问卷的有效率为 78.22%。

本次调查对象中男性较多（74.68%）；工龄在 5～10 年（34.18%）和 10～15 年（26.58%）的从业者人员较多；在受调查的四种岗位的建筑从业人员中，管理人员占比最高（46.84%），其次是造价人员（24.05%），技术人员（20.25%）和设计人员（8.86%）较少。

3.3 问卷的信度检验

为了保证调查问卷量表部分的可靠性，使用 SPSS26.0 软件对工作压力源和压力水平量表的信度进行检验。经过检验，工作压力源量表部分的克隆巴赫系数为 0.791，工作压力水平量表部分的克隆巴赫系数为 0.812，均大于 0.7，符合信度良好的标准（吴明隆 2019），反映本问卷中的量表具有较高的信度。

3.4 建筑从业人员的工作压力源

为了识别建筑从业人员的关键工作压力源，采用 Likert 5 级量表对问卷调查数据进行统计分析，结果如表 1 所示。

受调查者工作压力源统计结果　　表 1

名称		平均值	标准差	排序
工作任务压力源	休息时间少，经常加班	3.00	1.062	5
	技术复杂	3.14	1.009	3
	不同参与方难协调	3.27	0.957	2
	工作责任大	3.01	0.954	4
	需要学习新知识	3.44	0.944	1
合计平均值		3.17		
组织压力源	企业内部竞争大	3.10	0.856	2
	不适应企业文化和氛围	2.80	0.883	4
	不能完全掌控工作	2.76	0.937	5
	决策机会太少	2.97	0.640	3
	指令流程过长	3.18	0.844	1
合计平均值		2.96		
个人压力源	个性不适应职务	2.49	0.845	3
	能力不能胜任工作	2.34	0.932	4
	经济情况不好	2.70	1.042	2
	没有时间与家人相处	3.06	0.852	1
合计平均值		2.65		

从表中看出建筑从业人员最大的工作压力源是工作任务压力源（3.17），其次是组织压力源（2.96），最小的工作压力源是个人压力源（2.65）。这一结论与吕琳（2014）对建筑业技术型员工的研究结果相似，建筑从业人员大部分的压力来源于内源压力，也就是任务本身带来的压力，其次才是工作以外的其他因素。工作任务的压力主要来源于两个方面，首先是工作量很大，其次是承担的工作来源于多个方面，建筑从业人员为了完成这些来源于不同方面的很大工作量，需要经常加班，从而引起了较大的工作压力。在访谈中有 75% 的受访者认为自己遭受着任务压力的困扰，验证了

这一调查结果。

在各个压力源二级指标中，最大的压力源（3.44）是“工作需要我不停学习新知识”，最小的压力源（2.34）是“我的能力不能胜任工作”。我国建筑业中，大型、特大型的项目越来越多，此外新技术（例如BIM技术）、新的管理模式（例如PPP）、新的施工方法等，要求建筑从业人员只有持续更新自己的知识，才能适应新的发展要求，这显然也增加了他们的压力。在访谈过程中，有37.5%的建筑从业人员提出在忙碌的工作中学习新知识和考证给他们带来了很大的工作压力，说明学习新知识的需求也是现代建筑从业人员的重要压力源。

3.5 建筑从业人员的工作压力水平

建筑从业人员的工作压力水平的统计结果如表2所示。

受调查者工作压力水平的统计结果　　表2

名称	平均值	标准差	排序
我经常感到疲惫	3.15	0.769	1
我的睡眠质量下降了	3.08	0.888	2
我的情绪控制能力下降了	2.87	0.822	4
我的身体状况变差了	3.00	0.801	3
总体而言我压力大	3.18	0.730	

从上表可以看出建筑从业人员的工作压力处于中等较高水平（3.18），主要表现为睡眠质量下降（3.08）和经常感到疲惫（3.15）。与之前的工作压力源调查结果相似，由于工作任务多，并来源于不同的方面，建筑从业人员加班现象已经成为常态，特别是在工程项目需要赶工时，经常需要连续施工，睡眠质量就会受到影响，也增加了疲惫程度。

通过访谈得知，有62.5%的受访者会因为工作的原因明显感到疲惫，受调查者的平均睡眠时间为6.84小时，已经低于医学界《中国成人失眠诊断与治疗标准》中的成年人建议最低睡眠时间7小时，说明感到疲惫和睡眠质量下降是受工作压力影响的建筑从业人员中的普遍现象。

3.6 建筑从业人员的工作压力源变化

为反映工作压力源在项目全过程的变化，本文在问卷中设置了项目不同阶段压力源调查的单选题，让受调查者选出自己在项目不同阶段最主要的工作压力源，统计数据如表3所示。

项目不同阶段受调查者工作压力源的统计结果　　表3

		工作任务压力源	组织压力源	个人压力源
前期策划阶段	人数	32	23	17
	有效百分比	44.44%	31.94%	23.62%
设计计划阶段	人数	32	14	23
	有效百分比	46.38%	20.29%	33.33%
施工准备阶段	人数	27	26	9
	有效百分比	43.55%	41.93%	14.52%
工程施工阶段	人数	35	13	13
	有效百分比	57.38%	21.31%	21.31%
竣工交付阶段	人数	24	17	18
	有效百分比	40.68%	28.81%	30.51%

从表3看出建筑从业人员的工作任务压力源在项目各个阶段的比重一直稳定在较高水平（>40%），高于其他两种压力源，在工程施工阶段，工作任务压力源的比重达到了最高（57.38%）；组织压力源和个人压力源的变化相似，呈现出上下波动的状态。

总体而言，这三种压力源贯穿着工程项目的整个过程，但在工程项目实施的所有阶段中，工作任务压力源都是最主要的压力源，这是现代工程项目工期紧张、技术复杂和要求高等特征导致的。个人压力源和组织压力源只有在特定的阶段才会达到较高的比重，如组织压力源在施工准备阶段比重最大（41.93%），通过访谈发现这是因为这一阶段中的招标投标和熟悉合同等工作是工程项目不同参与方密切接触的开始，频繁的人际交流和多方的沟通协商让组织压力源显著上升。

3.7 建筑从业人员的工作压力水平变化

为评价工作压力水平在项目实施全过程的变化，本文在问卷中设置了项目不同阶段压力水平的量表，统计结果如表 4 所示。

项目实施全过程受调查者工作压力水平的统计结果　　表 4

	前期策划	设计和计划	施工准备	工程施工	竣工交付
平均值	2.74	2.88	3.01	3.14	2.91
标准差	0.952	0.906	0.814	0.711	0.809
排序	5	4	2	1	3

从表 4 可见，建筑从业人员的压力水平总体趋势先升后降，在工程施工阶段达到最大值（3.14），这是因为工程中施工阶段的工作量最多，而本次调查对象中占比最高的管理人员的工作量也主要集中在施工阶段。通过访谈资料的整理，发现有一半的访谈者认为自己工作压力水平的峰值出现在工程施工阶段，分别是 2 名工程监理、1 名技术总工和 1 名项目经理，压力水平较高的原因是施工阶段的工作任务最为繁重，验证了问卷调查的结果。

3.8 不同岗位建筑从业人员工作压力水平变化的差异性分析

为了分析不同岗位建筑从业人员工作压力水平变化之间的差异，使用 SPSS26.0 软件对不同岗位的建筑从业人员的压力水平进行了单因素方差分析以检验不同群体是否有显著差异，数据如表 5 所示。

不同岗位在项目全过程的工作压力水平的统计结果　　表 5

	造价人员		管理人员		技术人员		设计人员		比较结果	
	平均值	排序	平均值	排序	平均值	排序	平均值	排序	F	P
前期策划	2.53	5	2.61	5	2.67	5	4.14	2	7.03	0.00
设计计划	2.68	4	2.63	4	2.93	4	4.28	1	9.05	0.00
施工准备	3.21	1	3.08	2	3.00	2	2.29	4	2.15	0.10
工程施工	2.84	3	3.27	1	3.44	1	2.57	3	4.48	0.01
竣工交付	2.89	2	3.08	2	2.94	3	2.00	5	3.91	0.01
总体压力	3.16		3.08		3.12		3.86		2.39	0.07

从上表差异性检验的结果可以发现单因素方差分析的 P 值在项目的前期策划阶段、设计计划阶段、工程施工阶段和竣工交付阶段均小于 0.05，反映了不同岗位群体的工作压力水平在这四个阶段有显著差异，这是不同岗位的建筑从业人员的工作的性质所导致的。

（1）设计人员的设计工作主要集中在前期策划阶段和设计计划阶段，所以他们在这两个阶段的工作压力水平要显著高于其他岗位的建筑从业人员，而他们在余下的三个阶段压力水平都处于低水平。

（2）管理人员（3.27）和技术人员（3.44）在施工阶段的工作压力最大，造价人员在施工准备阶段压力最大（3.21），工作压力水平均呈现出先升后降的趋势。这是因为管理人员主要承担工程项目的质量、进度、成本等所有方面的管理等工作，而技术人员的土建技术施工等工作也主要集中在工程施工阶段，而造价人员的工程预算等工作集中在施工准备阶段，较大的工作量让他们的工作压力水平在对应的阶段上升。

总体而言，在四种岗位中，设计人员的工作压力水平（3.86）要明显高于其他人员，其次是造价人员（3.16）和技术人员（3.12），压力水平最低的是管理人员（3.08）。在访谈中，压力水平高于4的个体徐先生（5）和陈先生（4）均是设计人员，根据受访者反映，设计行业不仅工作任务繁重，还要承担很大的工作责任，同时设计人员还要受到来自上级、建设单位和施工单位等多方施加的压力，这是设计人员工作压力水平较高的原因，验证了问卷调查的结果。

3.9 建筑从业人员工作压力源变化和压力水平变化原因分析

在工程项目实施全过程中，不同阶段的工作任务特征和工作任务负荷的差异是导致建筑从业人员的压力源和压力水平变化的主要原因。

在压力源变化方面：

（1）工作任务压力源的变化。工作任务压力源的比重在项目全过程均处于较高水平，在工程施工阶段达到峰值，这是因为工程施工阶段是工程项目全过程中最复杂、资源投入最大、管理难度最大的阶段（成虎等 2015）。在这一阶段中，建筑从业人员的工作任务具有高强度、高要求、期限紧张等特征：建设单位、施工单位、监理方、设计单位和供应商都要严格按照合同规定和各自的项目任务书、通力合作以推动工程项目的进展，在施工过程中每个环节的延误都会对后续的流程产生影响。这些工作任务特征让任务压力源在施工阶段显著提高。

（2）组织压力源的变化。组织压力源在项目全过程处于波动变化的趋势，在施工准备阶段达到峰值，这是因为在施工准备阶段中，招标投标、熟悉合同以及办理各种许可证等工作均需要工程项目的不同参与方以及政府部门协调完成，协调工作量大。在这一阶段中，建筑从业人员的主要工作任务都具有需要多方沟通、需要政府审批等特征。这些单位的建筑从业人员需要根据建设单位的要求、政府部门的审批意见和上级的指令调整并完成各项工作任务，这一阶段中组织结构不合理或指令不及时等组织问题很容易暴露出来，使组织压力源显著上升。

（3）个人压力源的变化。个人压力源在项目全过程也呈现波动变化趋势，在设计计划阶段达到峰值。在受调查的建筑从业人员中，除了设计人员，其余岗位的建筑从业人员的工作任务均不集中于设计计划阶段，工作任务压力源和组织压力源比重的下降让个人压力源相应提高。

在压力水平变化方面：

建筑从业人员的压力水平变化趋势为先升后降，在工程施工阶段达到最大值。通过调查发现建筑从业人员的工作压力水平是随着项目实施不同阶段工作负荷的变化而变化的。这是因为工作负荷是工作任务压力源最主要的因素之一（Cooper and Marshall 1978），而工作任务压力源（3.17）又是建筑从业人员最关键的工作压力源。

在工程项目实施全过程的五个阶段：前期策划阶段主要工作的参与者为建设单位的高层管理人员，大部分的建筑从业人员在这一阶段工作任务很少，所以，总体压力也处于最低水平（2.74）；从设计计划阶段开始，设计单位的从业人员开始参与设计工作。由于现代工程项目业主对进度的要求越来越高，他们在这一阶段承受高负荷的工作，但其余岗位的建筑从业人员工作强度仍然较低，压力略微上升（2.88）；施工准备阶段，工程项目的所有参与方开始参与项目的各项施工准备工作，各参与方的建筑从业人员的工作负荷开始明显提高，压力水平上升（3.01）；工程施工阶段是任务最繁重的阶段，需要各个参与方通力合作完成，压力水平伴随着工作负荷的显著提高达到峰值（3.14）；最后的竣工交付阶段中，各参与方的建筑从业人员的主要工作为验收工程和整理编制竣工验收资料，这一阶段的工作多为事务性工作（成虎等 2015），工作负荷降低，工作压力水平也有所回落（2.91）。

4 结语

本文主要研究了建筑从业人员的工作压力在项目全过程的变化，基于大量的文献综述，采用了问卷调查和访谈的方法收集建筑从业人员的信息，调查结果表明建筑从业人员的关键工作压力源为工作任务压力源；建筑从业人员的压力水平较高；工作任务压力源在工程施工阶段比重最大，组织压力源和个人压力源在项目全过程呈波动变化的趋势；建筑从业人员的总体工作压力水平先升后降，在工程施工阶段压力水平到达峰值。

本文通过对建筑从业人员工作压力在项目实施全过程变化规律的探索，丰富了这一领域的研究成果。在研究过程中，受到问卷调查资源和调查途径的限制，使得其研究结论只能代表江苏省泰州市部分建筑从业人员的工作压力现状。因此，开展跨区域比较研究，更全面地了解我国建筑从业人员的工作压力变化趋势，成为今后本课题的主要研究方向。

参考文献

[1] Cooper C. L., Marshall J. Understanding Executive Stress[M]. London: Macmillan, 1978.

[2] French J. R. P., Caplan R. D., Van H. R. The Mechanisms of Job Stress and Strain. Chichester, England: Wiley, 1982.

[3] Karasek R. A. Job Demands, Job Decision Latitude, and Mental Strain[J]. Administrative Science Quarterly, 1979, 24(2): 285-308.

[4] Leung M. Y., Chan Y. S., Chong A. M. L. Chinese Values and Stressors of Construction Professionals in Hong Kong[J]. Journal of Management in Engineering, 2010(234): 1289-1298.

[5] 成虎，陈群．工程项目管理[M]．北京：中国建筑工业出版社，2015.

[6] 李道胜．工作压力、工作家庭冲突与离职倾向：组织支持感的调节作用[D]．武汉：华中农业大学，2017.

[7] 刘俊松．海勤人员压力反应现状调查以及干预方法的比较研究[D]．杭州：浙江大学，2014.

[8] 吕琳．建筑业技术型员工工作压力、工作满意度与离职倾向关系的研究[D]．武汉：华中师范大学，2014.

[9] 吕婉晖．建筑从业人员工作压力对工程项目绩效的影响研究[D]．苏州：苏州科技大学，2016.

[10] 金维兴，张宏，梁美容．对建筑企业预算人员的压力管理研究[J]．建筑管理现代化，2005(5)：53-55.

[11] 刘勇陟．工作压力、工作满意度和组织承诺关系研究——以深圳水务集团为例[D]．浙江：浙江大学，2005.

[12] 舒晓兵，廖建桥，国企管理人员工作压力源与工作满意度实证研究．工业工程与管理，2003(2)：34-37.

[13] 王华．现代工程项目管理的组织创新研究[D]．天津：天津大学，2005.

[14] 吴明隆．问卷统计分析实务：SPSS 操作与应用[M]．重庆：重庆大学出版社，2019.

[15] 徐富明．中小学教师的工作压力现状及其与职业倦怠的关系[J]．中国临床心理学杂志，2003(3)：195-197.

[16] 许小东，孟晓斌．工作压力：应对与管理[M]. 北京：航空工业出版社，2004.

[17] 张春廷．建设工程项目全过程跟踪审计研究[D]. 青岛：青岛理工大学，2014.

[18] 邸鸿喜．煤矿工人工作压力结构、传播规律及其对不安全行为的影响研究[D]. 西安：西安科技大学，2017.

[19] 朱红强．医生工作压力源、应对方式及焦虑的关系[D]. 西安：第四军医大学，2014.

湖南省既有小区建设质量调研分析及其对构建高质量幸福小区的影响因素研究

喻可心　刘政轩　张国强　王　然　向　沅　陈大川

（湖南大学土木工程学院，长沙　410082）

【摘　要】“十四五”规划是我国迈向第二个百年目标的开局规划，主题是全面高质量发展。同时，随着人们的生活水平逐渐提升，吃饱穿暖已不再是人们最迫切的需求，如何提升幸福感指数成为更多人们追求的目标之一，而住房又是人民群众美好生活需要必不可少的要素。在全面高质量发展的背景下，探究小区居民幸福感指数与住房质量相关性的影响因素研究分析显得非常重要，在住房建造和管理中引入幸福感指数与住房质量相关性研究非常有利于本行业高质量发展的验证，同时也能切实提高小区居民幸福感。

【关键词】 高质量发展；幸福感指数；幸福小区；住房质量；影响因素

Investigation on the Construction Quality of Existing Residential Districts and the Influencing Factors of Building High-quality Happy Residential Districts in Hunan Province

Kexin Yu　Zhengxuan Liu　Guoqiang Zhang

Ran Wang　Yuan Xiang　Dachuan Chen

(College of Civil Engineering, Hunan University, Changsha　410082)

【Abstract】 The "14th Five-Year Plan" is my country's initial plan towards the second centenary goal, with the theme of comprehensive and high-quality development. At the same time, with the gradual improvement of people's living standards, food and clothing are no longer the most urgent needs of people. How to improve the happiness index has become one of the goals pursued by more people, and housing is essential for the people to live a better life. An indispensable element. Under the background of the comprehensive and high-quality development of the "14th Five-Year Plan", research and analysis of the influencing factors of the correlation between the happiness index and housing quality of residents in the community, the introduction of the correlation between happiness index and housing quality in housing construction and management is very beneficial. The verification of the high-quality development of the industry can also effectively improve the happiness of community residents.

【Keywords】 High-quality Development; Happiness Index; Happy Community; Housing Quality; Influence Factor

1 前言

改革开放40多年来，我国城乡人居环境和住宅建设取得了非常辉煌的成就，但从高品质住房建设与人居环境的可持续发展来看，仍然不尽如人意。尤其是当前我国城镇住房建设发展环境正在发生巨大的变化，长期积累的深层次矛盾日益突出，粗放的开发建设模式已难以为继，在建设规模不断增长的同时，我国住宅建设依然存在着诸多问题[1]。比如，存在大拆大建与反复拆改，住宅低品质、低性能以及高能耗、高污染、高废物等一系列亟待解决的问题。当前，我国现存的住宅小区品质与高品质住宅追求的“安全、适用、经济、节能和环保”，强调的“精细化、智能化和品质化”，以及“更适用、更合理和更经济”的理念仍有较大差距[2]。

“十四五”规划全面高质量发展的背景下[3]，本文将从小区建设和运营期间遇到的部分质量难题，主要从用户基本信息、房屋建筑周边环境及设施、房屋建筑质量运维服务情况四个板块[4]，涉及用户对其居住建筑室内、室外以及周边环境的感受评价[5]，并提出如何构建高质量并能够满足居民幸福感的住宅小区的建议。运用本次调查研究结果，对开发商及物业如何构建满足居民幸福感的高质量小区进行建议和指导，以期能在一定程度上提升小区质量，进而提升入住居民的幸福感[6]。

2 调研问卷及分析

为了认真贯彻落实住房和城乡建设领域高质量新发展理念，提高居民幸福指数，在实施“三高四新”战略、建设现代化新湖南伟大实践中，展现新气象、新面貌、担当新作为，推动住房城乡建设工作向高质量方向发展再上新台阶。在此背景下探究构建高质量幸福小区的影响因素研究分析，特对湖南省部分居民小区的现状进行调研。

2.1 调研的主要方式和手段

本研究的调研方式主要是采用网络问卷，借助问卷星平台，以链接和扫描二维码的方式进行发放。发放对象主要针对各小区群、家庭群、朋友群、学生群，不针对特定年龄或职业。

2.2 调研结果统计及分析

本次调研共收集有效问卷269份，其中用

户年龄阶段、所受教育水平、从事行业的信息统计如表1。可见问卷填写者约66.17%为青、中年人，也是住房的主要关注和购买人群；学历绝大部分为本科及以上，受教育程度相对较高；从事行业人群分布较为均匀，覆盖各个行业的人群，调查结果具有较好的普适性。

湖南省问卷填写人群信息统计　　表1

类别	选项及数据				
年龄/岁	20～30	30～40	40～50	50～60	60以上
人数及占比	80	98	45	27	19
	29.74%	36.43%	16.73%	10.04%	7.06%
所受教育水平	高中及以下	本科	硕士	博士及以上	其他
人数及占比	93	117	26	9	24
	34.58%	43.49%	9.67%	3.35%	8.92%
从事行业	政府人员	教师及学生	医务工作者	企业人员	其他
人数及占比	28	30	64	34	42
	10.41%	11.15%	23.79%	39.03%	15.62%

2.3 “小区幸福指数”影响因素的分析及总结

基于本次调研问卷内容，针对湖南省“小区幸福指数”影响因素，了解居民幸福体验感。本研究的调研分析内容主要分为两部分，第一部分为居民对于小区及周边建筑的体验，强调对于我省房屋建筑的整体直观感受；第二部分为居住房屋的自身情况，如房屋采光、通风、外墙维护等。接下来将根据两部分问卷的数据统计结果进行展示与分析。

2.3.1 小区及周边环境调研分析

1）调查结果分析

本次问卷调查，主要针对房屋周边环境的规划设计实施及运营情况的调研。

小区普通居民的幸福指数与目前所居住住所的环境和质量密不可分。好的房屋设计、环境设计，可以大大提升人们的幸福感。因此问卷设计时，在收集用户信息之后，首先关注的就是目前用户的小区幸福指数。除了总体满意度的评价，本文从外观设计、建筑质量、规划设计、绿化景观、电梯使用状况、路面情况、井盖设置、地下车库等多个方面综合进行了调查[7]，数据结果如下。

（1）小区及周边建筑外观设计满意度调查结果

调查结果显示（图1），湖南省居民对小区环境的外观设计的满意度普遍一般，超过半数的人给出了基本满意及以下的评价，外观设计是房屋设计的重要部分，极大地影响了住户的居住体验。目前市面上的小区大多数都缺少外观设计，造成了千篇一律的结果，主要还是因为外观设计缺乏创新，缺乏设计与本地文化相结合的气息，从而会导致居民审美疲劳而降低幸福指数。未来现代建筑结合我国古典文化，通过更长时间的积累，打造出具有中国特色、具有地域特色的小区外观。

（2）小区及周边建筑质量满意度调查结果

随着社会的发展，人们对所住房子的要求日益变高，再没有仅仅停留在遮风避雨的阶段，更多关注的是私密性与安全性。房屋质量日益受到关注，质量好的房屋会保证居民的居住安全，也会降低后期的维护保养的费用。调查数据结果显示（图2），约71%的居民表示建筑质量一般或者较差，极少有不关注小区周边环境的建筑质量，16%的人给出了质量较差的评价，说明湖南省的居民小区建筑质量问题有待改进。

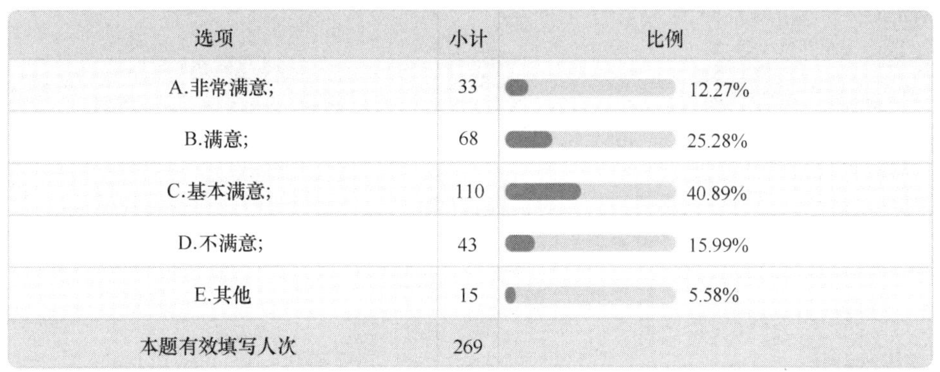

选项	小计	比例
A.非常满意;	33	12.27%
B.满意;	68	25.28%
C.基本满意;	110	40.89%
D.不满意;	43	15.99%
E.其他	15	5.58%
本题有效填写人次	269	

图 1　居民对外观设计的满意度调查结果

选项	小计	比例
A.质量很好;	58	21.56%
B.质量一般;	150	55.76%
C.质量较差;	43	15.99%
D.不关注	18	6.69%
本题有效填写人次	269	

图 2　居民对房屋质量满意度调查结果

（3）居住环境区域功能性能满意度调查结果

居住环境的规划设计关系着进出小区的便利程度，各种生活配套的便利措施，一个小区能否聚集人气，主要还是看环境的规划设计。从调查结果来看（图 3），绝大部分人对自己小区的规划设计还是比较满意的，说明湖南省在小区规划设计这方面还是下足了功夫。

选项	小计	比例
A.非常好;	37	13.75%
B.良好;	88	32.71%
C.一般;	108	40.15%
D.比较差;	24	8.92%
E.非常差	12	4.46%
本题有效填写人次	269	

图 3　居民对居住环境规划设计满意度调查结果

（4）小区及周边环境景观绿化满意度调查结果

对小区及周边街道绿化及景观的满意度调查（图 4），基本满意和不满意的占比超过一半。很多新小区和规划中的小区都会有相应的绿化带，但是随着时间的推移，到后期，物业对于绿化维护保养不到位，很容易会导致绿化带不复存在。小区及周边环境绿化作为城市绿化的重要组成部分，也将会受到越来越多的关注。

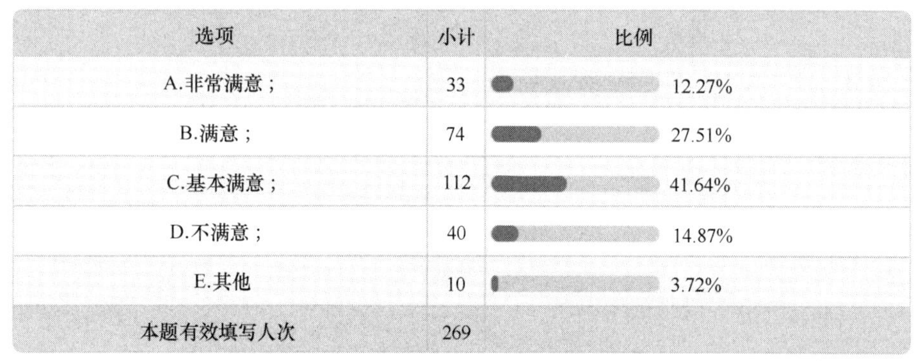

选项	小计	比例
A.非常满意；	33	12.27%
B.满意；	74	27.51%
C.基本满意；	112	41.64%
D.不满意；	40	14.87%
E.其他	10	3.72%
本题有效填写人次	269	

图 4　居民对绿化景观满意度调查结果

（5）小区电梯使用状况满意度调查结果

本次问卷调查对居民居住小区的电梯使用状况进行了调研。在调查结果中（图 5），40.14%的用户认为小区电梯使用状况“良好”或“非常好”，30.86%的用户认为小区电梯使用状况“一般”，13.03%的用户认为小区电梯使用状况“较差”，另外有 15.99%的用户居住小区“无电梯”。对于如今高质量发展背景下的建筑来说，电梯可以说是必不可少的一部分。但许多小区，电梯使用情况堪忧。首先，许多开发商在安装电梯的时候为节约成本，可能会选择便宜、质量一般的电梯。在使用过程中，电梯可能会出现许多问题。比如电梯运行过程中的噪声，严重影响了住户的休息；或是电梯时常停运，给住户上下楼造成不便；甚至出现直降、坠落等故障，威胁到住户的人身安全。而多年以前的老旧小区，许多都处于“无电梯”状态，居民上下楼困难，搬运东西更是不容易。电梯的使用状况，直接影响到了居民的居住体验。

选项	小计	比例
A.非常好;	37	13.75%
B.良好;	71	26.39%
C.一般;	83	30.86%
D.差;	35	13.01%
E.无电梯;	43	15.99%
本题有效填写人次	269	

图 5　居民居住小区电梯使用状况满意度调查结果

（6）小区及街道井盖设置情况满意度调查结果

在小区及街道中，井盖的设置直接影响了排水系统，从而影响住户的出行体验。调查结果显示（图 6），79.93%的用户对小区及街道的井盖设置基本满意及以上，20.07%的用户表示不满意或其他。湖南省雨季长，降雨量大，排水系统需要处理较大流量的积水。下雨时路面的雨水需要通过井盖等排水设施流入下水道，若井盖设计未达到相关安全标准或进水口设计不合理，日积月累之下，井盖可能会破损或被堵塞，从而导致无法及时排水，严重时井盖甚至会翻起、脱落。以上情况不仅会导致交通的不便，影响用户的出行体验，更会留下极大的安全隐患[8]。

选项	小计	比例
A.非常满意;	36	13.38%
B.满意;	68	25.28%
C.基本满意;	111	41.26%
D.不满意;	40	14.87%
E.其他	14	5.2%
本题有效填写人次	269	

图 6　居民居住小区及街道井盖设置情况满意度调查结果

（7）小区及街道路面情况调查结果

小区及周边环境因素中，道路的情况极大地影响了人们的出行体验，因此本次问卷调查对居民生活的小区或街道的路面情况进行了调研。针对各种常见的路面问题，设计了选项，严重程度排序从大到小依次为：下雨时存在积水、路面坑洼不平、地砖或地面破损严重、经常翻修影响交通、返修后三年内地面破损。在调查结果中（图 7），有 39.41％的用户选择了“地砖或地面破损严重”，53.9％的用户选择了路面“坑洼不平”，68.03％的用户选择了路面“下雨时存在积水”，33.46％的用户选择了“经常返修影响交通”。

选项	小计	比例
A.地砖或地面破损严重;	106	39.41%
B.坑洼不平;	145	53.9%
C.下雨时存在积水;	183	68.03%
D.经常翻修影响交通;	90	33.46%
E.返修后三年内地面破损;	50	18.59%
F.其他质量问题	34	12.64%
本题有效填写人次	269	

图 7　居民居住小区或街道路面情况调查结果

在雨季长、降雨量大的湖南，路面不平整极容易造成大量积水，给人们的出行带来极大不便，同时也会带来安全隐患，如若因为积水无法准确判断路况，老人或小孩出行时极易发生跌倒等意外。此外，路面经常进行返修也会影响交通，维修造成的噪声、扬尘等也会对环境造成污染。

（8）居民居住小区地下车库使用体验调查结果

在居民居住小区地下车库使用体验调查结

果中（图 8），38.29%的用户居住小区“无车库”，44.24%的用户认为车库的“采光照明”影响了居住体验，50.93%的用户认为车库的“排水、漏水、渗水”存在问题，15.99%的用户认为车库“通道、出入口规划”方面令人不满意。随着经济的发展，生活水平的提高，车辆已经成为家家户户的必需品，地下车库也成为小区必要的配套设施。地下车库的设置，不仅能够优化小区环境，缓解路面交通压力，更能对住户的车辆起到保护作用。而地下车库的设计、建造若不规范，在使用过程中可能会出现一些问题，影响住户的使用体验。地下车库本身是属于封闭空间，若通风、采光、照明处理不到位，则会影响住户停车视线，甚至因光照不足、环境湿度大引发微生物滋生、汽车排放污染物聚集不散而造成空气污染物浓度累计超标严重等问题，这些污染危害严重影响了居民身体健康。地下车库的防水、排水也是一个常见问题，由于地下车库的标高普遍比室外地面标高低很多，其排水无法流入市政排水管网，暴雨天雨水灌入，地下车库极易积水甚至淹没，危及车辆及住户人身安全。另外，通道及出入口的规划不合理，也可能引起交通堵塞，甚至导致一些安全事故。

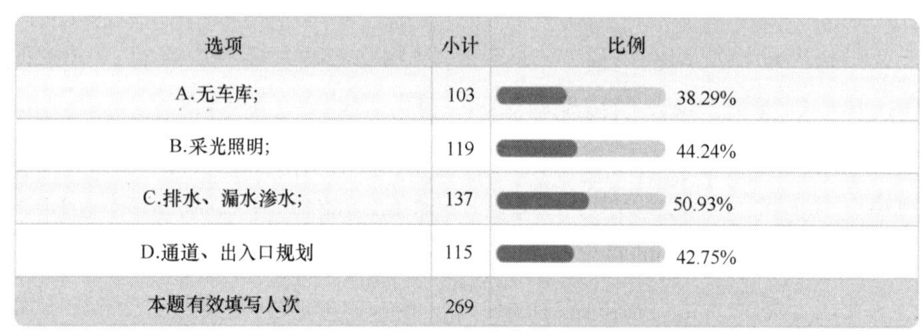

图 8 居民居住小区地下车库影响使用体验调查结果

2）线性回归分析

模型汇总表　　表 2

模型汇总				
R	R^2	调整 R^2	模型误差	DW 值
0.479	0.229	0.212	1.074	1.947

注：表中 R 代表相关系数；R^2 代表可决系数；DW 值代表检验变量相关性。

利用 SPSS 数据分析软件，将调查问卷进行回归分析（表 2），用于研究自变量 X（定量或定类）对因变量 Y（定量）的影响关系，是否有影响关系，影响方向及影响程度情况如何。将问题 1.“您对生活和工作环境周围的小区或街道建筑外观设计是否满意?” 2.“您认为自己所在小区周边环境的建筑质量怎么样?” 3.“您觉得自己居住环境的区域功能性能（规划设计）怎么样?” 4.“您对小区及周边的街道绿化及景观是否满意?” 5.“您所居住小区电梯使用状况?” 6.“您对生活环境周围的小区或街道井盖设置是否满意?”分别作为自变量 X_1、X_2、X_3、X_4、X_5、X_6，而将“所居住的小区的幸福指数评分”作为因变量 Y 进行线性回归分析，从表 2 可以看出，模型 R 方值为 0.229，意味着这 6 个问题，可以解释“所居住的小区的幸福指数评分”的 22.9%变化原因[9,10]。

多元 ANOVA 分析结果　　表 3

ANOVA 表格					
	平方和	df	均方	F	p 值
回归	89.883	6	14.981	12.989	0
残差	302.169	262	1.153		
总计	392.052	268			

注：df 代表自由度；F 代表方差检验量；p 值代表显著性。

对模型进行 F 检验时发现模型通过 F 检验（表 3）（$F=12.989$，$p=0.000<0.05$），也即说明这 6 个问题中至少一项会对“所居住的小区的幸福指数评分”产生影响关系，公式 $Y=0.451+0.011\times X_1+0.202\times X_2+0.228\times X_3+0.292\times X_4+0.093\times X_5+0.111\times X_6$[11,12]。另外，针对模型的多重共线性进行检验发现，模型中 VIF 值均全部小于 5，意味不存在共线性的问题；并且 DW 的值在数字 2 附近，因而说明模型不存在自相关性，样本数据之间并没有关联关系，即说明模型构建有意义。

回归系数输出结果 **表 4**

回归系数（n=269）							
	非标准化系数		标准化系数	t	p	95%CI	VIF
	B	标准误	Beta				
自变量常数	0.451	0.289	—	1.56	0.12	−0.116～1.018	—
建筑外观	0.011	0.072	0.01	0.156	0.876	−0.130～0.152	1.299
建筑质量	0.202	0.085	0.134	2.366	0.019*	0.035～0.370	1.086
区域功能性能（规划设计）	0.228	0.075	0.185	3.047	0.003**	0.081～0.374	1.256
绿化景观	0.292	0.075	0.238	3.893	0.000**	0.145～0.438	1.276
电梯状况	0.093	0.058	0.097	1.607	0.109	−0.020～0.206	1.23
井盖设置	0.111	0.071	0.095	1.559	0.12	−0.029～0.251	1.273

因变量：所居住的小区的幸福指数评分（图 9）。

* $p<0.05$，** $p<0.01$。

注：B 代表回归系数；Beta 代表标准回归系数；t 代表对回归系数检验的结果；p 代表显著性；95%CI 代表置信区间；VIF 代表判断模型共线性问题。

最终具体分析可知（表 4）：

（1）“建筑外观”的回归系数值为 0.011（$t=0.156$，$p=0.876>0.05$），意味着“建筑外观”并不会对“所居住的小区的幸福指数评分”产生影响关系。

（2）“建筑质量”的回归系数值为 0.202（$t=2.366$，$p=0.019<0.05$），意味着“建筑质量”会对“所居住的小区的幸福指数评分”产生显著的正向影响关系。

（3）“区域功能性能（规划设计）”的回归系数值为 0.228（$t=3.047$，$p=0.003<0.01$），意味着“区域功能性能（规划设计）”会对“所居住的小区的幸福指数评分”产生显著的正向影响关系。

（4）“绿化景观”的回归系数值为 0.292（$t=3.893$，$p=0.000<0.01$），意味着“绿化景观”会对“所居住的小区的幸福指数评分”产生显著的正向影响关系。

（5）“电梯状况”的回归系数值为 0.093（$t=1.607$，$p=0.109>0.05$），意味着“电梯使用状况”并不会对“所居住的小区的幸福指数评分”产生影响关系。

（6）“井盖设置”的回归系数值为 0.111（$t=1.559$，$p=0.120>0.05$），意味着“井盖设置”并不会对“所居住的小区的幸福指数评分”产生影响关系[13,14]。

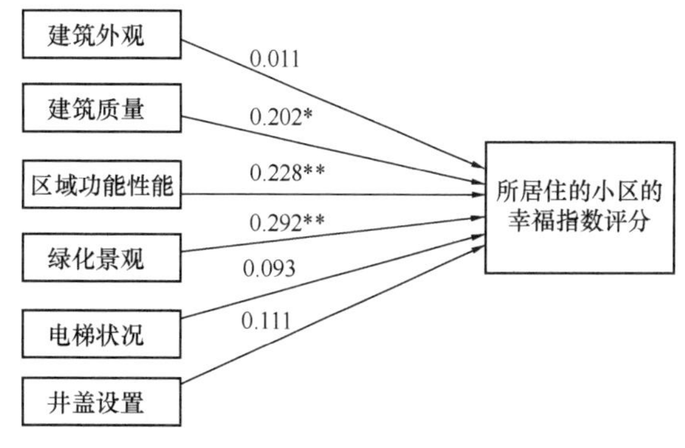

图 9 因变量系数值

2.3.2 房屋自身

1）调查结果分析

调查中针对影响房屋居住体验和关注重点，设计了详细的问题，数据结果如下。包括结构布局（图 10）、房屋墙面情况（图 11）、房屋采光情况（图 12）、房屋自然通风情况（图 13）、房屋窗户气密隔热情况（图 14）、房屋质量与幸福指数交叉分析图（图 15）。

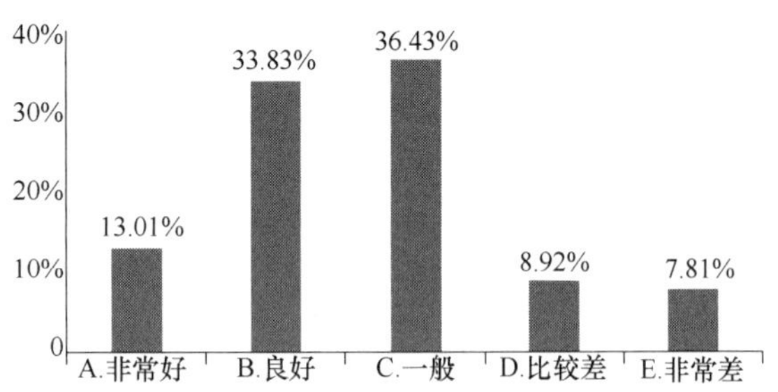

图 10　房屋结构布局调查结果

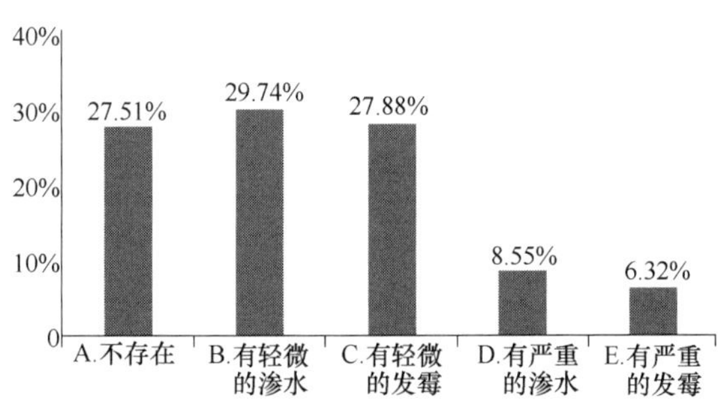

图 11　房屋墙面渗漏情况调查结果

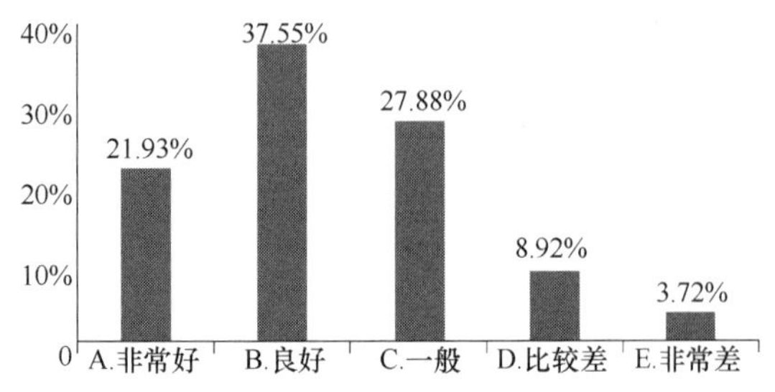

图 12　房屋采光情况调查结果

房屋结构布局历来是住户用房的关注重点，调查数据结果显示，约 17%对房屋结构布局不满意，约 47%的住户表示满意，说明现在小区的房屋结构布局比较符合住户的需求。

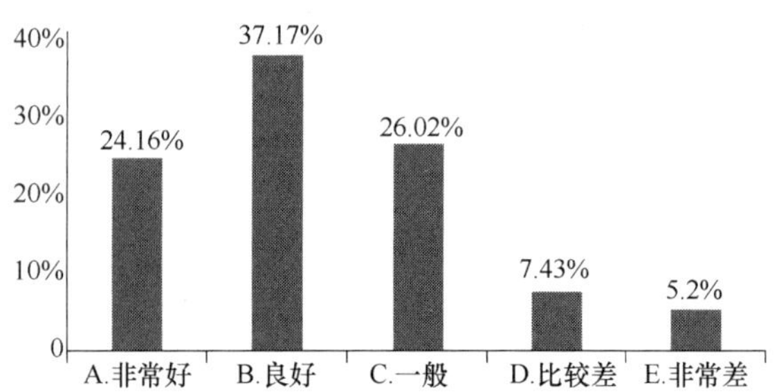

图 13　房屋自然通风情况调查结果

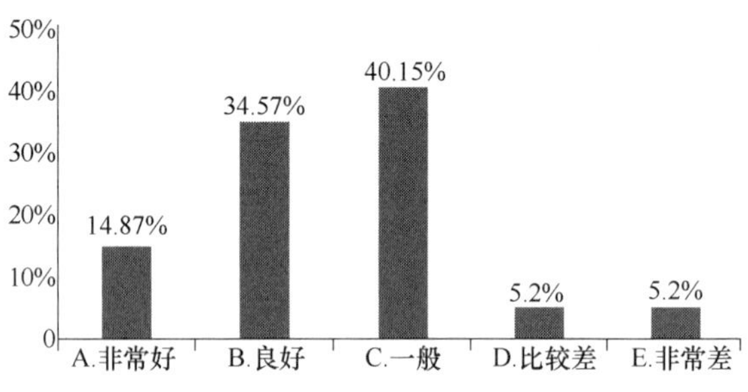

图 14　房屋窗户气密隔热调查结果

南方历来对防水防潮十分重视。调查数据结果显示，超过 70%的居民表示有不同程度的渗水和发霉情况，有约 15%的居民表示房屋的渗漏情况严重，说明小区的防水防潮工程质量普遍仍不高。

房屋的采光不仅关系着房屋的居住舒适度，而且会对入住人的身体和心理产生很大的影响。对小区的采光情况进行调查，约 59%的调查者给出了良好及以上的评价。这说明住宅规划设计对于房屋的采光和朝向重视程度较好，且这一类指标不受建筑年龄的影响，主要是在房屋设计规划之初进行考量。

对调研小区的自然通风状况进行调查，约 61%的用户给出了良好及以上评价。可见，对于采光、通风这一类在设计之初需要投入一定精力的指标，小区居民的满意度是较高的。因为这一类指标不需要付出后期运维的投入，不受建筑年龄影响，这也侧面反映，工程项目前期投入较大，但是后期运维投入明显不足。

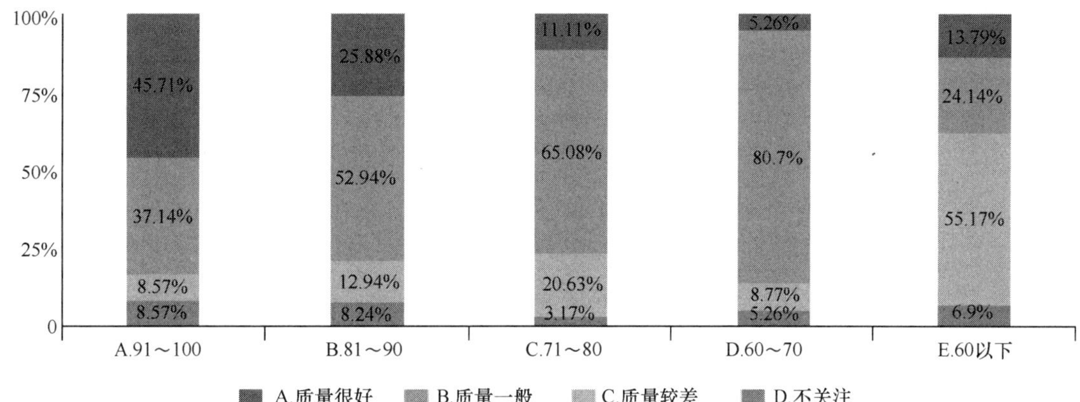

图 15　房屋质量与幸福指数交叉分析图

房屋窗户的气密性、保温隔热性能与材料有着直接的关联，湖南省气候多变，夏季炎热，冬季湿冷，窗户的气密性、隔热性能将极大地影响用户的居住体验。调研结果显示，约10％的人给出了差的评价。这表明房屋的窗户基本能满足住户的普遍需求。

住户对房屋自身质量的看法是居住体验的重要参考指标，选取用户对居住房屋质量的认可度为自变量，用户对房屋的满意度为因变量，进行卡方交叉分析，结果如表 5 及图 15 所示。根据统计结果，在 $P<0.05$ 的概率下，可以认为两者具有较强的相关性。

房屋质量与小区幸福指数交叉分析表　　表 5

交叉（卡方）分析结果						
X/Y	A. 91～100	B. 81～90	C. 71～80	D. 60～70	E. 60 以下	小计
A. 质量很好	16（30.77％）	22（42.31％）	7（13.46％）	3（5.77％）	4（7.69％）	52
B. 质量一般	13（8.55％）	45（29.61％）	41（26.97％）	46（30.26％）	7（4.61％）	152
C. 质量较差	3（6.25％）	11（22.92％）	13（27.08％）	5（10.42％）	16（33.33％）	48
D. 不关注	3（17.65％）	7（41.18％）	2（11.76％）	3（17.65％）	2（11.76％）	17

2）线性回归分析

模型汇总表　　表 6

R	R^2	调整 R^2	模型误差	DW 值
0.481	0.231	0.208	1.077	1.776

利用 SPSS 数据分析软件，将调查问卷进行回归分析，用于研究自变量 X（定量或定类）对因变量 Y（定量）的影响关系，例如是否有影响关系，影响方向及影响程度情况如何。将“您认为自己所住的房子的质量怎么样?”“您认为自己所住的房子的结构布局怎么样?”“您所居住的房子墙面渗水或发霉情况怎么样?”“您所居住的房子采光怎么样?”“您所居住的房子自然通风状况怎么样?”“您所居住房子的窗户气密性、保温隔热性如何?”分别作为自变量 X_1、X_2、X_3、X_4、X_5、X_6，而将“所居住的小区的幸福指数评分”作为因变量 Y 进行线性回归分析，从表 6 可以看出，模型 R 方值为 0.231，意味着这 6 个问题，可以解释“所居住的小区的幸福指数评分”的 23.1％变化原因。

对模型进行 F 检验时发现模型通过 F 检验（$F=9.776$，$p=0.000<0.05$），也即说明这 6 个问题中至少有一项会对“所居住的小区的幸福指数评分”产生影响关系，以及模型公式为：$Y=1.14+0.218\times X_1+0.067\times X_2+$

$0.111\times X_3+0.068\times X_4+0.004\times X_5+0.271\times X_6$。另外，针对模型的多重共线性进行检验发现，模型中 *VIF* 值均全部小于 5，意味着不存在共线性问题；并且 *D-W* 值在数字 2 附近，因而说明模型不存在自相关性，样本数据之间并没有关联关系，即说明模型构建有意义。回归系数输出结果见表 8。

多元 ANOVA 分析结果　　表 7

ANOVA 表格					
	平方和	*df*	均方	*F*	*p* 值
回归	90.66	8	11.332	9.776	0
残差	301.392	260	1.159		
总计	392.052	268			

回归系数输出结果　　表 8

回归系数（*n*=269）							
	非标准化系数		标准化系数	*t*	*p*	95%*CI*	*VIF*
	B	标准误差	Beta				
自变量常数	1.14	0.326	—	3.502	0.001**	0.502～1.778	—
房屋质量	0.218	0.089	0.142	2.45	0.015*	0.044～0.393	1.128
结构布局	0.067	0.068	0.059	0.987	0.325	−0.066～0.201	1.229
墙面渗水	0.111	0.062	0.106	1.777	0.077	−0.011～0.234	1.207
采光	0.068	0.074	0.058	0.923	0.357	−0.076～0.212	1.344
通风	0.004	0.073	0.003	0.05	0.96	−0.140～0.148	1.456
窗户	0.271	0.073	0.221	3.698	0.000**	0.127～0.415	1.203

因变量：所居住的小区的幸福指数评分。

* $p<0.05$；** $p<0.01$。

最终具体分析可知：

（1）“房屋质量”的回归系数值为 0.218（$t=2.45$，$p=0.015<0.05$），意味着“房屋质量”会对“所居住的小区的幸福指数评分”产生显著的正向影响关系。

（2）“结构布局”的回归系数值为 0.067（$t=0.987$，$p=0.325>0.05$），意味着“结构布局”并不会对“所居住的小区的幸福指数评分”产生显著的正向影响关系。

（3）“墙面渗水”的回归系数值为 0.111（$t=1.777$，$p=0.077>0.05$），意味着“墙面渗水”并不会对“所居住的小区的幸福指数评分”产生影响关系。

（4）“采光”的回归系数值为 0.068（$t=0.923$，$p=0.357>0.05$），意味着“采光”并不会对“所居住的小区的幸福指数评分”产生影响关系。

（5）“通风”的回归系数值为 0.004（$t=0.05$，$p=0.96>0.05$），意味着“通风”并不会对“所居住的小区的幸福指数评分”产生影响关系。

（6）“窗户”的回归系数值为 0.271（$t=3.698$，$p=0.000<0.01$），意味着“窗户”会对“所居住的小区的幸福指数评分”产生显著的正向影响关系。

因变量系数值如图 16 所示。

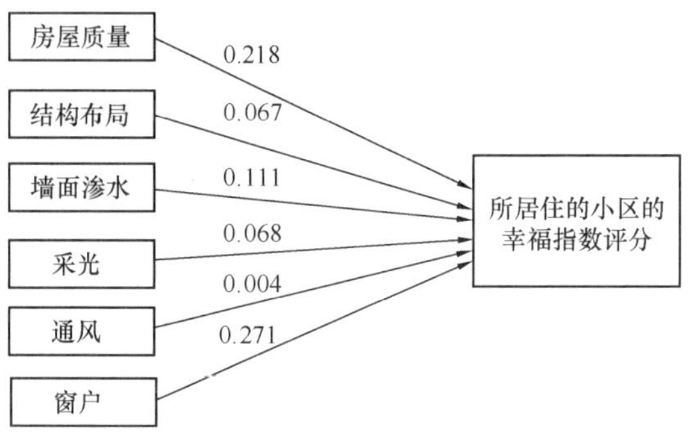

图 16　因变量系数值

3 结论及展望

基于以上分析可知，“建筑质量”“区域功能性能（规划设计）”“绿化景观”“房屋质量”“窗户”会对“所居住的小区的幸福指数评分”产生显著的正向影响关系。但是“建筑外观”“电梯状况”“井盖设置”“结构布局”“墙面渗水”“采光”“通风”并不会对“所居住的小区的幸福指数评分”产生影响关系。由此可见，小区及周边环境的“建筑质量”“规划设计”“绿化景观”“房屋质量”“窗户”等方面在影响湖南省居民生活居住体验、幸福指数权重较大。作为建筑从业者，应着重从这些方面入手，做出合理规范、实用适用的规划设计；严格把控建筑质量、完善基础设施；打造和谐、温馨、美丽的景观绿化。而对于“建筑外观”“电梯状况”“井盖设置”“路面情况”“地下车库”等其他方面，也要多管齐下，力争打造满足居民生活需求、健康需求、安全需求、文化需求、心理需求和休闲需求的高质量“幸福小区”。

总之，一个高质量幸福小区的构建应从投资决策、勘察设计、施工安装、运营维护等全过程进行沟通控制，每个过程形成模块化相互搭接联系，并在各方面、各方向上满足居民心理预期及国家规范的基本要求，才能成为真正意义上的“高质量幸福小区”。

近年来，我国老百姓对住房的需求正在由“有房住”向“住好房”转变。因此，要以发展的眼光看待未来我国人居环境与住宅发展问题，探索能够沿用到下一代的住宅品质和性能，建设出高质量的休闲、精致、优雅的住宅小区，提高居民的幸福感，是我们的责任和使命。

参考文献

[1] 张国强．中国建造高质量发展的思考与建议[J]. 城乡建设，2018(19)：16-19.

[2] 鲁元平，王韬．主观幸福感影响因素研究评述[J]. 经济学动态，2010 (5) ：125-130.

[3] 习近平．我国经济已由高速增长阶段转向高质量发展阶段 [J]. 新湘评论，2019(24)：4-5.

[4] 王鹏. 收入差距对中国居民主观幸福感的影响分析——基于中国综合社会调查数据的实证研究 [J]. 中国人口科学，2011 (3) ：93-101，112.

[5] 王瑞诚．现代住宅小区园林景观设计规划问题及优化措施[J]. 现代园艺，2018(106)：108-109.

[6] 刘佳燕，谈小燕，程情仪．转型背景下参与式社区规划的实践和思考——以北京市清河街道 Y 社区为例 [J]. 上海城市规划，2017(2)：23-28.

[7] Dan Yuze，Shen Zhenjiang，Zhu Yiyun，et al. Using Mixed Reality (MR) to Improve On-Site Design Experience in Community Planning[J]. Applied Sciences，2021.

[8] 吴栾平．某小区地下车库渗漏结露堵排通治理探讨．安徽建筑，2021，28(5).

[9] 徐磊青，杨公侠．环境心理学[M]. 上海：同济大学出版社，2002：16-18.

[10] 李刚刚，殷珊．居住区景观设计中的情感空间研究[J]. 住宅与房地产，2017(21)：80-81.

[11] 徐亮，朱家明，段素云．基于 ANOVA 及多元回归对人体睡眠质量影响因素的研究[J]. 齐齐哈尔大学学报：自然科学版，2019，35(5)：89-94.

[12] Wang L F.，Li H Z.，Huang J Z. Variable Selection for Hon Parametric Varying Coefficient Models for Analysis of Repeated Measurements [J]. Journal of American Statistical Association，2008(103)：1556-1569.

[13] 薛薇．SPSS 统计分析方法及应用（第 4 版）[M]. 北京：电子工业出版社，2017：181-198.

[14] 高辉．多重共线性的诊断方法[J]. 统计与信息论坛，2003(1)：73-76.

教学研究

Teaching Research

基于建筑性能模拟技术的建筑设计方法研究

——以2020年重庆大学建筑学专业毕业设计课题“运用数字技术手段的绿色酒店建筑设计”为例

张 晓 翁 季

(重庆大学建筑城规学院，重庆 400030)

【摘 要】 在建立健全绿色低碳循环发展经济体系背景下，本文以2020年重庆大学建筑学专业毕业设计课题“运用数字技术手段的绿色酒店建筑设计”为例，研究基于Ladybug工具集、Autodesk Flow Design等建筑性能模拟技术的建筑设计方法，提供以优化建筑性能为导向的建筑设计方法和思路。研究表明，在可视化气象数据以及遮阳、采光、通风等性能模拟结果的支撑下，建筑师能够以此为基础制定适宜的主动式、被动式建筑节能设计策略，设计合理的建筑布局，判断构件遮阳效果，评估方案采光性能，改善建筑通风效果，优化设计。

【关键词】 建筑性能模拟；建筑设计；绿色建筑；设计优化

Research on Architectural Design Method Based on Building Performance Simulation Technology

Xiao Zhang Ji Weng

(School of Architecture and Urban Planning Chongqing University, Chongqing 400030)

【Abstract】 Taking the graduation project of architecture major in Chongqing University in 2020 as an example, this paper studies the architectural design methods based on building performance simulation technologies such as Ladybug Tools and Autodesk Flow Design, and provides the methods and ideas of architectural design oriented by optimizing building performance. The research shows that with the support of visual meteorological data and performance simulation results of shading, daylighting and ventilation, architects can formulate appropriate active and passive building energy-saving design strategies, design reasonable building layout, judge the shading effect of components, evaluate the daylighting performance of the scheme, improve the building ventilation effect, and optimize design.

【Keywords】 Building Performance Simulation; Architectural Design; Green Building; Design Optimization

1 引言

近年来，马克思主义生态自然观的思想愈发影响建筑领域。2019 年，住房和城乡建设部发布《绿色建筑评价标准》GB/T 50378—2019，要求绿色建筑设计满足安全耐久、健康舒适、生活便利、资源节约、环境宜居等多个方面的需求，同时鼓励创新型设计策略；2020 年，住房和城乡建设部等七部委联合印发《绿色建筑创建行动方案》，推进绿色建筑高质量发展；2021 年 2 月，国务院发布关于加快建立健全绿色低碳循环发展经济体系的指导意见。发展绿色建筑，加快绿色低碳升级越来越成为研究热点和重点。然而，由于绿色建筑评估体系中，建筑性能指标计算的复杂性，常规的建筑设计方法和思路难以满足定量的、强制性的性能指标要求。随着建筑技术和计算机技术的发展，建筑性能模拟技术能够将复杂的建筑性能计算过程简化，为建筑设计提供可量化、可视化的建筑性能模拟结果，从而为设计决策提供坚实的基础，为设计深化提供明晰的方向。

本次研究以 2020 年重庆大学建筑学专业毕业设计课题“运用数字技术手段的绿色酒店建筑设计”为例，探索建筑性能模拟软件在前期场地分析、方案布局构思、被动式策略设计、采光遮阳等建筑性能方面的指导作用，展现基于建筑性能模拟技术的建筑设计方法和思路。

2 研究背景

2.1 设计方法

“运用数字技术手段的绿色酒店建筑设计”课题目标是在循环经济思想指导下，设计具有“绿色、生态、环保、可持续发展”理念的酒店建筑。设计课题注重绿色建筑“因地制宜，被动优先”的设计原则，并结合数字技术手段，在设计过程中利用建筑性能模拟软件进行辅助，以性能模拟结果为支撑，以提升建筑性能为导向，指导建筑设计。

基于建筑性能模拟技术的建筑设计方法以绿色生态和节能环保的建筑设计理念为出发点，利用建筑性能模拟技术为场地设计、建筑布局构思、被动式策略设计等提供指导，从设计初步即将绿色生态理念融于设计过程，而避免在方案设计基本完成后，将绿色建筑标准要求作为附加专项进行二次设计的做法。这种设计方法能够解决建筑方案设计阶段中，常规方法不能通过经验和简单的计算来满足绿色建筑评估体系提出的定量的、强制性的性能指标的问题。

基于建筑性能模拟技术的建筑设计方法要求建筑设计与性能模拟同步，通过模拟技术来获得量化的性能指标。在方案设计阶段，建筑师能够根据性能模拟技术，运用不同的优化算法和多方案对比的方式来优化建筑设计和建筑设计策略的选择[1]。也可以对于已有方案进行反复的性能优化提升。

2.2 建筑性能模拟技术

设计课题所运用的性能模拟技术主要有两种，一是基于 Rhino 和 Grasshopper 平台①的开源软件 Ladybug 工具集，可生成多种二维和三维可视化的气象信息图表，在前期阶段为设计决策提供支持，且集支持日照分析、太阳辐射分析、遮阳模拟、采光模拟、能耗计算、风环境模拟等各种建筑性能模拟于一体。

Ladybug 工具集提供气象信息及建筑性能模拟算法电池，设计者能够根据设计方案的需要，将复杂的建筑性能计算过程编写成计算机算法程序，从而快速生成可视化模拟结果。并可调整各输入参数，快速、高效地得到建筑性能模拟结果，提升设计效率。

二是 Autodesk Flow Design，是可提供流体动力学计算的模拟软件，用于模拟车辆、建筑物及其他物体周围的风环境，并形成可视化效果。Flow Design 的界面简洁直观，兼容各种格式的建筑模型，可帮助建筑师在设计前期快速便捷地掌握建筑及周围风环境情况。

3 气象数据可视化指导下的建筑布局设计

课题设计前期阶段需要对场地条件进行梳理和分析。利用 Ladybug 编写算法程序，可以直观地捕捉到场地的风速风向、焓湿图和被动式策略舒适度范围、太阳轨迹与温湿度、太阳辐射量等信息，同一算法程序下只需要更换 EnergyPlus 气象参数，就可将不同地区的气象数据可视化，再根据气象数据构思方案，选择适宜气候的建筑布局及被动式策略。

3.1 气象数据可视化模拟

场地位于重庆市，对该地区的风速风向模拟（图 1）显示，重庆地区主要风向为北风，全年风速小于 6m/s，冬季主导风向为北风/西北风。分析可得重庆地区自然通风条件较差，建筑需采用通风改善措施。

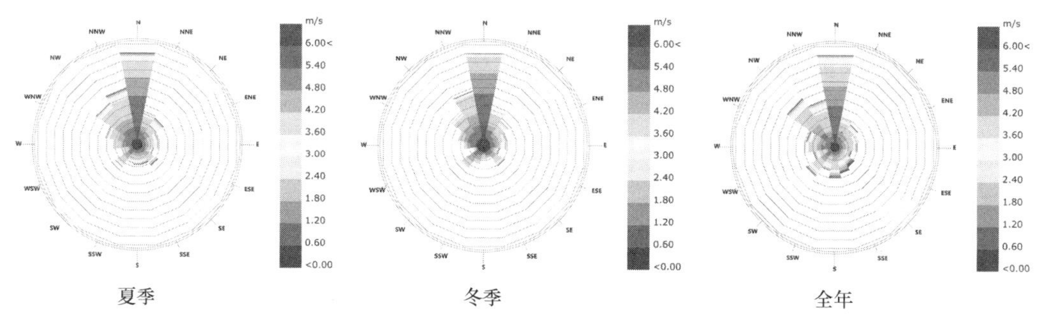

图 1 重庆地区风速风向模拟

根据焓湿图和被动式策略舒适度范围模拟结果（图 2），在无被动或主动措施下，重庆地区热舒适度范围很小，特别是冬夏季，几乎没有舒适范围。但通过各种被动式策略，能够有效提升热舒适度范围，冬季宜采用内热增益的被动式策略，夏季可选用机械蒸发散热、风扇、自然通风等措施，配合空调、地暖等主动式策略，满足不同季节建筑的热舒适度要求。

太阳轨迹与温湿度模拟结果（图 3）显示，

① Grasshopper 是一款可视化编程语言，采用程序算法生成模型，是数据化设计方向的主流软件之一。

重庆地区夏热冬冷，全年湿度较大，夏季太阳轨迹在 60°～300°之间，冬季太阳轨迹在 120°～240°之间。温度方面，重庆常年平均气温 17.5℃，属于夏热冬冷地区，最热为 8 月，平均气温为 28.75℃；最冷为 1 月，平均气温 7.98℃。

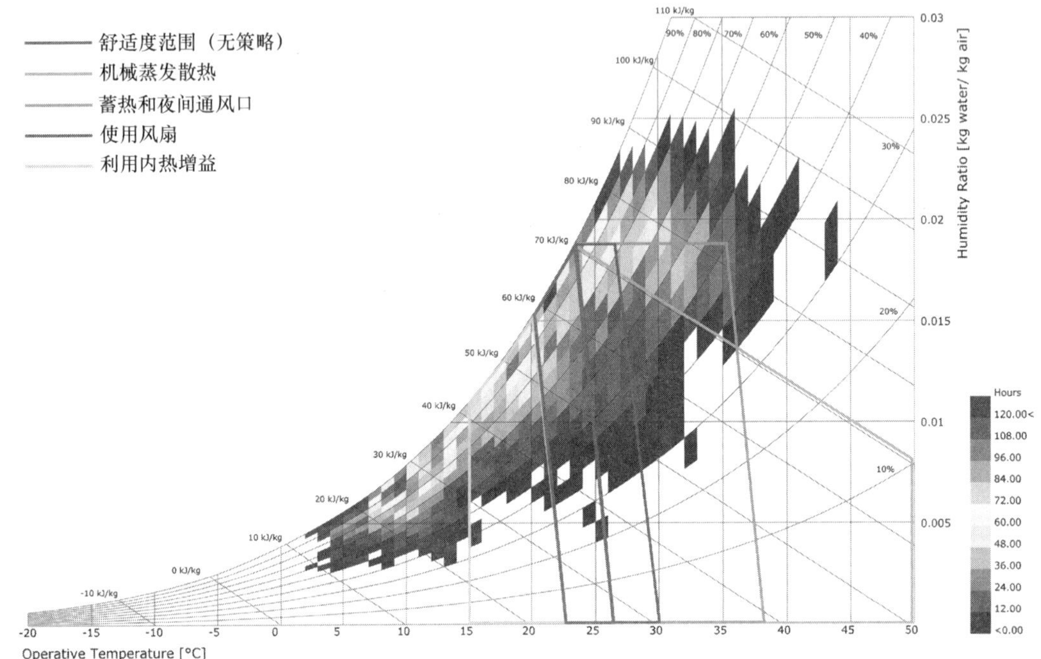

图 2　重庆地区焓湿图和被动式策略舒适度范围

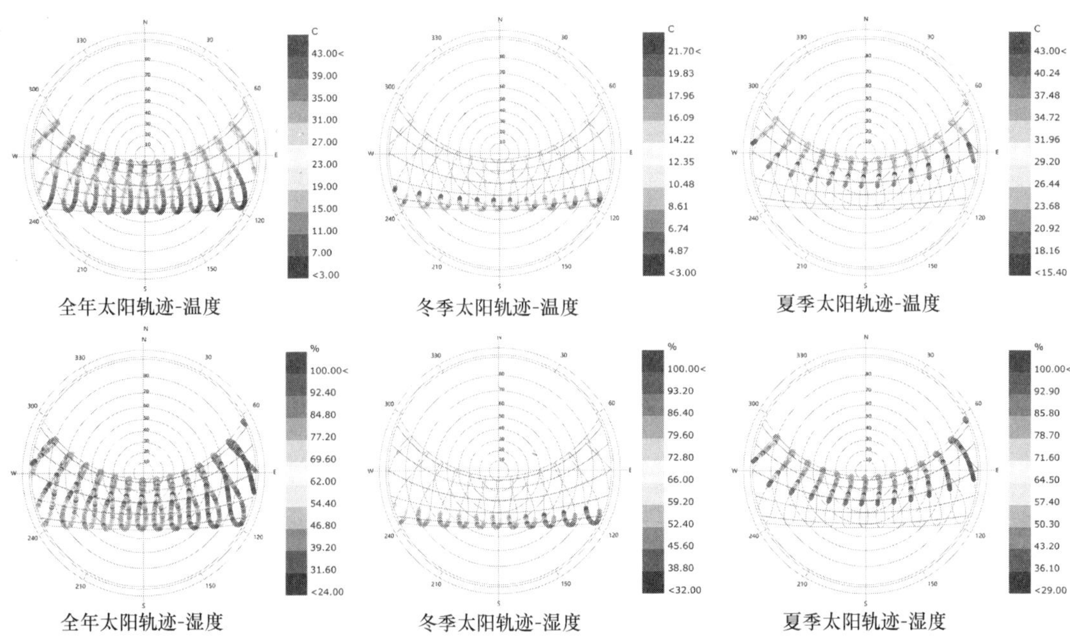

图 3　重庆地区太阳轨迹与温湿度模拟

由冬至日正午太阳位置可知本地区最佳朝向为南向（南偏东 5°），建筑物应呈南北向布置。全年湿度大、风速小，建筑物需要采取防潮通风措施。重庆地区大多数时间温度不在人体舒适度范围内。建筑物必须满足夏季防热、遮阳、通风降温要求，冬季应兼顾防寒。

3.2 建筑布局设计

以课题设计成果之一[1]为例，该作品的设计思路从太阳轨迹模拟得出的最佳朝向为切入点，选择以南北朝向为基础的建筑布局形式，形成两个相对独立的建筑体量，且作为酒店建筑中最主要的客房功能空间。结合场地地形高差，将两个体量连接，形成 H 形的布局方式（图 4），中间部分作为酒店的公共空间。根据日照时长的模拟，相比于东西朝向布局的方案，南北朝向的布局方案在 16：00 至太阳落山期间受到西晒的影响比较小，南向作为最优朝向，受西晒影响的小时数仅为 0～0.8h。

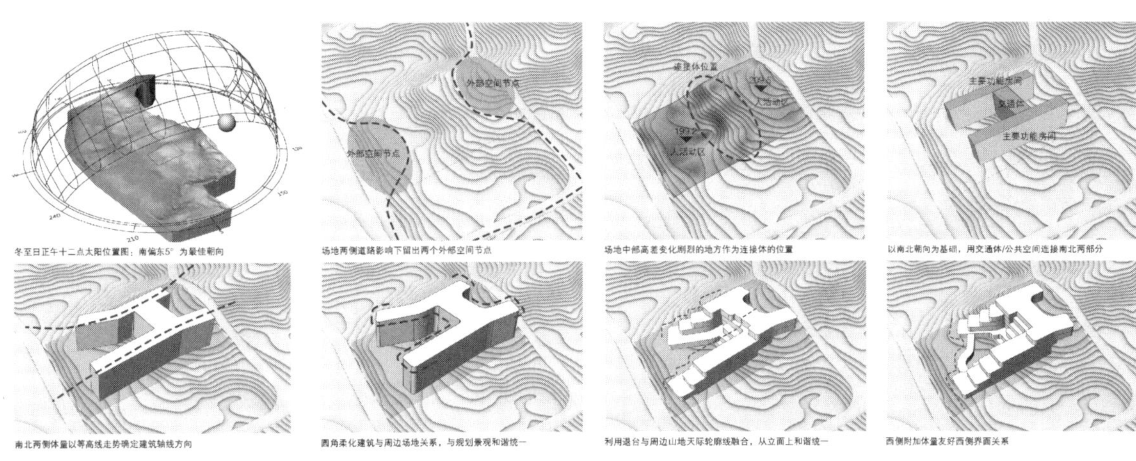

图 4 建筑布局策略

4 遮阳模拟可视化指导下的遮阳构件设计

建筑遮阳设计遵循水平遮阳在南向时最有效，垂直百叶在东西向最有效的原则[2]，常规的设计方法中，外遮阳设计首先需要根据当地气候条件计算太阳辐射强度，确定遮阳计算时段，根据遮阳时段的起始和终止时刻的太阳位置和高度角，确定遮阳板尺寸、角度，计算复杂繁琐[9]。基于建筑性能模拟技术的遮阳模拟可以将构件的遮阳效果可视化，配合该地区辐射量方位图，帮助建筑师快速判断构件遮阳效果，并作出调整。

4.1 南向遮阳构件设计

建筑功能布局中，南向以客房为主要功能房间，为了确定遮阳策略，设计中讨论了南向客房在无遮阳构件、水平遮阳板、垂直遮阳板、阳台 1（水平＋垂直遮阳板）、阳台 2（水平＋梯形垂直遮阳板）五种情况下的遮阳效果，并计算了对应的遮阳形式下南向所受到的全年太阳直射辐射量（图 5）。

根据可视化模拟效果和辐射量数据结果，可以看出在有阳台的情况下客房的遮阳效果最优。对比两种阳台形式，阳台 1 遮挡的辐射量更多，为 420.61kW·h/m^2，但阳台 2 更有利于室内采光，且遮挡的辐射量为 454.25kW·h/m^2 与阳台 1 差别不大，所以设计最终选择了阳台

2 的遮阳形式。阳台进深为 1.50m，相当于水平遮阳板宽度，梯形竖向隔板顶部短边尺寸为 1.00m。

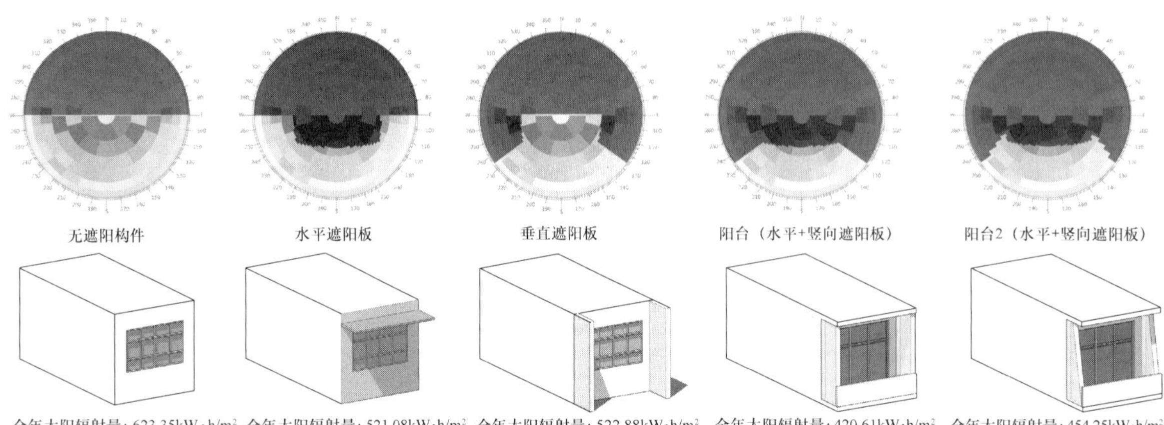

图 5 南向客房遮阳模拟

4.2 东西向遮阳构件设计

根据重庆地区太阳辐射量的方位分布和垂直百叶在东西向最有效的原则，分别模拟东西向公共空间在无遮阳构件、有水平遮阳板、有垂直活动遮阳百叶和水平活动遮阳百叶四种情况下对太阳辐射的遮挡效果（图 6）和全年太阳直射辐射量。

可视化模拟效果和辐射量数据显示，水平遮阳百叶下弦开启 45°时遮阳效果最佳，可以完全将太阳直射辐射遮挡住，因此，方案最终选用水平遮阳百叶。由于东西向房间以公共空间为主，包括酒店大堂、全日制餐厅、阅览、水吧等功能，在不使用的时间并不需要遮阳，只有日出至上午或者下午至日落之间使用空间时需要遮阳，因此，设计方案选用智能遮阳百叶系统，根据太阳角度自动调整百叶开启角度，兼顾采光遮阳。

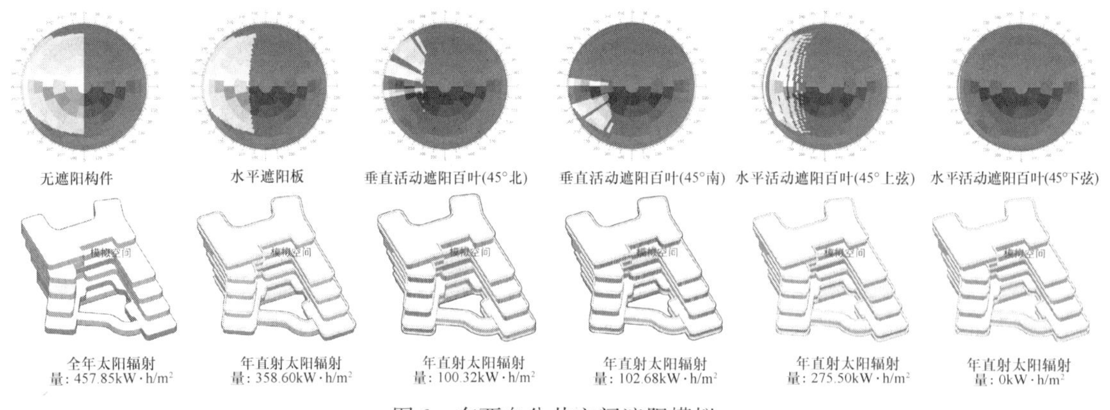

图 6 东西向公共空间遮阳模拟

5 采光效果可视化指导下的建筑采光计算和优化

采光评价标准来源于《建筑采光设计标准》GB/T 50033—2013。常规的采光设计方法中，采光计算需根据相关设计数值，按公式进行计算，并且由于建筑中各房间的面积和开窗尺寸不同，会大幅增加计算量。在建筑性能模拟软件中，将计算过程编写为算法程序固化后，仅更换建筑模型和各设计参数，就能实现采光系数的可视化。重庆属Ⅴ类光气候区，按照标准，在条件中设置室外天然光设计照度值 E_s＝12000lx，光气候系数 K＝1.2 进行模拟。

5.1 客房开窗尺寸优化

在设计阶段，可以通过模拟客房部分的采光系数判断是否满足标准，若不满足，应采取措施提高采光系数。设计方案中，有两类标准客房，一是带阳台的标准客房，其轴线尺寸为9.9m×4.2m，另一种是不带阳台的标准客房，其尺寸是8.7m×4.2m。

为做比较研究，设计过程中提出了两种开窗尺寸，分别是1.8m×3.3m、3.0m×3.3m，玻璃透光率设置为80％，对带阳台的标准客房进行两种开窗尺寸下的采光系数模拟。结果显示（图7），前者无法满足2％的采光系数标准值，在增大开窗面积后，后者基本可以满足2％的采光系数标准值。设计方案最终选择了3.0m×3.3m的开窗尺寸，两类标准客房的采光系数模拟结果都可以满足标准。

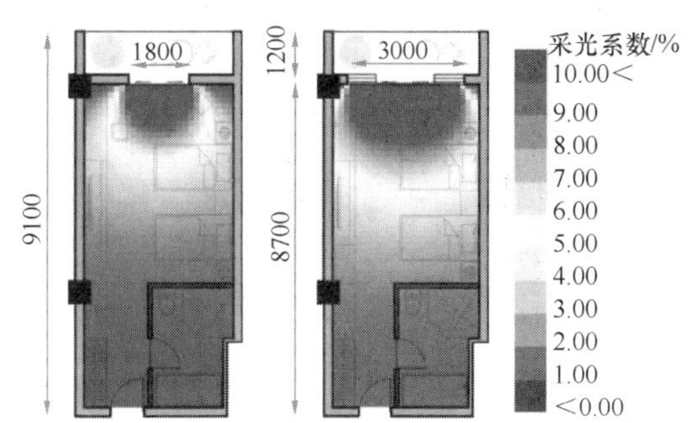

图7 客房采光系数模拟

5.2 建筑采光系数可视化计算

除了对重点空间的采光系数进行精确模拟外，在方案设计阶段也可以对每层建筑整体进行采光模拟（图8），判断建筑整体的采光特点，在设计阶段就对建筑采光情况有所掌握，可发现采光系数较低的空间，从而采取改善措施，例如增大开窗尺寸，或者置换房间功能。由于重庆地区地形复杂，建筑类型普遍为山地建筑，会出现很多半地下空间，仅有单面采光的条件，所以可以将靠近覆土等采光条件不利的空间作为设备房、储物间使用。

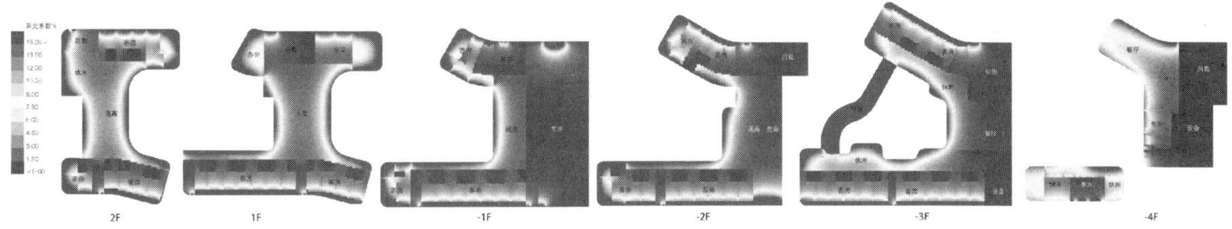

图8 分层建筑采光系数模拟

6 建筑风环境可视化指导下的形体优化

建筑方案中，－4F是接地层，为主要的人活动空间和景观庭院，需要良好的通风效果。最初的设计中，－4F建筑体量和其他层类似，呈“U”字形，通风效果较差，因此对－4F进行局部架空并且增加了通廊。从模拟图（图9）中可以看出，由于有架空空间形成的通廊，相比于其他未做架空通廊的情况，－4F接地层庭院中心形成了对角线形的风廊，通风效果改善很多。

根据风压模拟，建筑体量的南北两侧存在明显风压，因此，将客房设计为单廊，有条件

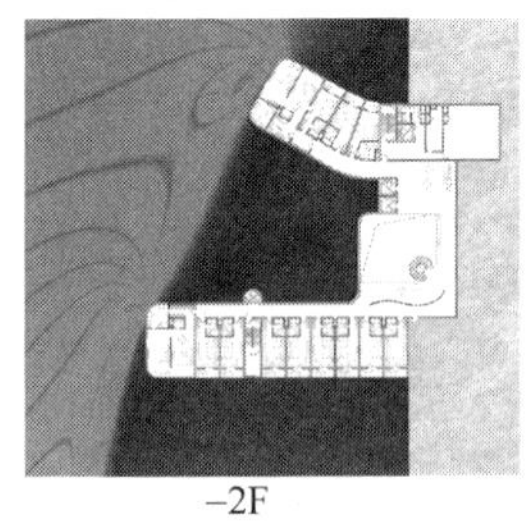

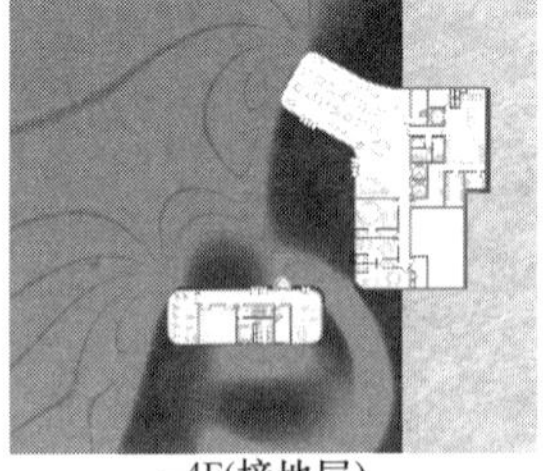

图 9　建筑风环境模拟（风速）

做到客房门窗与走廊窗同时开启，利用建筑南北侧的风压差，可以形成南北方向的对流，改善室内通风效果。

7　结语

在建立健全绿色低碳循环发展经济体系背景之下，建筑设计需要更加关注性能优化。设计的前期阶段，利用建筑性能模拟技术可将气象数据可视化，帮助建筑师掌握设计场地的风速风向、焓湿图和被动式策略舒适度范围、太阳轨迹、太阳辐射量、温湿度等信息，从而制定适宜的主动式、被动式建筑节能设计策略，支持前期决策，明确设计目标。例如，在可视化气象数据的支撑下，建筑师可以根据朝向、风向等构思方案，设计合理的建筑布局。

在设计中期阶段，可以利用建筑性能技术对建筑设计方案进行建筑遮阳、采光、通风等性能的模拟，并根据模拟结果调整设计方案。比如由于气候差异，不同地区遮阳构件的角度和形式会有所不同，遮阳模拟可以帮助设计师快速判断所设计构件的遮阳效果，并调整尺寸进行优化；而采光模拟可评估方案的采光性能，设计合适的开窗尺寸和功能布局，评判是否能够满足采光标准要求；通风模拟能够将建筑周边风环境可视化，在设计建筑形体时，能对比不同建筑形体周边风环境情况，帮助改善方案的通风效果，利于人行活动和人体舒适度。

事实上，建筑性能模拟技术的应用范围远不止于本文所选取设计方案中所涉及的采光、遮阳、通风方面，同样能够支持噪声分析、热舒适度分析、建筑能耗计算等全面而广泛的建筑性能模拟。得益于信息技术的快速发展，建筑师可利用建筑性能模拟技术，将复杂的性能计算结果可视化，为建筑设计提供指导。

参考文献

[1]　谢晓欢，贾倍思．建筑性能模拟软件在绿色建筑设计不同阶段的应用效果比较[J]．建筑师，2018(1)：124-130.

[2]　程大金．图解绿色建筑[M]．天津：天津大学出版社，2017.

[3]　中华人民共和国住房和城乡建设部．绿色建筑评价标准 GB/T 50378—2019.[S].2019.

[4]　中华人民共和国住房和城乡建设部．建筑采光设计标准 GB/T 50033—2013.[S].2013.

[5]　毕晓健，刘丛红．基于 Ladybug ＋ Honeybee 的参数化节能设计研究——以寒冷地区办公综合体为例[J]．建筑学报，2018(2)：44-49.

[6]　Hensen，Jan L. M.，Lamberts，Roberto. Building Performance Simulation for Design and Operation[M]. London：Routledge，2011.

[7]　赵莹莹，刘长春，罗小华．Ladybug 工具集应用于体育馆采光设计方法探讨[C]//2020 国际绿色建筑与建筑节能大会论文集．2020：5.

[8]　王钧玉，文韬．基于 Ladybug-Honeybee 的外遮阳参数化设计[C]//2020 国际绿色建筑与建筑节能大会论文集.2020：6.

[9]　张向荣，刘衍，杨柳，等．建筑遮阳设计室外计算参数的确定方法研究[J]．建筑科学，2020，36(2)：95-103.

全面质量管理（TQM）在新工科教育中应用的路径研究

向　沅　张国强　刘政轩　王　然　陈大川　王海东

（湖南大学土木工程学院，长沙　410082）

【摘　要】全面质量管理（Total Quality Management，TQM）的应用与研究在国际上成果斐然，我国新工科教育建设核心定位为提升教学质量。本文结合全面质量管理方法构建模型，完善新工科教育管理链条，尝试为“十四五”期间工科教育提出发展路径。湖南大学城市与建筑创新研究院16年教学实践表明，全面质量管理有助于深化产教融合，开辟新工科教学新的思路。

【关键词】新工科；全面质量管理；教育改革；产教融合

Research on Application Path of Total Quality Management(TQM)in New Engineering Education

Yuan Xiang　Guoqiang Zhang　Zhengxuan Liu　Ran Wang
Dachuan Chen　Haidong Wang

(College of Civil Engineering, Hunan University, Changsha　410082)

【Abstract】 Total Quality Management (TQM) has acquired great achievements in the world, positioning the core of China's new engineering education construction as improving teaching quality. This paper combines the total quality management method, improves the new engineering education management chain, and tries to put forward the development path for engineering education during the 14th Five-Year Plan period. The 16-year teaching practice of the Institute of Urban and Architectural Innovation of Hunan University shows that total quality management is helpful to deepen the integration of industry and education and to propose new ideas for new engineering teaching.

【Keywords】 New Engineering; Total Quality Management; Education Reform; Integration of Production and Education

1 前言

当今世界正处于百年未有之大变局，“十四五”规划明确提出以高质量发展为目标，时代在要求推进工科教育的变革[1]。新的形势下，新工科教育的重要性已经达到一个历史的高度，要求我们积极进取、推陈出新，培养出卓越工程人才，实现科技强国这一宏伟目标[2]。

新一轮科技革命和产业变革正处在实现重大突破的历史关口，正在推动高等工程教育发生深刻变革。在面对碳排放、新冠疫情、双循环的诸多复杂国内外形势的当下，高等工程教育必须以社会需求为导向，培育出更多的有能力的卓越工程创新人才，才能为中国经济的高质量发展奠定基础[3]。在此前提下，教育主管部门不仅需要深化新工科教育，引进国际先进的管理思路，还有必要进一步设立有中国特色的新工科教育模型[4]。

本文以湖南大学城市与建筑创新研究院多年积累的研究为基础，分析了我国新工科教育质量的现状，并结合全面质量管理（Total Quality Management，TQM）理论来构造教育管理模型，通过产教融合及完善评价体系来提升教育质量。本文从管理科学的角度来研讨中国新工科教育问题，体现了学科融合对创新创业的指导与支持，这也是本文的创新点所在。

2 TQM 内涵及教育领域的应用

TQM 作为一门管理的科学方法，可实现全员参与到管理全链条的环节中，从而推动管理系统达到持续改进的目的[5]。这一方法最先在企业管理上取得巨大成功，后来在国外的部分高校应用中发现，对于工科教育的质量提升也有着明显的促进作用。美国菲根堡姆（A. V. Feigenbaum）博士于 1961 年提出 TQM 概念[6]；70 年后，日本把 TQM 当作重要的管理科学，并建立了全民性的 QC 小组（质量控制小组）[7]；20 世纪后，美国政府把 TQM 上升到国家层面推行，设立了波多里奇评价管理目标来促进管理对象的质量提升。教育作为其中一项重要组成部分，在纲领上提出了系列管理问题，通过管理方法上来提出了改进[8]。

教育作为一个持续变化的系统，符合管理学对象的特征，从管理学的角度来提高教育质量，促进质量保障体系的进一步完善，是我国转型期必须解决的一个问题。伦纳德（Leonard）和麦克亚当（McAdam）认为，理解生命周期概念可以主动应对问题[9]。由此发展起来的 TQM 管理理论广泛应用于西方国家的教育领域，成为教育质量保障的有效方式[10]。

2.1 TQM 管理体系组成

TQM 管理体系主要组成框架如图 1 所示。

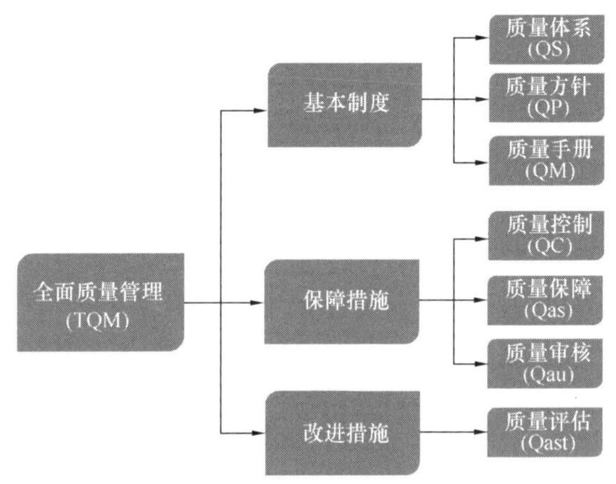

图 1 TQM 管理体系

由图 1 可见，TQM 管理体系可分为三大部分：管理制度、保障措施和改进措施。其中，管理制度是基础，保障措施确定了制度落实的方式与程度，属于执行阶段，而改进措施则赋予了管理体系不断与时俱进、积极解决新问题的能力，促使整个管理链条达到闭环的效果，体现的是一个全员参与、全生命周期的管理思维。

2.2 TQM在教育领域的应用

目前，国际上部分国家已经把TQM理论应用到教育领域中，取得了良好的效果。美国采用全美教育进展评估的方式，达到轻模式重标准的目标[11]；从西方发达国家在教育领域走过的历程来看，对于TQM的形成与实施也是一个从工业领域到教育领域的发展过程，至今还在逐步完善中。美国政府在这个基础上，设立了“质量检测标准”，将学生适应社会发展转化与职业发展的能力作为教育领域改革的方向与目标。

目前实施的“全美教育进展评估”（简称NAEP），明确建立了评价对象、评价维度、评价目标的全面评价体系，体现出TQM管理理论在美国得到了积极推进[12]。NAEP对教育的重要贡献在于制定了系列标准，无论是高校的素质教育或者是培训机构的在职教育，都分别提出了质量的认证与评价标准。同时，美国还设立了学业评价标准、教师质量标准、课程质量标准及学校质量标准，对于西方的人才培养起到了重要作用[13]。

特拉华大学土木院的V. M. Karbhari教授从管理学角度研究教育发现，如果质量、充分性和卓越性的概念含混不清，就会影响到教育的质量[14]，因此，有必要加强全面管理的应用，设计出适合个体机构的流程，进而提出质量改进流程，正是TQM管理理论在工科教育学中的有益尝试。

TQM是要求系统中以质量为中心，以目标的满意度为导向，鼓励全员参与，通过让顾客满意和组织所有成员及社会受益而达到长期成功的管理途径，最终达到实现持续改进的管理方法[15]。斯里兰卡在工科教育中引进管理改进措施，引进国际质量保证体系并结合本国实际情况加以调整，完善了工科教学流程，通过产教融合来培养专业技术人才[16]。这些引用TQM的思路，对我国工科教育的推进有着积极的借鉴作用。

3 TQM在我国新工科教育应用路径探索

3.1 从TQM上来看我国教育发展的现状

首先，教育符合管理学对象的特征。管理学是系统研究管理活动的基本规律和一般方法的科学，而系统的教育管理学已形成较为成熟的体系，是以教育系统的管理作为研究对象进行分析改进。

从TQM的角度来分析我国教育的模型，可以分别参照教育制度的建立、制度执行与系统的改进三个方面予以研究。

从教育制度上来看，自20世纪90年代以来，我国政府就教育教学改革提出了“规模、结构、质量、效益协调发展”的思路，取得了不菲的成绩[17]。大学教育与高职教育相结合，组成了我国高等教育的质量标准系统[18]。从TQM的结构来看，质量方针及质量手册已经具备，我国的教育质量制度相对比较健全。

另一方面，现有工科教育在制度执行与系统的改进方面还存在不少问题，如高等教育的专业划分过细，教育上的专业知识更新不足，教育培养中缺乏创新能力，教育过程未培养出工匠精神，这类问题都表明了工科教育保障体系还未健全，缺乏科学的评价体系，改进措施不足。结合TQM理论，需要完善并构造新工科流程，不仅是教育流程完善的必经之路，更是高质量发展的重要支撑。

教育部实行的卓越计划，某种程度上可以

看作是 TQM 在中国工科教育改进的一个体现[19]。自 2011 年实施卓越工程师教育培养计划以来，对于参与的高校与企业，在新设战略性新兴产业相关专业取得很好的效果。然而仅仅是一个卓越计划对工科教育的改进还是有限度的，必须系统地引进 TQM 理论，让教育体系从管理的角度实现闭环的效果，才可能完善教学体系。

3.2 新工科教育引进 TQM 理论的思路

从国外近 20 年在教育管理中应用 TQM 理论的现状来看，对教育质量提升还是非常明显的，取得了许多的成绩，值得我国借鉴。同时也要考虑到国情的差异性，尤其是高校教育以教育部指导下的公办高校为主流主体，有别于国外的市场化前提下的多样化办学模式。因此，有必要探寻具有中国工科教育特色的 TQM 体系。其次，需要开拓思维，积极向国际接轨，引进成熟的工科认证。2016 年，我国正式加入华盛顿协议，对工程学科培养不仅仅意味着国际上资格互认，还将对我国工程类后备人才培养起到重要作用[20]。因此，新工科教育有必要在现有教学制度上引入相关的国际管理理念，是推行该理论的基础。

3.3 新工科教育发展引进 TQM 理论目的与核心构造

引进 TQM 理论的核心在于改进保障措施与建立科学的评价体系，以达到提高教育质量并能够不断改进的目的。借鉴国际上的教育管理流程，并结合我国实际情况，TQM 对工科教育管理核心构造如图 2 所示。

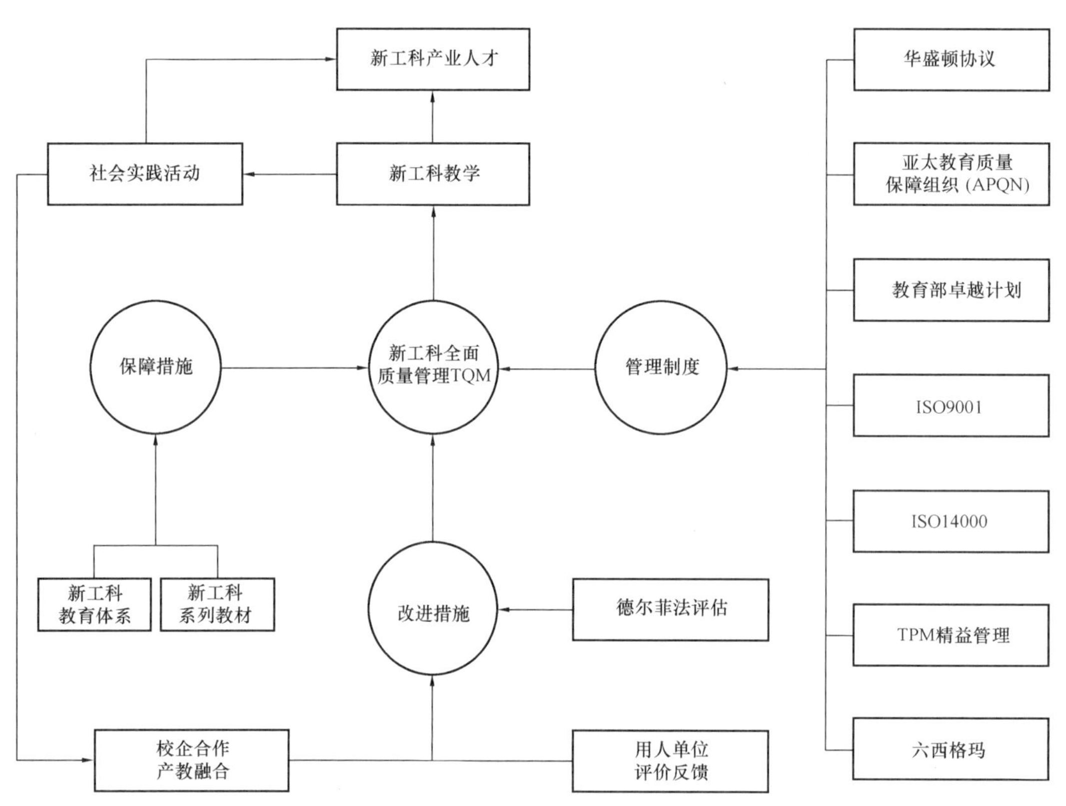

图 2 新工科教育 TQM 理论核心构造

图2尝试构造中国特色的新工科思维流程，全面贯彻了全过程管理与全员参与的思路，积极引进工科教学国际通行的华盛顿协议，结合亚太教育质量保障组织的方向；在此基础上，通过ISO的认证方式形成有别于他国的基本教育制度，利用精益管理、六西格玛法则等管理手段形成我国新的工科教育管理制度，来达到培育工科创新人才的目的。同时与教育部实行的工科领域的卓越计划进行结合，通过校企联合与社会实践，进而培养出卓越工程师[21]。

教育上引入全面管理，首先需要捋清质量管控的组成构件，以及教育学院质量认证目的、认证标准框架、认证程序及其与教师教育政策决策部门、教育学院（系）和教育研究及教学成员之间的关系[22]，鼓励教育机构主管部门、管理方、教职工与学生全员参与的积极性，激发新工科教育的内在驱动力。通过激励制度与新型教材，来达到全员参与及全过程管理的目的。

图2体现了教学与社会实践相结合，通过实践不断对教学工作进行指导与调整。这个理念，在湖南大学新工科的特色教育上进行了尝试，取得了良好的社会反响。试点中，鼓励毕业生参建绿色建筑企业，在校学生参与孵化企业项目中，不仅助力企业的健康发展，在实践中锻炼了学生的动手解决问题的能力，同时把校企合作的反馈结合到教学过程中，尤其是在工程管理硕士（Master of Engineering Management，MEM）在职研究生教学路径上，开辟了新的教学试点模式。

4 TQM在湖南大学新工科建设中阶段性成果及后续发展

早在2005年，湖南大学张国强教授带领下的研究团队在欧盟合作的基础上开展了绿色建筑教育项目，研究过程中结合了土木、暖通、建筑及机械等不同专业老师联合进行课题研究，编制出《可持续建筑技术》系列教材，明确了新工科教育改进的方向；同年4月，以土木工程国家重点学科、建筑学科和环境工程国家重点学科为主要依托，湖南大学成立了跨学科的湖南大学城市与建筑创新研究院，为新工科建设过程做了系列尝试[23]。

湖南大学城市与建筑创新研究院在新工科产学研结合方面，做了大量工作。2013年建设节能减排评价与推广平台，把高校的科研成果进行社会推广；2015年承办绿色建筑—装配式建筑博览会，2016年承办中国建造4.0论坛暨建筑业高质量发展论坛，2018年，承办湖南长沙，亚洲城市2050：高质量建造与可持续城市国际会议，相续拓展了新工科的应用及推广平台；2020年10月，教育部公布新工科研究与实践项目，张国强院长牵头申报的“面向绿色高质量建造的土建类专业人才培养新机制探索和实践”获批立项，把高质量可持续建筑作为多学科的目标，体现产教融合的培养路线[24]。

湖南大学城市与建筑创新研究院在此模型基础上，研讨了下一步教改的方向，在系统研究国内外工科大学的课程设置的前提下，提出了结合华盛顿协议来改进专业方向及课程设置；同时在如何设立科学的评价体系上，运用德尔菲法、层次分析法等方法进行定性及定量分析，为我国工科教改提供思路。

有鉴于此，湖南大学于2020年出台《湖南大学关于制订研究生申请学位创新成果要求的指导性意见》，构建以研究生培养质量成效为首要评价标准，充分考量学生获得感、职业发展状况以及社会贡献度等要素的评价体系，完善研究生培养方案，并在此基础上，进而制定了《深化新时代教育评价改革总体方案》，从管理制度上对教育评价体系进行了完善。上述行为，既是对构建的 TQM 教学模型的有力支持，也是新工科教改的有益尝试。

5 结论

作为中国高质量发展的重要支撑，新工科有必要通过 TQM 提高教育质量，培养新型工业化专业人才[25]。本文尝试把管理学的理论架构与新工科教育相结合，研究中国工科教育管理模型及构造流程；通过湖南大学新工科教学试点工作，提出新工科教育发展方向的思路。研究过程体现了工学、管理学与教育学的学科融合，尝试为新经济转型下的新工科教育提供管理学的理论依据。

参考文献

[1] 习近平．我国经济已由高速增长阶段转向高质量发展阶段[J]. 新湘评论，2019(24)：4-5.

[2] 刘国瑞．国家重大战略转换期高等教育现代化的定位与思路[J]. 高等教育研究，2020，41(5)：1-9.

[3] 姚薇，王浩平，祝笑旋．对“卓越计划”与工程教育国际化的探索与实践——以南京理工大学中法工程师学院为例[J]. 南京理工大学学报(社会科学版)，2015，28(4)：88-92.

[4] 王薇．国际教师教育质量保障体系的构建及其启示[J]. 教师教育研究，2017，29(3)：114-120.

[5] 田健，孙守钧，李颖．高等教育全面质量管理体系的构建[J]. 中国轻工教育，2012(4)：40-42.

[6] B. G. Dale，P. Y.-Wu，M. Zairi，et al. Total Quality Management and Theory：An Exploratory Study of Contribution[J]. Total Quality Management，2001，12(4).

[7] Mohd Fauzi Ahmad，Norhayati Zakuan，Ahmad Jusoh，et al. Comparative Study of TQM Practices between Japanese and Non-Japanese Companies：Proposed Conceptual Framework[J]. Advanced Materials Research，2014，3011.

[8] 彭柯凡．波多里奇质量标准在职业教育质量管理中的应用及启示[J]. 教育科学论坛，2017(12)：15-20.

[9] Alejandra Reyes，Ariadna Reyes，Caroline Daigle. Looking Back to Look Forward：Evolution of the Habitat Agenda and Prospects for Implementation of the New Urban Agenda. Current Urban Studies，2020，8(2)：337-363.

[10] Rodney McAdam，Denis Leonard，Joan Henderson，et al. A Grounded Theory Research Approach to Building and Testing TQM Theory in Operations Management [J]. Omega，2008，36(5)：825.

[11] Jitendra Sharma. TQM in Higher Education：Understanding Customers' Needs[J]. International Journal of Innovative Research and Development，2016，5(2SP).

[12] Agency Information Collection Activities；Submission to the Office of Management and Budget for Review and approval；Comment Request；National Assessment of Educational Progress (NAEP) 2021 Update ＃2[J]. The Federal Register / FIND，2021，86 (53).

[13] (荷兰)弗兰斯·F. 范富格特(FransVanVught)主编．国际高等教育政策比较研究[M]. 杭州：浙江教育出版社，2001.

[14] 任长松．美国国家教育进展评价 NAEP 及其借鉴意义[J]. 课程．教材．教法，2009，29(9)：87-92.

[15] 罗纳德·J. 艾伦，迈克尔·S. 帕尔多，熊晓彪，等．相对似真性及其批评[J]. 证据科学，2020，28(4)：433-482.

[16] 施晓光．西方高等教育全面管理体系及对我国的启示[J]. 比较教育研究，2002(2)：32-37.

[17] 林健．国家高等教育质量标准体系及其构建[J]. 中国高等教育，2014(6)：8-11+19.

[18] 朱正伟，李茂国．实施卓越工程师教育培养计

划 2.0 的思考[J]. 高等工程教育研究，2018(1)：46-53.

[19] 潘艳民．基于 TQM 理念的新建本科高校教育全面质量管理的制度选择[J]. 高教学刊，2020(24)：26-29.

[20] Research-article[J] Phi Delta Kappan，2020，101(5)：62-63.

[21] 陈玉焜．建设高等教育的质量保障体系[J]. 江苏高教，1996(2).

[22] 李响，仇大勇，黄晓燕．基于全面质量管理的高职院校教学质量管理研究[J]. 职教论坛，2018(2)：58-63.

[23] 王为人．2019 年波多里奇国家质量获奖组织介绍(五) 霍华德社区学院(教育类)[J]. 中国质量，2020(6)：62-68.

[24] Arif A. Anwar，David J. Richards. The Washington Accord and US Licensing Boards [J]. Journal of Professional Issues in Engineering Education and Practice，2015.

[25] 李艳燕，董笑男，李新，等．STEM 教育质量评价指标体系构建[J]. 现代远程教育研究，2020，32(2)：48-55+72.

[26] 郭明良，杨庆江，郭殿林，等．基于 TQM 的大学生创业教育质量评价体系构建[J]. 边疆经济与文化，2015(3)：69-70.

[27] 张国强．中国建造高质量发展的思考与建议[J]. 城乡建设，2018(19)：16-19.

[28] 张执南，诸葛洵，王丽伟．多层次闭环反馈项目式教学模式探索——以上海交通大学机械与动力工程学院卓越计划 2.0 为例[J]. 高等工程教育研究，2020(4)：107 -111.

[29] 周光礼．国家工业化与现代职业教育——高等教育与社会经济的耦合分析[J]. 高等工程教育研究，2014(3)：55-61.

专业书架

Professional Books

行 业 报 告

《中国工程建设标准化发展报告（2020）》

住房和城乡建设部标准定额研究所　编著

《中国工程建设标准化发展报告》是以中国工程建设标准化发展的数据、事件以及相关研究成果为基础，系统全面地反映工程建设标准化的发展历程、现状及分析未来发展趋势的系列年度报告，旨在推动中国工程建设标准化发展，为宏观管理和决策提供支持。

本年度报告共五章。第一章结合数据分析了中国工程建设标准总体现状，重点介绍了工程建设国家标准数量与管理机构。第二章从工程建设行业标准数量、管理机构与管理制度建设、工程建设行业标准编制、行业团体标准化、行业标准国际化等方面，介绍了截至2019年中国部分行业工程建设标准化发展状况。第三章从工程建设地方标准数量与编制情况、管理机构与管理制度建设、地方标准国际化等方面，介绍了截至2019年中国地方工程建设标准化发展状况。第四章以《燃气工程项目规范》为例，介绍了全文强制规范编制情况。第五章介绍了中国工程建设标准化改革政策，总结了改革成就，对2020年改革工作重点作出了展望。

征订号：37640，定价：52.00元，2021年5月出版

《中国建筑业施工技术发展报告（2020）》

中国土木工程学会总工程师工作委员会
中建工程产业技术研究院有限公司
中国建筑学会建筑施工分会 组织编写
毛志兵　主编

本书结合重大工程实践，总结了中国建筑业施工技术的发展现状，展望了施工技术未来的发展趋势。本书共分25篇，主要内容包括：综合报告、地基与基础工程施工技术、基坑工程施工技术、地下空间工程施工技术、钢筋工程施工技术、模板与脚手架工程施工技术、混凝土工程施工技术、钢结构工程施工技术、砌筑工程施工技术、预应力工程施工技术、建筑结构装配式施工技术、装饰装修工程施工技术、幕墙工程施工技术、屋面与防水工程施工技术、防腐工程施工技术、给水排水工程施工技术、电气工程施工技术、暖通工程施工技术、建筑智能化工程施工技术、季节性施工技术、建筑施工机械技术、特殊工程施工技术、城市地下综合管廊施工技术、绿色施工技术、信息化施工技术。

本书可供建筑施工工程技术人员、管理人员使用，也可供大专院校相关专业师生参考。

征订号：37153，定价：99.00元，2021年4月出版

《中国工程造价咨询行业发展报告（2020 版）》

中国建设工程造价管理协会　主编

本报告由全国篇、地方及专业工程篇、附录三部分组成。全国篇和附录由中国建设工程造价管理协会、武汉理工大学共同编写，通过行业发展现状、行业发展环境、行业存在的主要问题及对策、行业发展展望等内容全面展现了行业的整体情况。地方及专业工程篇由各地方造价协会、专业工作委员会结合地方和专业特点编写，为本地区和本专业工程从事造价咨询工作的专业人士提供参考。个别地方造价协会、专业工作委员会由于疫情影响、机构改革等原因未能参与本次报告的编写，将积极参与明年的报告编制工作。希望报告的出版，能为行业的持续健康发展提供思路。

征订号：36691，定价：115.00 元，2020 年 12 月出版

《中国低碳生态城市发展报告 2020》

中国城市科学研究会　主编

《中国低碳生态城市发展报告 2020》以“高质量城市”为主题，从城市安全、公正、健康、便利、韧性、可持续等方面出发，向读者介绍 2019～2020 年中国低碳生态城市建设的现状、技术、方法以及实践进展。第一篇最新进展，主要综述了 2019 年度国内外低碳生态城市国际动态、政策指引、学术支持、技术发展、实践探索与发展趋势。第二篇认识与思考，主要探讨生态文明建设背景下的观念转型，高质量城市转型背景下城市发展面临的新挑战、新趋势和新使命。第三篇方法与技术，通过梳理国内外低碳生态城市发展的理论、目标、模式、结果等，系统全面地总结国内外低碳生态城市建设已有和创新的方法与经验。第四篇实践与探索，通过持续跟踪生态城区示范项目，对 2019～2020 年低碳生态城市的重点建设实践案例进行介绍与反思。第五篇中国城市生态宜居发展指数（优地指数）报告（2020），继续延续特色，进行持续性研究，展示十年中国城市生态宜居指数背景与研究进展。

本书是从事低碳生态城市规划、设计及管理人员的必备参考书。

征订号：904304，定价：64.00 元，2021 年 1 月出版

《BIM 应用发展报告（2019）》

中国建筑学会　主编

本报告是由中国建筑学会主编完成。通过跟踪国内外 BIM 应用情况，结合线上调研、线下访谈、实地考察等形式，对 2019 年工程建设行业国内外 BIM 应用与发展状况进行分析、总结，以期客观、公正地对 2019 年度国内外 BIM 研究进展、主要政策和标准、市场

发展环境等进行介绍；结合国内勘察设计、施工、生产制造企业、业主/开发商、政府BIM监管等领域的BIM应用情况进行调研分析和总结；报告还有BIM技术应用案例等内容供读者借鉴。

本报告适合国内广大土木工程从业人员、高校师生阅读使用。

征订号：36035，定价：60.00元，2020年8月出版

《雄安新区绿色发展报告（2017—2019）——新生城市的绿色初心》

雄安绿研智库有限公司　主编

当前，雄安新区已成立两周年，顶层设计已经完成，即将转入大规模、实质性开工建设阶段。《雄安新区绿色发展报告（2017—2019）》的编制，旨在全面回顾新区成立两周年以来的绿色城市发展历程。全书共分为绿色使命、顶层规划、先行实践、创新机制、绿色展望五篇共十七章，以及两个附录。

本书适合城市规划建设相关从业者、城市发展研究者、新区建设者等参考学习。

征订号：904211，定价：63.00元，2020年3月出版

《中国建筑节能发展报告（2020年）》

住房和城乡建设部科技与产业化发展中心（住房和城乡建设部住宅产业化促进中心）著

为全面介绍近年来住房城乡建设领域建筑节能和绿色建筑的新形势、新要求和新进展，特别是“十三五”以来建筑节能、绿色建筑及相关重点工作的进展情况，并专题呈现建筑能耗总量与能耗现状、建筑节能和绿色建筑中长期发展路径、供热体制改革、绿色金融与绿色建筑、科技支撑等最新研究成果，住房和城乡建设部科技与产业化发展中心（住房和城乡建设部住宅产业化促进中心）组织有关人员编写了本书。

征订号：36457，定价：50.00元，2020年12月出版

《中国建筑业信息化发展报告（2020）行业监管与服务的数字化应用与发展》

本书编委会

本书共10章内容，从行业市场监管与服务、工程建设项目审批和管理、招标投标监管、工程造价服务、质量安全监管等领域的数字化入手，以建设行政主管部门为主体，对行

业监管领域数字化应用现状做了深入描述。针对各个细分领域的数字化应用实践，深入揭示建筑业各监管领域数字化应用的基本逻辑和框架，探讨数字化技术对行业监管和服务的重要作用和应用范围、模式，提供具有思想性、前沿性和启发性的新模式、新案例。通过调研描述目前建筑业企业与行业监管和服务数字化的对接现状，清晰反映行业监管与服务数字化的落地性，并对行业监管与服务数字化发展趋势进行展望。通读此书，可以帮助读者了解行业监管与服务数字化应用现状和发展趋势，深刻认识到数字化技术在行业监管与服务领域的应用价值，为行业监管与服务数字化应用提供重要理论支撑和实践借鉴，推进行业监管与服务的数字化进程，助力建筑行业转型升级。

本书适合行业政府管理部门、行业技术、管理人员及高等院校相关专业师生阅读使用。

征订号：36598，定价：198.00元，2020年11月出版

《中国城市发展报告（2019/2020）》

本书编委会

《中国城市发展报告2019/2020》，以“全面小康，脱贫攻坚，应对疫情”为主题，共有六个版块，《综论篇》全面反映2019年中国城市发展状况，是报告的主体部分；《论坛篇》选登了知名学者的6篇文章；《观察篇》力求从第三方视角观察我国的城市发展进程；《专题篇》全文转载了国务院新闻办公室发布的“抗击新冠肺炎疫情的中国行动”白皮书；《案例篇》共5篇文章，介绍了中国城市治理方面的典型案例；《附录篇》收录了2018/2019年中国城市规划发展大事记、城市政策法规文件索引以及中国城市基本数据等。

本书展现出一年来中国城市发展的清晰脉络，是国内城市研究领域中具有较大影响力的综合报告。

征订号：904279，定价：398.00元，2020年11月出版

《中国城市更新发展报告2018—2019》

中国城市科学研究会　主编

本书是对国内城市更新阶段性成果的探索总结，全书共分为动态篇、城市篇、案例篇、附录四个篇章。动态篇主要为2018年会主题报告、深圳城市更新实践访谈、年度研究进展、年度十大事件。城市篇主要介绍粤港澳大湾区以及国际著名湾区城市更新情况，内容包括城市的基本情况，城市更新与城市发展，城市更新体制、模式、经验，城市更新的标志性项目，城市更新的未来展望等。案例篇以国内案例和近期项目为主，从城市更新规划设计、城市更新投融资、城市更新开发实施、城市更新管理四个方面进行解析。附录为城市更新相关政策法规索引。本书适用于城市规划、城市设计、建筑设计等行业的从业者，相关政府机构人

员和在校师生阅读使用。

征订号：34986，定价：78.00 元，2019 年 11 月出版

《中国智慧城市发展报告 2018》

中国城市科学研究会　编

《中国智慧城市发展报告 2018》共分为综述篇、战略篇、理论篇、实践篇、创新篇五个篇章，分别从智慧城市总体发展、智慧城市宏观战略思考、智慧城市标准化研究、地方政府和企业智慧城市典型案例实践、智慧城市专项学组发展情况等方面阐述了 2018 年中国智慧城市建设发展的总体情况。该报告还梳理了与智慧城市相关的重大事件及重要文件。期望该报告能为城市管理者、建设者提供决策参考和借鉴，也希望对智慧城市的研究者和相关企业家有所裨益。

征订号：904263，定价：45.00 元，2020 年 6 月出版

《走向新营造——工业化建筑系统设计理论及方法》

樊则森　著

本书通过对建筑学面临问题的分析，提出向制造业学习，用工业化的建筑技术营造完整

的建筑产品。进一步分析了工业化建筑发展过程中的若干问题，提出以系统科学为指导，将工业化建筑作为一个复杂的系统加以研究，整合设计和建造全过程，以建造过程及建造结果为目标，论证了工业化建筑结构、围护、机电、内装四大系统及其若干子系统的整体架构，提出融合设计、生产、装配、管理及控制等要素手段，形成了以总体最优为目标的工业化建筑系统工程理论与方法。

征订号：37156，定价：96.00 元，2021 年 4 月出版

《建设项目工程总承包合同（示范文本）（GF-2020-0216）使用指南》

曹　珊　主编

本书依据现行国家法律、行政法规、司法解释、部门规章、规范性文件、国家标准以及国际上通行做法等，对《建设项目工程总承包合同（示范文本）》（GF-2020-0216）条文进行了逐条解释，就使用方法进行指引，并提示了风险识别和防范措施，以便能够帮助大家对该合同示范文本构建更加全面、完备的理解和更加科学、合理地使用。

本书的解释结构分为五部分，即条文原文、条文释义、使用指引、风险识别和防范、

法条索引。其中，条文释义是对条文的全面阐述，包括对条文背景、专业术语、合同履行程序、当事人权利义务等的解释，便于合同当事人正确理解和适用条文；使用指引针对工程实践中的常见问题，结合合同条文，就当事人应注意的事项进行了说明；风险识别和防范是本书的亮点，就工程实践和司法实践中高发风险点进行了必要提示和防范指导；法条索引引述条文所涉及法律、法规、规范性文件、标准等，以便当事人正确理解和使用该合同示范文本。

征订号：37633，定价：118.00 元，2021 年 5 月出版

《超大面积电子洁净厂房快速建造技术及总承包管理》

余地华　叶　建　主编

本书的编写结合中建三局集团工程总承包公司多项电子厂房建造项目施工及管理经验，书中所列参考案例均为撰稿人员实践亲历，是一部集电子洁净厂房施工技术与经验总结为一体的专业参考书。全书共 13 个章节，包括行业背景、特点与施工重点、工程实施总体部署、建筑结构施工技术、一般机械及给水排水工程施工技术、消防工程、废水工程、纯水工程、化学品供应系统、气体供应系统、洁净区装饰装修系统、洁净区机电系统施工技术及电子洁净厂房总承包管理。

本书可供电子洁净厂房工程施工单位的技术人员、施工人员、质量人员等参考使用，也可供工程监理单位、设计单位专业材料及设备供应商以及相关研究人员参考使用。

征订号：37626，定价：85.00 元，2021 年 6 月出版

《工程总承包项目投资管控研究——基于广州地铁 18 号、22 号线实践》

袁亮亮　邹　东　蒋盛钢　林　庆　主编

尹贻林　刘　靖　主审

工程总承包模式下，如何约定业主与总承包商之间的工作界面以及确定全生命周期的投资管控要点一直是工程建设领域亟待解决的问题。广州地铁 18 号、22 号线项目的投资管控是基于深厚的管理学理论基础、项目治理与项目管理双重手段和流程再造与 BIM 技术为项目投资保驾护航的设计施工总承包投资管控实践，是重大工程投资总控理论的进一步延伸。本书旨在对广州地铁 18 号、22 号线的投资管控经验进行高度凝练，为采用工程总承包模式建设的轨道交通以及大型复杂基础设施项目提供借鉴。

征订号：37120，定价：65.00 元，2021 年 5 月出版

《城市地下综合管廊关键施工技术及总承包管理》

余地华 叶 建 李 鸣 主编

本书总结了城市地下综合管廊关键施工技术及总承包管理经验，包括概念和意义、发展历程、规划与设计简介、工程特点、施工重难点分析及策略、地下综合管廊专项工程施工技术、总承包管理等方面。其中地下综合管廊专项工程施工技术比较详细地介绍了基坑支护施工技术、降排水施工技术、地基处理施工技术、现浇结构施工技术、预制结构施工技术、管廊暗挖施工技术、管廊桥施工技术、管廊防水施工技术、管廊附属设施施工技术、入廊管线施工技术、BIM技术应用。总承包管理方面比较全面地介绍了施工总承包管理概述、组织管理、总平面管理、计划管理、商务合约管理、技术管理、征拆与协调管理、验收与移交管理、信息与沟通管理、入廊管理、日常运营管理、廊体及设施维护等。

本书编制借鉴中建系统近30个地下综合管廊工程施工及管理经验，书中所列专项技术为项目一线人员参与编写，是一部城市地下综合管廊工程施工理论技术与总承包管理为一体的专业参考书。

征订号：36524，定价：80.00元，2020年11月出版

《建设项目工程总承包管理实施指南》

时 炜 李 茜 张向宏 郭秀秀 编著

本书结合建设项目工程总承包管理先进理念和丰富实践，较为系统地总结了工程总承包企业管理体系和能力建设要求，明确工程总承包管理的管理体系、组织架构，以及相关的规章制度、业务流程、管理职责以及详尽的具体管理要求。本书还介绍了各具特点的5个项目案例，旨在帮助项目管理人员从多角度深入了解建设项目工程总承包管理的特点和要求。

本书适用于勘察、设计、施工、项目管理咨询、监理等从事工程总承包管理的专业人员参考，也可供其他从事工程建设以及高等院校等有关专业人士参考使用。

征订号：35406，定价：76.00元，2020年5月出版

《项目策划与工程管理》

阚洪波 著

任何房地产公司不论规模大小，也不管是否资深，或刚刚成立，或非专业型只是项目代理公司。一定都需要面对项目策划，因为体现了房地

产开发的全程管理水平，也是所有项目成功与否的关键性第一步。

本书试图详细介绍项目开发中的策划与指引，不仅包括案例与分析，更是肢解了项目策划与工程管理中的各个细节或具体做法，再结合实战案例，系统性帮助房地产项目全面管控，也间接性地与施工合作方分享项目管理的另一个不同侧面，力图使双方共同了解对方所需，合作完成好项目实施。

征订号：37172，定价：90.00 元，2021 年 5 月出版

《合约体系与成本管控》

阚洪波　著

任何房地产项目都要面对两个方向的合约管控与成本压力，一方面是开发商即所谓业主必须建立完善而系统的合约模式，以期有效掌控最终的项目成本；另一方面则是建造方。即乙方也必须明确了解彼此的合约责任及不得不面对的未来成本，于是双方都需要合作，包括合约体系与真实的成本管控。

本书试图为甲方建立系统、专业与实战性的合约体系，并指导如何进行成本管控；同时也为乙方解释了真实、透明以及可应对的合约关系，从而知晓对方合约的要求、界面和责任，有助于自身的成本控制。甲乙双方都能够相得益彰，共同努力合作共赢。

征订号：37066，定价：90.00 元，2021 年 5 月出版

《复杂项目之实战演练》

阚洪波　著

任何房地产公司如果想有效掌控项目开发，尤其商业楼宇或复杂项目综合体，则必须在开发商与建造商之间建立积极、正面、畅通的渠道和桥梁；也必须在开发商与设计和顾问之间建立广泛、信任和专业的沟通方式与路径；还必须在开发商与其内部之间建立有效、有益、有价值的管理与审批流程，包括项目与总部、项目部与设计、项目部与最高决策层等，这样才能让项目推进事半功倍、顺畅实施。

本书，将试图回答这些问题，或者当成是借鉴与指导，或者根本就是从中可以分享独特而不同的管理与推动模式，有助于项目实施，有助于融合于行业，共同进步。

征订号：37229，定价：130.00 元，2021 年 5 月出版

《创造城市的美丽——绿城产品谱系（1995—2020）》

绿城中国　编著

《创造城市的美丽——绿城产品谱系（1995—2020）》一书是绿城产品营造的精华凝结和成果梳理，见证了改革开放以来

我国房地产行业发展的全过程。全书包含绿城8大产品系列、22个产品品类、22种建筑风格，为中国的城市建设和世界建筑的发展提供了丰富的样本。

征订号：34925，定价：498.00元，2019年12月出版

《中国房地产调控政策研究》

仇保兴　等　著

2016年底的中央经济工作会议首次提出，“房子是用来住的，不是用来炒的”，紧接着在2017年的政府工作报告中将这一方针进一步细化成了政策逻辑。

本书基于提高房地产调控机制韧性、降低房地产市场系统性风险，从以下九个章节展开论述并结合我国实际情况给出政策建议：我国房地产市场调控长效机制初探、从房地产短期政策的实施到长效调控机制的建立、货币视角下的房地产长效机制、房地产长效机制财税政策分析和建议、公共投资机制对稳定房地产市场的作用、REITs对培育租赁市场的意义及发展路径探讨、供需错配：土地供给对城市房价的影响、城市土地和空间分层出让模式、以保障型合作建房模式促进建房效率和住房公平等。

征订号：34223，定价：52.00元，2021年2月出版

《工程建设企业管理信息化实用案例精选》

鲁贵卿　主编

本书上篇是从近五年来全国建筑行业众多管理信息化应用比较好的企业信息化实例中精选而出的，共有中建五局、中铁四局、中交四航局、中建八局一公司、苏中建设、金螳螂、浙江建工、中水电三局、鲲鹏建设、郑州一建等10个经典案例。下篇还择优集选了近五年来，业内有关企业管理信息化的20篇优秀研究思考论文，以强化信息化理论与实践的结合。

征订号：34545，定价：72.00元，2019年8月出版

《中国科技之路·建筑卷·中国建造》

肖绪文　主编

全书第一篇聚焦中国建造的三个发展阶段以及主要成就，北京大兴国际机场、上海中心大厦、武汉火神山和雷神山医院等各类“高、精、特、难”工程的建设实施，这些成就让世界对中国建筑业的建造实力和建造速度表示惊叹。第二篇选取中国建造所涉及的十三大领域，详述关键技术成果及

重大科技进步，同时以小知识的形式将中国建造中的关键人物、优秀团体、科技术语进行描绘，增加趣味性与可读性。第三篇描述了中国建造的未来。未来建筑将通过绿色建造、智能建造、精益建造，为人们提供更加舒适宜居的工作生活环境，走向更加美好的未来。

本书是一部由诸多勇攀高峰的科研人员主笔书写的奋斗故事集，浸透着科技的力量，饱含着爱国的热情，贯穿着科学的精神，体现了“中国建造”的魂魄。

征订号：37773，定价：100.00 元，2021 年 6 月出版

《火神山医院、雷神山医院建设纪实》

张　琨　主编

火神山医院、雷神山医院在设计方面，首次采用模块化设计、细化洁污分区、创新卫生通过室等措施，集成了一套高效可靠的应急医院防扩散设计技术，解决了呼吸类传染病应急医院快速建造和安全保障的难题。同时，该项目创新使用分阶段逆向设计、现代物流优化、模块化施工、快速验收等组合技术，形成了设计、施工、物流与工艺优化高度融合的应急医院一体化建造技术，实现了极限工期下应急医院快速建造、快速交付。

本书作为系统论述火神山医院、雷神山医院建设纪实的专业图书，全面介绍火神山医院、雷神山医院建造的设计理念及施工技术体系。主要内容包括火神山医院、雷神山医院建造概况、设计理念、关键建造技术、主要创新点及维保工作等。

征订号：36072，定价：300.00 元，2020 年 7 月出版

《雷厉风行——雷神山医院建设实录》

中国建筑第三工程局有限公司　主编

本书全面回顾了雷神山医院的建设过程，对该项目的建设管理和建造技术进行提炼，总结了临时应急呼吸道传染病医院功能设计和高效建造的经验。全书共 9 章，包括：雷神山医院总体介绍、设计管理与深化设计、项目高效管理与资源组织、总平面与交通组织、高效建造关键技术、防疫与现场施工安全、施工质量控制与验收、维保管理、后勤保障。本书对促进建设行业在应急传染病医院方面设计、建造体系的发展与完善将起到一定的参考指导作用。

征订号：36033，定价：68.00 元，2020 年 10 月出版

《火神山医院快速建造技术及总承包管理》

侯玉杰　邓伟华　周鹏华　余地华　主编

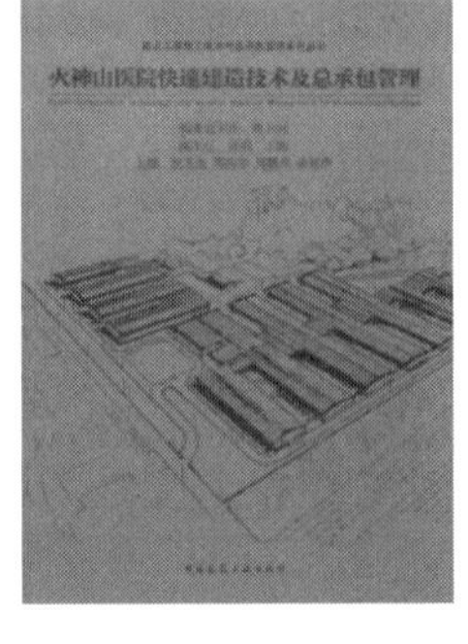

火神山医院采用的建造技术和项目管理模式将为国内乃至国际提供应急传染病医院建设的成功范例。

全书共十个章节，

包括工程背景、工程概况、工程特点与创新、建筑结构设计及施工技术、机电工程设计及施工技术、环保设计及施工技术、智能化设计及施工技术、总承包管理、工程维保及思考与启示。其中，在模块化设计、并行工程快速建造、污染防扩散、现代信息技术等方面，展示了火神山医院建设所应用的创新技术和先进管理水平。

该书是一部现代应急呼吸道传染病医院设计、施工及运维为一体的专业参考书，期待在我国构建强大的公共卫生体系中，积极发挥作用。

征订号：36027，定价：60.00元，2020年7月出版

《复杂项目全过程工程咨询理论与实践》

董永贤　主编

鲁　嘉　裘　彬　裘黎英　陈春来　副主编

陈旭伟　主审

本书以全过程工程项目管理为视角对全过程工程咨询服务所涉及的各项咨询种类和专项服务业务内容作了相关阐述，针对复杂项目的界面管理和集成进行了理论探讨，同时也客观分析了当前全过程工程咨询中存在的问题，并对今后的发展提出了路径建议。全书在项目实践案例中围绕近些年全过程工程咨询服务组合的不同模式，在项目类别上涵盖了大型民用建筑项目、大型市政工程项目、大型工业建筑项目和大型基础设施项目等不同类型，并分别从工程勘察、工程设计、工程监理、工程造价和房地产管理等不同牵头单位类别的视角去剖析来自全国各地的多个实践案例，供广大同行参考交流、批评指正。在此，也向提供相关案例的单位表示衷心感谢。

征订号：36773，定价：76.00元，2021年2月出版

《全过程工程咨询内容解读和项目实践》

北京国金管理咨询有限公司　皮德江　著

本书作者多年来一直从事工程设计、工程项目管理和监理工作，近两年开始研究和从事全过程工程咨询服务。他所在的公司为住房和城乡建设部40家全过程工程咨询试点企业之一，本书作者皮德江先生参与和负责公司试点项目和其他全过程工程咨询项目，将工作中的总结汇总成书与大家分享。

《全过程工程咨询内容解读和项目实践》收录了“我国工程管理和工程咨询行业发展历程”“我国工程咨询行业发展阶段和政策法规概述”“全过程工程咨询试点工作开展情况概述”等章节。

征订号：34582，定价：58.00元，2019年10月出版

“十三五”国家重点出版物出版规划项目《全过程工程咨询指南丛书》

天津理工大学　中国建设监理协会
一砖一瓦科技有限公司　组织编写

2019 年国家发展改革委与住房和城乡建设部联合发出《关于推进全过程工程咨询服务发展的指导意见》（发改投资规〔2019〕515 号），正式宣布全过程工程咨询在全国工程建设领域推广，各地不断推出试点企业和试点项目，全过程工程咨询已成为工程建设领域的改革热点。为科学、全面阐述全过程工程咨询的相关理论和操作实务，促进工程咨询行业健康发展，中国建筑工业出版社策划出版了我国首套《全过程工程咨询指南丛书》，本套书入选“十三五”国家重点出版物出版规划项目，丛书由天津理工大学、中国建设监理协会、一砖一瓦科技有限公司组织编写。该丛书系统阐释了总咨询师领导下的“1＋N＋X”全过程工程咨询服务模式，以新发展阶段下的典型项目——旧城改造、海绵城市、综合医院、特色小镇、地下管廊、城市地铁、综合医院、高星级酒店等为代表，全面系统地介绍全过程工程咨询模式的关键技术、应用过程和效果，为工程咨询产业和社会各界实施全过程工程咨询模式提供全方位指南。

征订号：35397、36028、36036、36542、36388、36390，定价：56.00～156.00 元，2020 年 12 月出版

《全过程工程咨询实务与核心技术》

主编单位：天津国际工程咨询公司　天津天咨国际工程项目管理有限公司　天津市诚信招标有限公司　天津理工大学公共项目与工程造价研究所

本书在现有全咨书籍与研究的基础上，对国内外的研究成果与实践进行了理论总结。本书的主要实践篇章具有较强的实用价值，尤其是重点突出了全咨中的项目群特征与全生命特征，重点分析了各环节、各项工作以及各要素在管理与咨询实践中所需的核心技术，对于有全咨需求的人士而言，是一本具有较强可操作性的参考书与工具书。

征订号：36087，定价：99.00 元，2020 年 8 月出版

《“新基建”新工程咨询服务导论：模式与案例》

主编　王瑞镛　邬　敏　潘　敏　韩江涛
曹培才　刘红芬　余庆生

“新基建”就是以新模式和新技术建设新一代信息基础设施和新兴城市基础设施，概括为“四新”，即新投资领域、新建设模式、新建设技术和新工程咨询。

“新基建”的另一

个重要特征就是“新工程咨询”为之提供顾问服务。“新工程咨询”技术特征是针对“新基建”的新主体的新需求提供“顾问+管控”式服务，取代传统工程咨询的“技术+体力”服务。

征订号：35885，定价：110.00元，2020年7月出版

《烟台经验——乡村振兴之路》

智广俊 著

党支部领办合作社是中共烟台市委组织部在实施乡村振兴战略工作中总结出的经验。2020年春，烟台市已在2311个村里建立了党支部领办合作社，占全市行政村数量的三分之一。2019年10月中信改革发展基金会在烟台市召开专题研讨会，12月在中国政策研究会等四家单位举办的三农会议上，听取了烟台组织部部长的典型发言。今年开春，山东省委重点推广烟台经验。烟台经验对全国发展兴办农合作社起着引领作用。《烟台经验——乡村振兴之路》一书反映了烟台市党支部领办合作社的全貌，重点介绍了三十多个合作社的典型经验和主要做法，着重描写刻画了在乡村振兴工作中涌现出来的优秀党支部书记和其他先进人物，弘扬了正能量。

这篇报告文学是中信改革发展研究基金会资助的调研课题。中信科学发展研究基金会理事长孔丹和高粱老师为此书作了序。

征订号：904330，定价：39.00元，2021年4月出版

《实用建筑工程预算》

杨德富 编著

本书以国家现行的《建设工程工程量清单计价规范》GB 50500—2013、《房屋建筑与装饰工程工程量计算规范》GB 50854—2013、《房屋建筑与装饰工程消耗量定额》TY 01-31-2015为蓝本，详细介绍了建筑工程定额和清单计价规范的有关规定和工程量计算规则，尽量按节、计价项目逐一进行比较，阐述了两者的区别和内在联系，使两者有机联系起来，一目了然，便于读者学习和应用。本书阐述了建筑工程预算编制的基本方法，并列举例题，注重培养读者实际操作能力。本书详细介绍了编制建筑工程预算应具备的基本理论和基本知识，内容相当丰富；基础知识所采用的工程建设标准、规范、规程、工法基本上采用现行的版本，着重体现了内容的“新”。

征订号：36710，定价：88.00元，2021年5月出版

《建筑工程监理质量控制要点》

杨正权 编著

《建筑工程监理质量控制要点》一书是杨正权先生35年来工作经验的总结。书中对于建筑工程质量控制提出了监理的控制

要点，尤其是运用智能信息化科技手段开展监理质量控制工作，对于从事工程监理的同行业具有很高的借鉴和参考价值。本书实用性强，是一本值得推荐的技术工具类书籍。

本书特点：为从事工程监理人员学习掌握建设工程质量验收规范，学习掌握全过程工程重点、难点及监理应对措施提供了极大的方便，在现场监理工作中具有实用性和可操作性；方便工程监理人员对监理大纲、监理规划、监理实施细则的编制提供作业技术指导和参考。

征订号：37128，定价：58.00 元，2021 年 6 月出版

《欧式风格建筑关键建造技术》

韩　伟　韩晓明　熊帮业　编著

本书通过对欧式风格建筑建造技术进行的深入研究，并结合国内多个大型工程案例，较为全面系统地总结了欧式风格建筑成套关键建造技术。

全书共分为 13 章，主要内容包括欧式建筑发展概况、欧式风格建筑深化设计、外装材料加工制作、砌筑石材幕墙施工技术、砌筑砖幕墙施工技术、灰泥施工技术、金属骨架干挂瓦屋面施工技术、GRC 构件施工技术、檐口系统造型施工技术、金属屋面施工技术、檐沟落水系统施工技术、铸铝栏杆和造型施工技术，并介绍了华为松山湖终端一期项目、天津泰安道四号院工程、天津职业大学海河校区等国内多个不同风格的优秀工程案例。

本书内容详实、图文并茂，对欧式风格建筑设计和施工具有较强的指导意义，可供类似工程建筑设计、施工、监理等专业技术人员借鉴，也可作为从事项目管理、工程咨询等相关专业人员和高等院校相关专业师生参考使用。

征订号：35802，定价：132.00 元，2020 年 9 月出版

《装配式混凝土建筑施工实务》

陕西建筑产业投资集团有限公司　主编

全书内容共有 6 章，包括装配式混凝土建筑施工概述、装配式混凝土建筑吊装施工准备、装配式混凝土建筑吊装施工、典型预制混凝土构件装配施工、装配式混凝土建筑工程质量验收、装配式混凝土建筑施工组织管理与安全文明施工。

本书充分考虑建筑产业工人自我学习和技能培训的需要，以构件装配理论与实践为基本定位，以服务于各培训单位和培训人员为目标，紧扣装配式建筑施工实务，具有科学性、实用性和适应性的特点，内容深入浅出、通俗易懂、图文并茂。另外本书配套制作了视频教材，并在书中各个章节插附视频教学二维码，使用者可以通过扫描书中的二维码进入视频教学环节，文本与视频教学相结合的方式使本教材易学易懂，适用范围更广。

本书是建筑产业工人职业技能考核的优选教材，也适应建筑产业工人自学以及相关专业人员参考使用。

征订号：37147，定价：25.00 元，2021 年 5 月出版

城 市 更 新

《人本城市——欧洲城市更新理论与实践》

［丹麦］卡斯滕·波尔松　著

魏　巍　赵书艺　王忠杰　冯　晶　岳　超　译

本书是关于城市更新的实用手册，以数个欧洲城市为例，展示了人性化的城市发展趋势。城市更新是基于场地的历史和文化底蕴的空间再塑，要体现以人为本的原则。书中遵循了扬·盖尔的设计理念——城市空间是人们生活和社交的基础。

本书强调了城市更新的物理和空间参数，包括发展模式、建筑类型、道路通行、公共空间等问题，这些也是城市生活和安全保障的基本问题。

本书共分 10 个主题章节，每一章节以其核心问题为出发点，提出解决问题的方法。书中讨论了城市历史发展和城市结构等问题，并以实际案例进行阐述，更利于读者对章节主题的理解。

征订号：35909，定价：149.00 元，2021 年 1 月出版

《深圳城市更新探索与实践》

深圳市城市规划设计研究院

司马晓　岳　隽　杜　雁　黄卫东　著

“城市更新”之于深圳，已远非存在于其他城市“棚户区”改造或者工业区改造成“创意产业园”的个别案例实践，自 2004 年起深圳首次面对“土地难以为继”的客观现实，并全面研究城中村改造开始，城市更新就成为这个行政辖区面积最小的一线特大城市实现存量发展和创新引领的必然选择。本书重点从城市更新与深圳城市发展关系、城市更新的阶段演进、总体成效及典型案例、城市更新单元规划、实施机制、更新政策等方面，全面梳理了深圳在城市更新上的相关探索与实践。继而，在新时代深圳已成为粤港澳大湾区创新先锋城市的基础之上，对城市未来予以思考与展望。

征订号：33864，定价：199.00 元，2019 年 9 月出版

《城镇老旧小区改造实用指导手册》

张佳丽　主编

刘　杨　副主编

本书包含了 7 大章节和 5 个附录，借鉴了国外城市更新的先进做法，分析了国内老旧小区改造试点省市以及先行城市的模式和经验，同时也是编者们近年来研究和实践的总结，为顺利推进老旧小区改造工作提供参考和支撑，为政府和城市管理者提供决策依据。本书详细

阐述了老旧小区改造的工作思路、顶层设计、工作框架以及工作机制等老旧小区改造的关键措施和实施方案，重点探讨了财政拨款、专项债券、政策性金融、居民出资、管线等专营单位投入、社会资本介入以及税费减免等多元资金筹措模式，并从改造项目审批、存量资源整合、土地支持政策、各级部门职责、地方责任落实、宣传引导工作等方面提出配套政策与组织保障建议。本书旨在对城镇老旧小区改造的政策、经验、关键举措、详细实施方案、资金筹措模式以及保障机制进行阐述，着重总结了老旧小区改造的地方经验，分析了老旧小区改造的实施路径，探索了老旧小区改造的资金保障，期望为各级政府和城市全面深入推进老旧小区改造这项工作提供思路和工作指引。

征订号：37667，定价：198.00 元，2021 年 5 月出版

《中国城市更新理论与实践》

陈　晟　著

本书内容丰富，集合多年城市研究结果，涉及中国各区域城市更新与老旧小区改造的趋势和白皮书总结，相关的理论与实践的经验总结，相关七图叠加的模型和整体的财务与可持续平衡方法、国际国内的一些区域实际案例和政策汇总，是从业人员的研究、政策工具书。

本书主要从几大方面对城市更新进行深入研究分析：首先是我国城市更新的发展特征和运作现状及评价，其次是城市更新政策解读与大事件，再次是城市更新发展能力研究和更新路径，接着是北上粤主要城市更新特点以及国内外城市更新案例，最后从五大思考和六大趋势对城市更新进行总结与展望。

征订号：36568，定价：42.00 元，2021 年 1 月出版

《杭州市城镇老旧小区综合改造提升实践与探索》

主编　王贵美　王晓春

主审　陈旭伟　严　岗

杭州市城镇老旧小区改造工作，以习近平新时代中国特色社会主义思想为指引，以建设“数智杭州·宜居天堂”金名片为目标，按照“充分调研、全面摸底，谋划思路、凝聚共识，试点先行、示范引路，政策保障、标准引领，党建护航、全域覆盖”的要求，在高质量、高标准地完成一批老旧小区改造示范案例的基础上，逐步形成了一套可复制、可推广的“杭州经验”。

本书全面论述了杭州市城镇老旧小区综合改造提升的实践与探索，全书共分五章。第一章绪论部分阐述了杭州市开展城镇老旧小区改造工作基本情况、总体思路、主要做法、阶段成效和下步计划；第二章详细阐述了杭州市老旧小区改造的技术导则和实施策略；第三章对杭州市老旧小区综合改造提升经典案例的可复制、可推广经验进行总结；第四章从不同视角，全方位、多维度地呈现老旧小区综合改造提升的“杭州做法”；第五章提出了对城镇老旧小区改造未来的展望；附件列举了国家、浙江省和杭州市县区相关老旧小区改造的相关政

策和指导文件。

征订号：904365，定价：69.00 元，2021 年 6 月出版

《江苏老旧小区改造建设导引》

梅耀林　王承华　李琳琳　汤　蕾　樊思嘉　等　编著

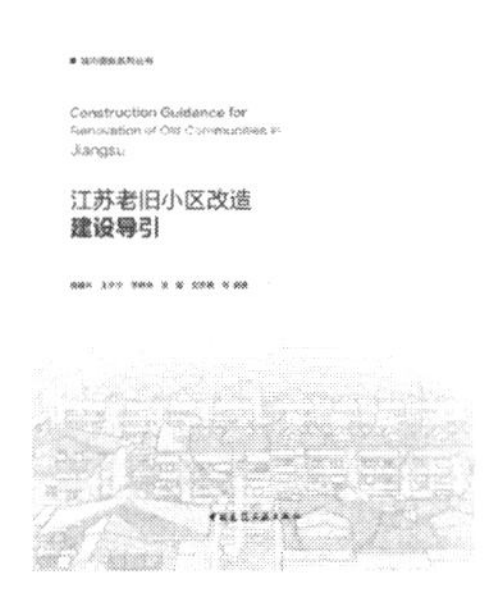

党中央、国务院高度重视并要求全面推进城镇老旧小区改造工作，满足人民群众美好生活需要。本指南即是基于上述需求进行研究和制定，旨在更有针对性地加强老旧小区改造工作的指导，提升老旧小区改造的实施效果。

本指南由三个部分组成，即引言、改造内容指引、附录。

其中，改造内容指引包含十大项三层次：

十大项：改善建筑质量、消除安全隐患、保障基础设施安全供应、改善交通及停车设施、保持小区环境整洁卫生、方便居民日常生活、以人为本改善公共活动空间、提升绿化环境景观、规范物业管理、建立长效机制。

三层次：每项改造内容分为基础类、完善类、提升类三个层次进行指引，其中基础类是指满足小区运行安全需要和居民基本生活需求的改造内容；完善类是指有条件的小区为满足居民生活便利和改善型生活需求，进一步完善功能、环境和管理的改造内容；提升类是指为丰富社会服务供给、提升居民生活品质，积极推进小区及周边空间整合利用，实现小区及周边环境整体优化的改造内容。

征订号：37856，定价：98.00 元，2021 年 7 月出版

智能建造与智慧城市

“十三五”国家重点图书出版规划项目、中国工程院重点咨询项目、国家出版基金资助项目、荣获第五届中国出版政府奖图书奖《数字建造》丛书

丛书主编　丁烈云

《数字建造》丛书分为导论、设计卷、施工卷、运营维护卷和实践卷，共 12 册。丛书系统阐述了数字建造框架体系以及建筑产业变革的趋势；全面探讨了数字化设计、数字化施工和智能化运维等关键技术及应用；还介绍了北京大兴国际机场、凤凰中心、上海中心大厦和上海主题乐园四个工程实践，全方位展示了数字建造技术在工程建设项目中的具体应用过程和效果。

丛书内容既有理论体系的建构，也有关键技术的解析，还有具体应用，内容丰富。丛书著者既有从事理论研究的学者，也有从事工程实践的专家，并取得了数字建造理论研究和技术应用的丰富成果，保证了丛书内容的前沿性和权威性。丛书是对当前数字建造理论研究和技术应用的系统总结，是数字建造研究领域具有开创性的成果。

《数字建造导论》

丁烈云　著

数字建造是现代信息技术与现代建造技术深度融合的产物。数字建造不仅是新的建造方式，更是新的建造体系。本书作为《数字建造》丛书的导论，试图构建数字建造框架体系，即以现代通用的信息技术为基础，数字建造领域技术为支撑，实现建造过程一体化和协同化，并推动工程建造工业化、服务化和平台化变革，从而交付以人为本的绿色工程产品。按照这一思路，全书内容包括：数字建造的兴起、数字建造框架体系、数字建造推动产业变革、基于模型定义的工程产品、工程物联网、大数据驱动的工程决策、“制造一建造”生产模式、建造服务化和建造平台化。

本书是第一部系统论述数字建造理论、技术、方法和应用的著作。内容新颖丰富，既具有前沿性，又贴近实际应用。可供建设行业专业技术人员和管理者使用，及高等院校相关专业师生学习参考，也可作为智能建造专业概论课备选教材。

征订号：29023，定价：135.00 元，2019 年 12 月出版

《数字建筑设计理论与方法》

徐卫国　著

数字建筑设计是数字建造的基础，本书系统地阐述了数字建筑设计的理论和方法。

基于 15 年来的研究与实践，作者在书中分 10 章论述了数字建筑设计的相关问题，包括数字建筑设计的起源、数字设计的复杂性科学基础、复杂形态与计算模拟、哲学思想与数字设计、数字图解设计理论、参数化数字设计方法、数字建构思想与手法、数字设计及数字建造的工具、数字建筑设计建造的精度控制、数字建筑设计建造的产业前景等。

征订号：34584，定价：108.00 元，2019 年 12 月出版

《参数化结构设计基本原理、方法及应用》

何政　来潇　著

参数化技术虽然在国内建筑设计领域已经非常普及，但仍然有许多结构工程师不具备利用该类工具的能力。本书作为《数字建造》系列设计卷中结构设计的一册，旨在普及建筑行业内参数化技术的应用，从而进一步推动国内参数化结构设计的发展。

本书在搭建参数化结构设计基本框架的同时，为大众介绍参数化结构设计的基本原理和方法，并穿插小型的应用案例为读者演示参数化工具的应用效果，达到对参数化结构设计加深理解的目的，使设计人员具备自主进行参数

化结构设计的能力。

征订号：34597，定价：135.00 元，2019 年 12 月出版

《数字化施工》

龚 剑 房霆宸 著

《数字化施工》作为《数字建造》丛书的重要组成部分，通过聚焦基础性研究、前瞻性研究和理念创新，探索了建筑施工全过程数字化建造技术前沿发展与应用方式；通过聚焦技术拓展和指导工程实践，实现了数字化技术对重大工程建设的引导和借鉴。希望通过本书的编写，倡导数字化建造技术发展，以数字化技术实现对建筑施工全过程的服务，全面提升工程项目的建设效率，助推数字化建造技术的持续性发展。同时，通过借鉴工业智能制造的先进技术思路和方法，积极探索实施绿色化、工业化和信息化三位一体、协调融合发展的数字化之路，实现对传统产业的技术改造和升级，加快我国建筑业的转型发展，助力我国由建造大国向建造强国的转变。

征订号：33268，定价：198.00 元，2019 年 12 月出版

《建筑机器人——技术、工艺与方法》

袁烽 ［德］阿希姆·门格斯 著

本书作者以其近 10 年来与建筑机器人进行的研究、教学与实践合作为基础，首次对建筑机器人进行了系统性的梳理，在本书研究案例中，材料参数、结构性能、建造工具和加工约束等因素被整合成一体化的设计与建造过程，为广大读者提供了解并应用建筑机器人的重要参照，充分展现了建筑机器人在建筑产业升级中的创造性潜力。

此书既有工具书的操作硬知识，又具有设计启发性，不论对建筑工程领域的专业实践人士还是广大设计师，都提供了良好的知识参考；同时，该书立足于建筑学，不仅将建筑机器人作为生产力的替代者，同时也将其视为一个能够启发创新的设计与建造方法。

征订号：34608，定价：160.00 元，时间：2019 年 12 月出版

《长大跨桥梁健康监测与大数据分析——方法与应用》

张 建 吴 刚 著

本书在介绍基本概念与理论的同时，以长大跨桥梁的监测数据处理为主线，贯穿于全书详细介绍了结构健康监测领域的最新热点与先进技术，使读者在学习基础理论的同时，能够了解该领域的最新研究成果与发展趋势；同时，每类方法与理论都结合具体的长大跨桥梁工程案例，包括江阴大桥、苏通大桥、虎门二桥、美国 Throgs Neck 大桥等重大工程，从而有利

于读者理论与实践结合、具备解决实际工程问题的能力。

征订号：34609，定价：157.00 元，2019 年 12 月出版

《结构“健康体检”技术——区域精准探伤与安全数字化评估》

朱宏平　罗　辉　翁　顺　孙燕华　著

本书详细介绍了土木工程结构安全诊断的诸多方法和研究现状，并结合多年研究成果，创造性地提出了大型土木结构“健康精准体检”新技术。全书共分 8 章，不仅系统、深入地介绍了结构损伤识别的诸多理论，还结合实际工程给出了相关的应用实例。内容具体包括大型土木结构安全诊断评估的意义和研究现状，基于子结构-有限元模型修正的整体结构损伤识别方法，结构动态测量参数损伤敏感性分析，混凝土内部微裂缝压电智能精准探测方法，钢结构磁电智能精准探伤方法，基于模糊理论的结构安全评估，基于人工智能的结构安全评估以及土木工程结构安全监测与评估系统集成。

征订号：34555，定价：150.00 元，2019 年 12 月出版

《数字化运维》

郑展鹏　窦　强　陈伟伟　胡振中　方东平　著

随着信息技术的飞速发展，云计算、大数据、物联网、人工智能等技术层出不穷，并推动了建筑工程的信息化和智能化发展。数字化运维是智能建筑的核心，数字化运维的不断发展推动着智慧城市的快速实现。

本书分为 10 章，主要研究数字化技术在建筑工程运营维护阶段的应用。从数字化运维的概念和范畴开始，介绍数字化运维的技术和主要内容，从设施管理及维护、空间管理、能源与环境管理，以及安防、消防与应急管理多个方面，进行详细阐述和分析。对如何将数字化技术应用到不同的管理场景中，进行了实际应用和深度分析。最后，从七个不同类型、内容完整且详细的数字化运维应用案例，展示了数字化运维的优势和前景，给实际运维工作者提供良好的应用基础。

征订号：35152，定价：150.00 元，2019 年 12 月出版

《北京大兴国际机场数字设计》

王亦知　门小牛　田　晶　秦　凯　王　斌　著

北京大兴国际机场的数字设计，是第一次如此大规模地、彻底地应用与实施落地，从而宣告着算力设计的时代，真正降临了。

本书从数字协同——搭建数字设计平台、数字编织——外围护系统数字设计、数据支持——大平面系统数字设计、数字验证——超验与模拟、数字建造——从设计起步等五大方

面讲解北京大兴国际机场数字设计。

征订号：35202，定价：90.00 元，2019 年 12 月出版

《上海中心大厦数字建造技术应用》

龚 剑 朱毅敏 著

上海中心大厦建造阶段创新实践了以智能建造为目标的“四化一建造”（信息化、物流化、工业化、数据化及智能建造）理念，为数字化建造技术的发展提供了丰富的技术依据。本书共分为 7 章，系统地对上海中心大厦数字化建造的全过程进行了介绍和分析。主要内容包括：数字化建造概况、数字化深化设计、地基基础工程数字化建造技术、主体结构工程数字化建造技术、大型设备设施数字化施工技术、模架装备数字化管控技术、数字化施工管理。

征订号：35187，定价：120.00 元，2019 年 12 月出版

《凤凰中心数字建造技术应用》

邵韦平 著

凤凰中心作为《数字建造》丛书的案例卷，它所记录的凤凰中心的创作之路以及它贡献给社会的文化效应，将对广大的建筑设计群体具有启发性。凤凰中心通过参数化设计、BIM 模型和三维协同等新技术手段，应对了高难度技术的考验。并在建筑体系创新、数字建造控制等多个技术环节，结合建筑业及项目自身条件进行了多项技术创新，凤凰中心为数字建筑学发展提供了新范式。

征订号：34973，定价：168.00 元，2019 年 12 月出版

《上海主题乐园数字建造技术应用》

张 铭 张云超 著

大型主题乐园工程通过强化数字化管理、智能化控制、绿色化建造，突破了传统建造工艺和技术，使我国数字建造技术的综合应用水平达到一个新的高度。本书将以数字化建造技术应用的概述、数字化项目管理、项目管理平台及数字化协同、混凝土工程数字建造技术、钢结构工程数字建造技术、机电安装工程数字建造技术、装饰装修工程数字建造技术、塑石假山数字建造技术等为主线，重点介绍主题乐园工程综合运用三维可视化、深化设计、辅助施工、4D 模拟、三维扫描技术、进度优化、材料采购与管理、工程量统计、3D 打印和 3D 雕刻等数字化技术的情况，并且介绍了项目研发的基于 BIM 的工程项目协同平台的基本情况。

大型主题乐园作为大型、复杂工程的代表，数字建造技术发挥了常规技术无法实现的作用。本书作为《数字建造》丛书的实践卷中

的一个典型案例，详细介绍了大型主题乐园项目数字建造的实践情况，可为土木建筑领域从事设计、施工、运维的工程技术人员、管理人员提供借鉴，也可供大专院校相关专业的老师和学生参考，希望对从事土木建筑领域信息技术研究的科技人员同样具有参考价值。

征订号：35079，定价：108.00 元，2019 年 12 月出版

“十三五”国家重点出版物出版规划项目、国家出版基金资助项目《新型智慧城市研究与实践——BIM/CIM 系列丛书》

本丛书由中国城市出版社、深圳市斯维尔城市信息研究院组织编写。郭仁忠院士、褚君浩院士、孟建民院士、周成虎院士、沈振江院士担任专家顾问，由中国科学院院士、中国工程院院士李德仁先生作序，由中国城市和小城镇改革发展中心、中城智慧（北京）城市规划设计研究院、同济大学、武汉大学、北京交通大学、西南交通大学等多家单位的专家和学者组成编写团队。编写人员来自科研、管理和教学一线，具有深厚的智慧城市政策理论知识和丰富的智慧城市建设实践经验。

本丛书以 BIM、CIM、GIS、物联网、大数据、5G 等现代信息化技术应用为主线，对智慧城市不同阶段的建设内容、实施路径以及国内外实际应用案例进行了系统总结和分析。

丛书共分为四个分册，包括：《新型智慧城市概论》《新型智慧城市资源与规划》《新型智慧城市设计与建造》《新型智慧城市运营与治理》。丛书理论与实践相结合，覆盖面广，结构完整，内容翔实，指导性强，是一部从事智慧城市理论与实践工作的参考指南。

征订号：904307、904308、904309、904295，定价：99.00～148.00 元，2020 年 12 月出版

“十三五”国家重点出版物出版规划项目《城市治理实践与创新系列丛书》

城市治理是政府治理、市场治理和社会治理的交叉点，在国家治理体系中有着特殊的重要性，从一定意义上说，推进城市治理的创新就是推进国家治理的现代化。三年来，我社组织了数十位专家学者、党政干部和实务界人士，召开了多次研讨会，聚焦当前城市治理中的重点、难点、焦点问题，进行深入的研究和探讨，丛书关注城市和社区治理，就如何实现城市治理现代化、精细化、法治化、科技化，提升服务群众的能力等问题提出了很多建设性的观点和建议。丛书作者也一直致力于城市治理的研究，他们有的拥有多年政府部门相关管理经验，有的从事政策研究或教学科研工作，有的活跃在城市治理的一线化解矛盾纠纷，既有理论水平又有实践指导能力。

征订号：904219 等，定价：45.00～68.00 元，2021 年 3 月出版

《建筑智能建造技术初探及其应用》

周绪红 刘界鹏 冯 亮 伍 洲
齐宏拓 李东声 著

本书是作者近几年来在建筑智能化设计、检测、施工等方面探索性研究成果的总结。全书分为10章，主要包括混凝土结构与砌体墙的智能深化设计技术、基于激光扫描点云数据的建筑智能检测技术、施工现场智能化监控技术等三个方面的内容。本书内容可供智能建造、土木工程、建设管理、建筑技术等专业的高年级本科生、研究生、教师、科研人员和工程技术人员参考。

征订号：37212，定价：116.00元，2021年4月出版

《AI+新型智慧城市理论、技术及实践》

杜明芳 著

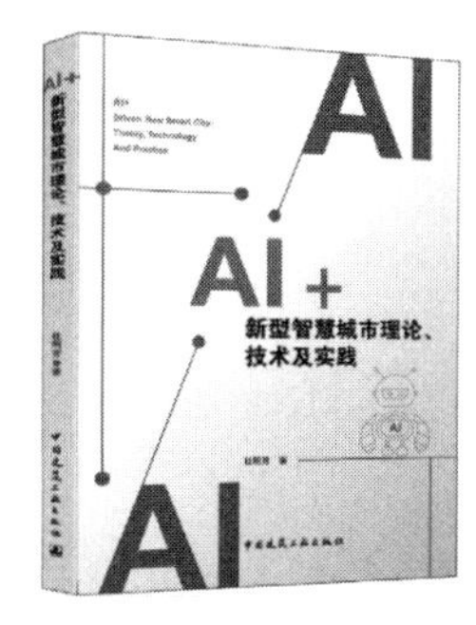

全书共分为十章，分别从绿色智慧城市、智慧城市战略与政策、智慧城市智能技术、城市多智能体系统、人工智能城市、智慧城市商业模式、城市智慧治理、典型智慧城市案例等角度，论述了智能城市理论与实践方面的内容，是一本贯穿了战略、政策、技术、商业模式、实践等全方位内容的专业性著述。书中很多内容体现了融合创新的特点，有人工智能与城市建设的融合创新，有绿色发展与城市发展的融合创新，有网络科学与城市科学的融合创新，而这些融合创新的思想源泉来自新型城镇化发展过程中的实际需求。

本书可供智慧城市相关主管部门、企业及个人学习参考，是一本文理兼容、深入浅出的读物。

征订号：34769，定价：88.00元，2020年1月出版